U0381240

当代经济学系列丛书
Contemporary Economics Series

陈昕 主编

当代经济学译库

Adam Brandenburger

The Language of Game Theory

Putting Epistemics into the Mathematics of Games

博弈论的语言

将认知论引入博弈中的数学

[美] 亚当·布兰登勃格 编著

薛韫琦 译

格致出版社
上海三联书店
上海人民出版社

主编的话

上世纪 80 年代，为了全面地、系统地反映当代经济学的全貌及其进程，总结与挖掘当代经济学已有的和潜在的成果，展示当代经济学新的发展方向，我们决定出版"当代经济学系列丛书"。

"当代经济学系列丛书"是大型的、高层次的、综合性的经济学术理论丛书。它包括三个子系列：(1) 当代经济学文库；(2) 当代经济学译库；(3) 当代经济学教学参考书系。本丛书在学科领域方面，不仅着眼于各传统经济学科的新成果，更注重经济学前沿学科、边缘学科和综合学科的新成就；在选题的采择上，广泛联系海内外学者，努力开掘学术功力深厚、思想新颖独到、作品水平拔尖的著作。"文库"力求达到中国经济学界当前的最高水平；"译库"翻译当代经济学的名人名著；"教学参考书系"主要出版国内外著名高等院校最新的经济学通用教材。

20 多年过去了，本丛书先后出版了 200 多种著作，在很大程度上推动了中国经济学的现代化和国际标准化。这主要体现在两个方面：一是从研究范围、研究内容、研究方法、分析技术等方面完成了中国经济学从传统向现代的转轨；二是培养了整整一代青年经济学人，如今他们大都成长为中国第一线的经济学家，活跃在国内外的学术舞台上。

　　为了进一步推动中国经济学的发展，我们将继续引进翻译出版国际上经济学的最新研究成果，加强中国经济学家与世界各国经济学家之间的交流；同时，我们更鼓励中国经济学家创建自己的理论体系，在自主的理论框架内消化和吸收世界上最优秀的理论成果，并把它放到中国经济改革发展的实践中进行筛选和检验，进而寻找属于中国的又面向未来世界的经济制度和经济理论，使中国经济学真正立足于世界经济学之林。

　　我们渴望经济学家支持我们的追求；我们和经济学家一起瞻望中国经济学的未来。

陈昕

2014 年 1 月 1 日

2

中文版推荐序

　　布兰登勃格教授编著的《博弈论的语言》一书自2014年出版以来，在国际学术界已经广为人知，得到了来自经济学、哲学、计算机科学等不同领域的著名学者们的高度赞赏。这本书是一本论文集，收录了布兰登勃格和他的合作者(例如诺贝尔经济学奖获得者罗伯特·奥曼)近三十年以来的重要论文。作者专门撰写的导言详细解释了这些论文之间的内在联系。在我看来，这些论文展示的不仅仅是博弈论领域的前沿研究，更是革新博弈论研究纲领的一整套全新成果。薛韫琦博士的辛苦翻译得以让本书的中文版本面世，这实在是一件可喜可贺的事情！

　　谈到博弈论，读者们立刻会想到纳什均衡。电影《美丽心灵》让大家认识了纳什，听说了纳什均衡，但更重要的原因是，常见的博弈论教材都将纳什均衡看作是最重要的概念。这似乎形成一个错误的印象，不谈纳什均衡就不是在谈博弈论。布兰登勃格从回顾博弈论的历史开始，重新回到冯·诺伊曼，聚焦博弈论的核心概念"策略"，强调理解博弈参与者策略选择中的不确定性是博弈论的重要基石，并在此基础上提出了"认知博弈论"。与冯·诺伊曼不同，在认知博弈论中，面对不确定性，每个参与者对其他参与者的策略有一个概率分布，据此选择最大化预期收益的策略。在布兰登勃格看来，认知博弈论是一种语言，用来描述博弈参与者的信念、假设、关于其他参与者的信念的信念，等等。本书开篇第1章重点研究了包含一阶语言的博弈语言，证明了相对于这样的语言不存在完全的信念模型。换句话说，每个信念模型都具有一阶逻辑中可以表达的漏洞，这里的漏洞是一个陈述，是对于一个参与者可能的陈述，但却未被另一个参与者所假设。在证明过程中，作者采用了逻辑学领域中所熟知的对角线公式构造方法。这是一个不可能性的结果。类似的结果在模态形式下也存在。尽管是负面的结论，但是这些结果有助于我们看清楚语言的极限。

回到我们熟悉的纳什均衡，尽管在博弈论领域已经有太多的研究和讨论，布兰登勃格提出的新的问题是：什么样的认知条件导向纳什均衡？这个问题的意义在于重新思考纳什均衡的预设条件，为其寻求充分条件。这是本书第5章试图解决的问题。关于纳什均衡的讨论中，以往的研究一般认为，博弈模型本身必须是公共知识。布兰登勃格则证明了，有两个参与者的博弈，对于博弈的相互知识、参与者的理性，以及对于他们行为的推测（行为的概率分配）蕴含着推测构成一个纳什均衡。然而，当至少有三个参与者时，我们还必须假设参与者们有一个公共先验，他们的推测是公共知识。这样的研究打破了博弈论领域理所当然的结论，为我们理解纳什均衡的适用范围提供了清晰的界定。

以上只是对书中出现的两个结果的不完全阐述，作为抛砖引玉。书中有更多的洞见等待读者去发现和欣赏。

作为逻辑学者，习惯使用形式语言思考和研究问题，阅读《博弈论的语言》的过程中，我有一种无以言表的亲切感。仔细想来，这本书吸引我的地方大致在以下几个方面。首先，整本书对不确定性的持续关注。我们生活在不确定性之中，但时时刻刻需要做出决定。面对不确定性我们如何进行推理？包括认知逻辑在内的很多哲学逻辑分支都关心类似的问题。博弈无疑为进行逻辑学研究的人们提供了一个较为具体的场景，也为验证一些有趣的逻辑原则提供了可能的场所。可以说，对博弈策略选择中不确定性的掌握是理解整个世界不确定性的一把金钥匙。我想，这也是作者提出认知博弈论的新纲领的意义所在吧。其次，本书对形式方法的灵活使用，是我所欣赏的。我被作者清晰的分析证明能力所折服。层级式的信念模型被用来讨论信念的层次，高阶认知表达式；互动信念系统用来讨论博弈参与者之间的相互知识；概率计算一直贯穿始终。洋洋洒洒的行文中，我们看到的是作者孜孜不倦的钻研精神：对大家习以为常的结论的质疑，严谨分析、严格证明的科学态度。最后，本书留给了我太多值得思考的问题。从方法论的角度说，上面提到的第 1 章堪称博弈论和逻辑学交叉研究的一个典范：信念模型和形式语言之间关系的分析，不可能性结果的证明，寻求相对于正向语言片段的完全模型，等等。这样的研究方法值得两个领域的学者们认真学习。事实上，书中对"假设"概念的分析，对不同知识种类的区分，都给逻辑学的研究提出了新的挑战。在逻辑学领域，近年来也涌现出不少好的著作。2014 年范本特姆出版的《博弈中的逻辑》是他多年开展逻辑学与博弈论的交叉研究的合集，正在被翻译成中文。从逻辑学和博弈论角度对中国古代的经典《孙子兵法》的研究也在开展：http://suntzu.squaringthecircles.com/。跨学科的研究必将会继续，人工智能的发展又为我们提供了新的舞台，也推动着这些学科的发展。合作博弈、非合作博弈都已经在机器学习领域被广泛应用，而大规模的智能规划急需博弈理论有新的突破性发展。

中国大陆在博弈论的理论研究方面经历了从翻译学习到逐步原创的过程。1996 年由上海人民出版社出版的张维迎教授的著作《博弈论与信息经济学》，将博弈论系统运用到对现实经济现象的分析。1999 年中国社会科学出版社出版罗伯特·吉本斯的《博弈论基础》，该书以丰富有趣的例子吸引了众多的读者。2004 年见证了冯·诺伊曼和摩根斯顿的经典著作《博弈论与经济行为》（生活·读书·新知三联书店出版社）和哈罗德·W.库恩（Harold W.Kuhn）编著的《博弈论经典》（中国人民大学出版社）先后出版。之后，博弈论的书籍陆续面世，《策略与博弈》（2005），《合作博弈论》（2008），《演化与博弈论》（2008），《认识博弈的纳什均衡》（2009），《博弈入门》（2010），《博弈论》（2011），《博弈与社会》（2013）……。从内容方面看，中文的著作多数集中在经典的博弈论、合作博弈论、演化博弈论等主题。在认知博弈论方面，2010 年由浙江大学出版社出版的日本学者金子守所著的《博弈理论与魔芋对话》，该书重点关注博弈参与者对同一符号或语言的不同解释、可能引发的误解，从而指出经典博弈论的局限性。这可以看作是研究博弈中不确定性的一个实例。除此之外，对认知博弈论的介绍和研究工作都相对比较少。我相信，《博弈论的语言》的出版将会大大改善这一状况。我相信，本书将会引领读者从学习基础背景知识逐步进入最前沿的研究。我还相信，本书的出版会给博弈论和逻辑学的学科交叉研究注入新的活力。

刘奋荣

2019 年 4 月于清华园

名家推荐

过去的十年中,认知博弈论已经成为一种有原则的替代方法,取代了更为传统的经济互动方法。亚当·布兰登勃格在这个转换的过程中扮演了一个重要角色。对于任何对认知博弈论或普通博弈论感兴趣的人来说,这都是一本必备书,然而更重要的是这本书以及认知博弈论本身为实证科学家所呈现的机遇。正如亚当·布兰登勃格在他的导言中所提及的,至今为止认知博弈论还只是一门理论学科。而这本书将明确地指出认知博弈论可以成为并将很快成为一门实证学科。那些想在行为科学、心理学以及神经科学上了解我们如何在博弈中作出决定的人,都可以在本书中找到一组极具吸引力的、在策略博弈中如何作出决策的假设,都有待于进一步的检验。

——保罗·格里姆彻,纽约大学

亚当·布兰登勃格在发展认知博弈论的过程中发挥了主导作用,其目标是为博弈论的整体发展提供一个更深入、更清晰的基础。这本书收集了布兰登勃格和他的合作者的大量杰出作品,其中渗透的概念分析和丰富的数学理论的发展携手并进。这项工作引起了计算机科学家的极大兴趣,他们将看到与递归和协递结构、过程及其逻辑以及多智能体系统的研究之间的多重联系;对于数学家和逻辑学家来说,他们感兴趣的是建立精确的自反结构模型,这种结构是包含理性主体的系统所固有的,理性主体可以对他们所组成的系统进行推理。我希望这本及时出版的文集将有助于促进这些基本主题的跨学科研究。

——萨姆森·阿布朗斯基,牛津大学

博弈是参与者在信息流和观念流的引导下相遇和互动的竞技场。亚当·布兰登勃格的研究为创造了"博弈和参与者都是公平的"这一全新又丰富的认知框架起到了重要的作用。这本及时出版的书将帮助更广泛的读者学习和领会由此产生的理论。

——约翰·范本特姆,阿姆斯特丹大学,斯坦福大学

以均衡概念为基础的经济学,需要在博弈的互动情境中进行大量关于推理的推理的基础性工作。然而,一般推理已属不易,认知推理更是难上加难。从本书优雅而清晰的章节可证明,布兰登勃格是这一理论的大师。他的研究备受推崇,总是微妙而深刻,这种研究在树立里程碑的同时,也开辟了新的、意想不到的前沿研究边界。这本书是专业书,但同时也是必备书。

——安德鲁·马斯-科莱尔,庞培法布拉大学

亚当·布兰登勃格关于博弈论里对知识的隐性条件的研究已经成为经典。这些研究对于理解博弈论,甚至是一般经济理论与实体经济的相关性方面,都具有深远的重要性。收集他的研究,并有一篇介绍基本主题的导言,是非常有意义的。

——肯尼思·J.阿罗,
斯坦福大学,1972 年诺贝尔经济学奖获得者

三百年前,弗朗西斯·沃尔德格雷夫发现了矩阵博弈里第一个极大极小值解法。但是在他与数学家皮埃尔·雷蒙·德蒙莫特和尼古劳斯·伯努利通信时,沃尔德格雷夫建议将认知上的相关因素也纳入考虑中,包括知识、信念、不确定性以及非完全信息等。博弈论的主要研究人员,除了约翰·海萨尼和罗伯特·奥曼,大多忽视了这个建议。在近几年,亚当·布兰登勃格加入了这两个理论家的队列,他在认知博弈论上的研究被收集到了这本优秀的著作里。由布兰登勃格与多位合作者撰写的八篇经典论文展示了该领

域的权威观点,而富有洞察力的导言提供了当前和未来研究的路线。

——哈罗德·W.库恩,普林斯顿大学

本书收集了亚当·布兰登勃格在认知博弈论中的一系列基础论文集。虽然该研究仍在不断发展,但这是一种新的、从认知学维度的方法来标记博弈论的构造性转变,这种维度堪比 20 世纪早期在无声电影中引入同步的声音:它可能不会立即提供完整的多维度画面,但它永远具有改变这个领域的潜力。

——谢尔盖·N.阿尔特莫夫,纽约城市大学研究生中心

致我的女儿

露西·布兰登勃格

某一天在我们玩扑克时,12 岁的她高兴地给我诠释了认知博弈论。

亚当:"露西,把你的扑克拿好了。我可以看到你的牌。"

露西:"爸爸,这没有关系啊。你不知道我的策略。"

致我已故的母亲

恩妮丝·布兰登勃格

她把她对语言的各种热爱都传授给了我。

致我的妻子

芭芭拉·弗坎德

我亲爱的人生博弈的伴侣。

序　言

　　博弈论试图预测参与者(人、公司、政府等等)在各类策略性情况中如何表现。在博弈论的进化中，纳什均衡是迄今最重要且具预测性的概念。在其所涵盖的策略格局中，任何参与者若单方面偏离此均衡点都无法获得更高的回报。

　　从表象来看，纳什均衡似乎是一个合理的预测：如果得不到更高的回报，那么一个理性的参与者为什么会想要偏离此均衡点？但这个问题假设前提是参与者知道其他参与者将使用纳什均衡策略。仔细推敲一下，这个假设有些牵强。

　　认知博弈论的使命是为行为预测提供合理而稳妥的基石。在这个过程中，一个参与者对其他参与者的行为推断受到基本理性及理性信念的限制。这是一个卓有成效而又饶有趣味的领域。

　　亚当·布兰登勃格是认知博弈论的先锋之一。尤其是，他和埃迪·戴克(Eddie Dekel)两人率先指出在特定的条件下，"合理性""迭代剔除劣势策略""主观相关均衡"这三个博弈论中心概念其实是相同一致的。这个结果几乎也是所有后续著作的起点。

　　我非常高兴地看到，亚当同意把他和埃迪及其他

七位合作者关于认知博弈论的主要文章汇集为一本书。并对这一主题附有
一个清晰,简洁及精美的介绍。

埃里克·马斯金

世界科技出版社经济学理论系列　主编

2007 年诺贝尔经济学奖获得者

致 谢

我为能与鲍勃·奥曼,拉里·布卢姆,埃迪·戴克,阿曼达·弗里登伯格和杰里·基斯勒合作而倍感荣幸,也同时感激他们允许我把与他们合作的文章编入这本书。格斯·斯图尔特长此以往地和我讨论此书相关的话题,我也是深怀感激,同时感谢他给予我与他合作的殊荣。萨姆森·阿布然姆斯基,乔纳森·海特,雷娜·亨德森,杰西·舍,亚历克斯·皮斯考维奇,保罗·罗默,斯伊·鲁德,娜塔莉亚·万诺可若娃,肖文恩·韦斯顿以及我"项目"课程里的学生们都提供了重要的建议。我受益于多位老师的指导,特别感谢肯尼思·阿罗,玛格丽特·布雷,弗兰克·哈恩,戴维·克雷普斯,路易斯·马克夫斯基,安德鲁·马斯-科莱尔。感谢埃里克·马斯金非常慷慨地邀请我为他主编的系列丛书贡献这本书。斯伊·如德尔,爱丽莎·文,以及世界科技出版社的编辑们为我提供了自始至终的慷慨支持。

我要感谢以下期刊能允许我再次出版各个章节的内容:

Econometrica:

Chapter 3：Rationalizability and Correlated Equilibria,

with Eddie Dekel, *Econometrica*, Vol.55, 1987, pp.1391—1402.

Chapter 5: Epistemic Conditions for Nash Equilibrium, with Robert Aumann, *Econometrica*, Vol.63, 1995, pp.1161—1180.

Chapter 6: Lexicographic Probabilities and Choice under Uncertainty, with Larry Blume and Eddie Dekel, *Econometrica*, Vol.59, 1991, pp.61—79.

Chapter 7: Admissibility in Games, with Amanda Friedenberg and H.Jerome Keisler, *Econometrica*, Vol.76, 2008, pp.307—352.

Journal of Economic Theory:

Chapter 2: Hierarchies of Beliefs and Common Knowledge, with Eddie Dekel, *Journal of Economic Theory*, Vol.59, 1993, pp.189—198.

Chapter 4: Intrinsic Correlation in Games, with Amanda Friedenberg, *Journal of Economic Theory*, Vol.141, 2008, pp.28—67.

Chapter 8: Self-Admissible Sets, with Amanda Friedenberg, *Journal of Economic Theory*, Vol.145, 2010, pp.785—811.

Studia Logica

Chapter 1: An Impossibility Theorem on Beliefs in Games, with H.Jerome Keisler, *Studia Logica*, Vol.84, 2006, pp.211—240.

CONTENTS

0 导 言

要为一个新的领域定义一个开端，从来就是件不容易的事，有时甚至是不可能的。然而，如果一定要为博弈论选择一个起始年份，毫无疑问是 1928 年。当年冯·诺伊曼发表了一篇奠基之作（von Neumann, 1928），冯·诺伊曼希望找到策略博弈的最优参与法：

> 有 n 个参与者，包括 S_1, S_2, …, S_n，他们同时参与一场策略博弈 $\mathcal{G}$。他们当中的一个参与者 S_m，必须如何行动来达到最有利的结果呢？（von Neumann, 1928, p.13）

冯·诺伊曼为了展现这个问题的本质形式，开创了策略的概念，也就是每一个参与者完整的参与计划。这样参与者 S_m 的任务就是在不知其他参与者选择的情况下，在自己的策略集合中选择一个策略（von Neumann, 1928, p.17）。冯·诺伊曼说这类（对其他参与者的）知识缺失是建立于：

> 策略概念本身指一个策略集，它包含了一个参与者可以获得的信息或推理得到所有参与者的行为以及自然界选择的结果。所以，每个参与者必须在对其他参与者的选择和自然选择结果未知的情况下选择自己的策略。（von Neumann, 1928, p.19）

参与者可能会在博弈过程中观察其他参与者的行为以及自然的变化，但是，从概念上来说，他们不能观察其他参与者的策略。

有人可能会认为如此的策略分析特性会成为一个不可逾越的障碍。除了最简单的一些博弈,在所有其他博弈中,一个参与者的最好策略是随着其他参与者策略的选择而变化。如果对其他参与者的选择完全未知,第一参与者似乎无法作出好的选择。

冯·诺伊曼为这个难题提出了一个解决方案:这就是著名的最大最小准则(maximin criterion)。Ann 选择一个能保证自己收益最大化的策略。假设有两个参与者:Ann 和 Bob。在每个 Ann 所选择的策略中,她都假设 Bob 会选择一个对 Ann 最不利的策略。然后她会选择一个在这些不利的收益中能给她最高收益的策略,也就是说,她能够确保的最高收益的策略。Bob 也用相同的标准来选择自己的策略。

当我们读到冯·诺伊曼和摩根斯坦 1944 年的著作,冯·诺伊曼的最大最小准则已经延伸成了一个涵盖多个参与者的一般和博弈的整套理论。每一个参与者子集("联盟"),在对剩余参与者的策略选择最不利假设下,一起选择策略。这就是冯·诺伊曼和摩根斯坦的合作博弈模型。

纳什 1951 年的著作又把我们带回非合作博弈模型,其中每个参与者独立地选择策略,而不是联合选择。在这个设定下,他将博弈论带入了一个不同的轨迹。他假定 Ann 的策略是她如果确实知道 Bob 所选的策略时所作的最优选择。同样地,Bob 的策略是他如果确实知道 Ann 所选的策略时所作的最优选择(当然,这就是纳什均衡的概念)。纳什革除了策略选择中的不确定性,而冯·诺伊曼认为策略选择中的不确定性是博弈论里重要的基石。

认知博弈论(EGT)是与非合作博弈相关的,其中参与者独立做出策略选择。而主流的非合作博弈论跟随纳什理论,但是认知博弈论将不确定性置于策略研究的中心。这样我们又回到冯·诺伊曼的观点,也将非合作博弈据此重建。然后我们还会回到合作博弈理论。

0.1 认知博弈论

与冯·诺伊曼的方法一样,在认知博弈论里,一场博弈是每一个参与者在不确定性下做出各个决定问题的集合。但是与冯·诺伊曼的方法不同的是,一个参与者作决定的标准往往不是取最大的最小值,而是最大支付期望值里不那么保守的值。在这个标准下,每个参与者对其他每个参与者选择的策略制定一个概率分布,然后选择一个策略能根据他的分布来最大化他的预期收益。我们稍后会介绍其他决定的标准。

这个方式提出了一个关键问题:如果有的话,参与者在计算其预期收益时会对概率分布启用什么样的限制呢?这个问题的各种回答就是对认知博弈论较好的最初定义,包括博弈将如何一步一步进行。

比如,我们可能对这个概率分布不作任何限制。这一情形假设每个参与者是理性的,而且没有其他更多的假设。每个参与者对其他参与者所选的策略都有自己完全无限制的概率分布,并且根据这个分布最大化(自己的利益)。这样的分布代表了参与者自己对其他参与者可以做出各种选择的可能性的主观想法,即 Savage 所谓的"个人主义"("personalistic",可参见 Savage,1954,p.3)。

但是,当我们更进一步研究时,认知博弈论开始形成其特征,不仅假设每个参与者是理性的,而且还假设每个参与者认为其他参与者是理性的。也就是说,我们现在要求,Ann 不仅对 Bob 的策略选择构造一个概率分布(并且相应地选择了她自己的策略),而且每当一个 Bob 的策略她认定为正向概率时,她就根据对 Bob 而言的最优策略来构造一个她自己策略选择的概率分布。请注意,在这一点上,我们已经需要一个关于概率分布的数学结构(Ann 思考 Bob 选择战略)和对另一个概率分布上的概率分布(Ann 认为 Bob 认为关于她的策略选择)。

我们可以在这个方向上继续分析:Ann 是理性的,Ann 认为 Bob 是理性的,Ann 认为 Bob 认为她是理性的。以此类推。极限情况是所有这种有限长度条件("Ann 认为 Bob 认为……是理性的")的无限连接,被称为认知博弈论中"理性和理性的共同信念"的假设。到目前为止,该领域大部分研究聚焦在为"参与者的哪些策略选择符合这一假设"这个问题的作答上。这个问题比大家原本想象得要棘手得多。

0.2 理论还是语言?

让我们先暂停一下,来问一个关于认知博弈论性质的问题。这是一个完整的理论吗?还是一种语言?抑或是其他什么事物?在目前这个发展阶段,认知博弈论最好被描述为一种数学语言。它为捕捉某些直观概念(如理性、信念、关于信念的信念等）提供了一种方式，以便他们能够在制定和分析策略情境中发挥作用。但是，迄今为止，认知博弈论缺乏实证性内容。因此，它不能被认为是一个完整的理论。为了在这方面取得进展，我们必须超越数学理论。

社会神经科学中的"心智理论"（Premack and Woodruff, 1978）是认知博弈论取得实证内容的一个非常有希望的来源。这个领域研究人类及其他物种对其同伴的如欲望、意图及信念等心智状态进行推理的能力。[①] 人类的婴儿能够形成关于别人相信什么的信念能力（Wimmer and Perner, 1983）。Call 和 Tomasello（2008）对 Premack 和 Woodruff（1978）所作的黑猩猩心智理论的开创性研究进行了跟进研究。

这类数据是可以在认知博弈论的理论框架中表示出来的，也就可以让认知博弈论逐渐形成一个完整的理论。这个趋势并没在认知博弈论领域发展的初期形成，因其原先主要注重于共同信念的极限情形，而不是有限阶信念。本语言也可以表达后面的这种情况。有趣的是，有迹象表明研究这些案例可能更难，会导致完全不同的答案。亚当·布兰登勃格和弗里登伯格（Brandenburger and Friedenberg, 2013）表明，对于一个给定的博弈来说，强加理性及第 m 阶理性信念的意义在于，无论 m 大小如何，都会与加强理性和理性的共同信念的意义不同。这里有一个"在无限的不连续性"的概念。

发现认知博弈论与实证研究之间的紧密联系——在多个领域，不仅仅是社会神经科学——是既迫切又令人兴奋的探索。我们将在本章最后一节再讨论更多实证性的内容。

0.3 原则上的限制

事实证明，即使我们去除博弈中所有推理水平上的实际限制，在原则上也会有限制。本书第 1 章指出，任何某种形式的信念模型和对信念的信念模型等都会有所漏洞；不是所有可能的信念都可以表达。所谓的完全信念模型不存在。

即便在原则上也是不可能出现的结果，却在许多领域中出现了。在朴素集合论中，有罗素悖论（"一个由一切不属于自身的集合所组成的集合"）。的确，完全信念模型的不存在性可以被看作是罗素悖论的博弈理论的模拟形式。在计算机科学中,可计算性(computability)与计算复杂性(computational complexity)之间存在区别。可计算性考虑的是即使在有无限资源的条件下,原则上可以计算的限制。计算复杂性研究什么是可容易计算的,如多项式时间。[②]

在这两个领域里,都是先有不可能性结果。而在认知博弈论里,这顺序颠倒了一下。首先,建立各种可能信念的模型及信念的信念的模型。阿姆布鲁斯特和伯格(Armbruster and Böge,1979)及伯格和艾西尔(Böge and Eisele,1979)最早建立了此类模型,然后是默滕斯和扎米尔(Mertens and Zamir,1985)。第 2 章将会介绍各类可能信念及信念的信念的早期模型。

第 1 章里的研究成果是后来才形成。它清楚地指出所有这些可能的信念及信念的信念等模型中的“所有”,必须在一个有限的方式中理解,因为不可能性被回避了。

海萨尼在他的开创性研究(Harsanyi,1967—1968)中精辟地介绍了博弈中的不确定性,信念模型借鉴了“类型”概念。在认知博弈论中,每个参与者都有一组可能的类型,其中每个类型与其他参与者可能的策略和类型的概率分布相关联。信念、关于信念的信念等等模型,可以从各个类型推导出来,这使得后者成为博弈论语言中一个异常便利的元素。

如果脱离了海萨尼的见解,认知博弈论的起步会非常困难。尽管海萨尼的理论已经非常接近,但是他并没正式开启认知博弈论的研究。他的兴趣在于博弈结构的不确定性——主要是关于参与者的收益。像纳什一样,他对策略的不确定性并不感兴趣。事实上,海萨尼设立的概念比他自身所使用的概念更强有力。

0.4　认知博弈论的基本定理

一旦建立了信念模型的基础(尽管是有限制的信念模型),就有可能解决这个问题:理性和理性的共同信念的认知条件(epistemic condition of rationality and common belief in rationality,RCBR)意味着一场博弈将如何演绎?我们已经提到了其他(不是特别“极端”的)认知条件的重要性。但是,这个领域是从极端情况开始,也是很大一部分博弈语言的发展过程。

乍一看,这个问题有一个明确的答案。但是,我们将看到这个问题拥有多个层次。以下是第一个答案。如果每个参与者都是理性的,那么没有任何一个参与者会选择所谓的劣势策略(因为没有概率分布可以使劣势策略成为最优策略)。但是,如果每位参与者都认为其他参与者是理性的,那么没有任何一个参与者会选择在原有博弈中去除劣势策略后的劣势策略。以此类推,在 RCBR 下,每个参与者都将选择一个迭代非劣势(iteratively undominated,IU)策略。

事实上,即使作为第一个答案,这也不是一个特别完整的答案,因为我们也想要一个反向的陈述。一个简单的反向陈述可以是这样的:对于每个参与者给定一个博弈和迭代非劣势策略,我们可以建立一个信念模型,使得其中的策略与模型中 RCBR 相一致。这样,我们可以说,RCBR 的认知条件不仅蕴涵着 IU 策略将被选择,而且实际上确定了这类策略的集合(没有更小的集合)。我们得到了 RCBR 的认知条件的表征。

这个表征结果就是认知博弈论的基本定理,而且已经以不同形式被多次证明了。第 3 章里有一个早期证明的结果(尽管用了不含认知学理解的数学形式)。弗里登伯格和基斯勒(Friedenberg and Keisler,2011)给出了表征结果的最新版本。

以下是这个问题的另一个层次。假设这里有三位参与者:Ann,Bob 和 Charlie。Charlie 认为 Ann 和 Bob 是独立选择他们的策略的。[③]这是否蕴涵着 Charlie 对 Ann 的策略选择的概率分布和对 Bob 的策略选择的概率分布必须是独立的,即必须是联合分布? 答案是否定的,因为这忽略了共因相关的可能性。即使 Ann 和 Bob 独立选择,也可能会有同时影响他们的选择的相关变量。的确,在认知博弈论中,这些变量就在我们眼前:它们是 Ann 和 Bob 关于博弈的信念。如果 Charlie 认为 Ann 和 Bob 的信念是相关的,他可以认为 Ann 的策略选择和 Bob 的策略选择是相关的。

这就引出了一个问题:当我们允许共同原因具有相关性时,RCBR 所映射的认知条件将意味着一场博弈将如何演绎? 第 4 章显示,这一次的答案并不是 IU 策略,而是一个 IU 策略集合的真子集。换句话说,有些 IU 策略过于依赖相关性,这类相关性是无法通过相关信念的机制而产生的。那么这个真子集是什么呢? 这个问题目前是无解的。我们不知道在这种相关性下认知博弈论的基本定理是什么样的。

这表明认知博弈论作为一个领域还在其发展初期。而这个问题还只是很多无解而又基础的认知博弈论问题之一。

0.5 认知性对比于本体性

让我们暂时回到纳什对于博弈论的发展上。如果认知博弈论是用于描述和分析策略情况的广义语言，那么我们要特别指出，应该能够用该语言表达纳什均衡的思想。第 5 章则试图更精确地做到这一点。

以下是一个具体的问题：在博弈中，什么样的认知条件下参与者会选择纳什均衡？纯策略中有一个容易的答案，而混合策略中有一个更深层次的答案。纯策略中，答案基本上是原先所提及的——每个参与者都知道其他参与者选择的策略。在认知信念模型中，条件为每个参与者对其他参与者的策略选择要有一个正确的信念。也就是说，每个参与者将概率 1 分配给实际所选择的策略。当然，每个参与者都是理性的也是认知信念模型的条件之一。

这些条件适用于纯策略。它们也可以应用于混合策略的均衡，特别是当我们从经典角度考虑混合策略——也就是，在纯策略的随机集合中作选择。但是，这里自然会产生一个认知上的问题：混合策略是否会被滥用，而被视为代表其他参与者对该参与者选择纯策略的不确定性？

让我们从物理学中借鉴一些非常有用的术语，特别是在量子力学领域。从"本体性"的角度来考虑，量子状态是指它描述了一个物理系统的客观实在，而"认知性"的角度来考虑，是指它描述了一个系统观察者的知识状态（参见 Spekkens，2007）。

那我们又该如何从认知性和本体性来考虑混合策略呢？正如认知博弈论的基本定理中，两个参与者的博弈和三个或更多参与者的博弈之间的区别很大。一个是与之前一样的原因：Charlie 可以认为 Ann 和 Bob 的策略选择是独立或相关的。与之前不同的另一个原因是，两个参与者可以同意或不同意他们分配给第三个参与者选择的策略的概率：Ann 和 Bob 可以同意或不同意 Charlie。为了达到纳什均衡，我们强加了促成独立性和一致性的认知条件。这允许我们以一种定义明确的方式为每个参与者分配一个由所有其他参与者对该参与者策略选择的共同持有的概率分布，该概率分布以一种独立的方式组合在一起。在理性条件上加上适当的认知条件，这些分布被视为混合策略，构成了纳什均衡。

对于均衡认知分析的一个明确的教训是其所涉及的条件是非常有限制

性的。关联性和不一致性是认知博弈论的普遍情况。为了达到纳什均衡，我们必须通过找出这样认知条件的方式来排除关联性和不一致性。

传统博弈论和认知博弈论的行进方式截然不同。传统理论的出发点是所谓解决方案的概念——几乎总是纳什均衡或其许多变体之一。从某种程度上它们通常被称为"理性行为"的实例，这些解决方案的概念被用来分析博弈的情况。在认知博弈论中，起始点更为基础。理性行为的概念是必须被定义的。④我们还必须说明每个参与者对其他参与者的策略选择、信念、理性等认知条件。认知博弈论比传统博弈论更明确地指出在一场博弈中对参与者的假设。

一个有趣的现象是在博弈论和量子力学（quantum mechanics，QM）的基础理论中都涉及本体性相对认知性的问题。更重要的是，冯·诺伊曼（1932）率先在量子力学中分析该问题。另外，有点像在数学本身使用博弈论——比如说集合论中关于确定性的话题——博弈已经成为量子力学基础理论的有用工具。⑤由于认知博弈论特别关注了本体性与认知性的问题，也许这样博弈论将特别适用于量子力学。

0.6 不变性和可允许性

回到认知博弈论的基础定理。有一个问题是：在理性和理性的共同信念的认知条件下，博弈将如何进行？我们刚才在这个问题上所讨论的只是其表层。

巴提盖里和斯尼斯考奇（Battigalli and Siniscalchi，2002）取得了重大进展，他们将研究问题从博弈矩阵扩展到博弈树。在认知博弈论中，博弈树展现了一个新层次的复杂性，因为参与者不仅拥有信念、信念的信念等等，还可以随着博弈的进行而修正这些信念。他们通过以博弈树中观察到的事件作限制来达到这一点。但他们的贡献还有更多。在概率论中，条件概率根据零概率事件值来定义。然而，在认知博弈论中，零概率事件是不能忽视的，因为一个参与者认为可能是偶然性事件，或许完全在另一个参与者的掌控之下。

例如，Bob 可能会将概率 1 分配给 Ann 的一个他无法做的事情（也就是不让他走下一步）。在这种情况下，他对 Ann 随后的举动所分配的条件概率分布里,如果 Ann 做到了,事实上关于 Bob 有下一步的部分是未定义的。对于 Bob 来说这并不是问题,因为他的预期收益并不取决于他的举动。然而,现在假设 Ann 认为 Bob 把概率 1 分配给她下一步举动不给他。她还要决定是否让 Bob 走下一步——这个事件是在她的控制之下。她的决定将取决于她认为 Bob 会作何反应,而这取决于她认为 Bob 会如何更新他的概率分布,这又取决于她给予他的下一步的概率为 0 的事件。总而言之,Ann 需要一个模型来理解 Bob 是如何形成条件分布概率的,即使是 Bob 赋值为概率 0 的事件。

我们详细说明了这一点,因为它表明在博弈论中需要一个扩展的非柯尔莫哥洛夫概率论。事实证明,瑞尼 1955 年的著作(Renyi, 1955)即为这种量身定做的理论。⑥这就是巴提盖里和斯尼斯考奇精彩地提出了这个理论并应用到博弈论中。

所有这一切都是关于博弈树,参与者在博弈进行时观察并修正他们的信念。但是,请记住,对于冯·诺伊曼来说,策略概念是基础。通过列出每个参与者可能的策略,我们将博弈树简化到博弈矩阵,然后在矩阵上进行分析⑦。

实际上,冯·诺伊曼的做法的可行性并不是显而易见的。通常来说,多个博弈树可以简化到一个给定的博弈矩阵。也许,只考虑博弈矩阵的话,关键信息就会丢失。也就是说,至少冯·诺伊曼假设如下,与策略相关的信息不会遗失。

一篇颇具影响力的论文中,科尔伯格和默滕斯(Kohlberg and Mertens, 1986)提出的不变性原理,也明确指出与策略相关的信息不会丢失。他们认为,如果两棵博弈树减少到一个相同的矩阵,那么两棵博弈树的分析必须相同。他们说,在矩阵转化的过程中不仅没有"策略上相关"的信息丢失,而且运用矩阵也是至关重要的。否则,我们冒险单一地分析几个眼前策略相当的博弈树。

那么,如何进行不变性分析?关键是可允许性概念(弱占优)。在一个矩阵中,当且仅当一个策略在任何可以减少至该矩阵的博弈树中是理性的,那这个策略在该矩阵中是可允许的。⑧因此,为了以满足科尔伯格和默滕斯的不变性原理来构造认知博弈论,我们假设每个参与者都遵守可允许性条件。

现在让我们更仔细地研究可允许性。在决策理论中有以下一个标准结果,对 Ann 来说,当且仅当该策略在某个概率分布对 Bob 每个可能的策略选择都给予正概率中,且最大化 Ann 的预期收益,则 Ann 的策略是可允许的。萨缪尔森(Samuelson, 1992)首先提出并创造了一个难题。假设 Bob 的一些策略是不可允许的(对他而言)。那么,似乎如果 Ann 认为 Bob 坚持可允许性条件的,她将把这类策略的概率设为 0。假设 Ann 遵守可允许性要求(以至于她应该将 Bob 所有的策略赋予正概率),这似乎与 Ann 认为 Bob 遵守可允许性条件的假设相矛盾(因为她将概率 0 分配给 Bob 的一些策略)。那事实上,我们可以实施具有可允许性的博弈理论吗?

第 6 章为这个难题提供了一个解决方案。Ann 对 Bob 的策略选择赋予了不止一个概率分布,而是一系列概率分布,我们称之为字典式概率系统(lexicographic probability system, LPS)。LPS 用字典式的过程来确定最优策略:在第一种概率分布下选择最大化预期收益的策略。在这个集合中,从第二个概率分布中再选择最大化预期收益的策略,以此类推。在首要正概率分布中,Bob 的策略相比第二正概率分布中的策略有无穷多的可能,以此类推。[⑨]这就是难题的解决方案。Ann 不需要将概率 0 分配给 Bob 的任何策略,但是她可以考虑其中一些比其他有无穷小的可能性。

这种方法让我们可以以标准的安斯科姆-奥曼(Anscombe-Aumann, 1963)的预期收益标准公理为基础,来修正此公理以获得表示 LPS 的方式。注意,我们再次为了做博弈理论扩展了柯尔莫哥洛夫概率论——这次为了能以不变量形式来分析博弈理论。

第 7 章定义了一种认知条件,它是一个 RCBR 基本条件的字典式模拟。相对于 LPS 的合理性是用刚刚解释的方式定义的。我们还需要一个概念来字典式模拟"分配概率 1",也就是信念在一般概率论中定义的。如果 Ann 认为一个事件中的所有状态都比不在事件中的所有状态有无限多的可能,那么 Ann 就"假定"[⑩]了一个事件。[⑪]通过这些组成部分,我们可以制定"理性和理性的共同假设"(rationality and common assumption of Rationality, RCAR)的认知条件,并根据可行的策略进行描述。

特征描述的过程辨认出博弈矩阵上一个新的解决方案概念——称其为"自我允许集合"(self-admissible set, SAS)。第 8 章中我们特别研究了这个解决方案的概念,展示了它在三个非常著名的博弈中的特性——蜈蚣博弈(Rosenthal, 1981)、有限重复的囚徒困境博弈和连锁店博弈(Selten, 1978)——确立各种一般性质。

回到我们的主题:目前出现了一个重要的不对称。RCBR 的基本认知条件的特征是迭代非劣势（IU）策略。这是认知博弈论的基本定理。RCAR 的（更高级的）认知条件以 SAS 概念为特征。但是，根据第一个结果类推，我们是不是应该接受 RCAR 的特点是迭代可允许（iteratively admissible，IA）策略？直觉上是类似的（因为我们已经解决了萨缪尔森的难题）。如果每个参与者都遵守可允许性条件，那么没有一个参与者会选择不可允许策略。然而，如果每个参与者也假定其他参与者遵守可允许性条件，没有一个参与者会在原有的博弈里去除不可允许策略后选择一个不可允许策略。以此类推。在 RCAR 下，每位参与者将选择一个 IA 策略。

最终这个假设是错的。IA 集合是博弈中的 SAS 之一，但通常博弈中还有其他（不同的）SAS。解释这一假设是错的一种方法是，与占优性不同，关于可允许性的概念涉及一个根本的非单调性。

为了从认知博弈论本身获得 IA 策略，我们不能从任意一个信念模型中制定 RCAR 条件，而是在 0.3 节"原则上的限制"讨论中的"大"信念模型之一中制定。此外，第 7 章的结论表明，在一个大的信念模型（当"大"的概念被适当地定义），对于任何有限整数 m，"理性和第 m 阶理性的假设"条件的特点是进行 $(m+1)$ 轮消除不可允许策略。[12] 然而，在这样的结构中不可能有（无限级别的）RCAR。在某种意义上，参与者被要求考虑太多了。似乎认知博弈论在原则上对博弈的推理施加了另一个限制。话虽如此，最近的一些论文（特别是 Keisler and Lee，2011）检验了这种不可能性结果的稳健性。这是认知博弈论中另一个非常开放的研究领域。

0.7 研究课题及方向

随着认知博弈论的发展，它引发了一些关于博弈论的非常基础而又具挑战性的问题。其中一个问题是：什么是一个真正的博弈模型？

传统的博弈理论认为博弈模型是博弈矩阵或博弈树。认知博弈论否认了这点——提出这只是模型的一部分。一个完整的博弈模型由一个博弈矩阵或博弈树以及一个信念模型组成——即可能的信念空间，对每个参与者的信念的信念等。换句话说，在认知博弈论中，博弈模型由传统意义上的博弈组成，但还有一个包含每个参与者信念的模型，每个参与者可能拥有的信念的信念的模型等。认知博弈论尊重决策理论的"三部曲"：策略、收益和概率。一个博弈模型中除了有参与者他们的策略和收益公式,应该包括他们不确定事件的概率分布。

传统博弈理论中可以被认为的输出方变成了认知博弈论中的输入方。通常,我们从纳什均衡开始——比如说,其中 Ann 选择策略 U_p,Bob 选择策略 $Left$。我们可以将信念与这对策略联系起来:对于 Bob 选择 $Left$,Ann 将其概率设为 1;对于 Ann 选择 U_p,Bob 将其概率设为 1。[13] 解决问题概念被解释为告诉我们参与者拥有什么样的信念。简而言之,信念作为策略分析的一个输出而出现。

在认知博弈论中,在我们指定了参与者的信念前我们甚至不能开始策略分析。只有我们一旦这样做了,才能缩小策略选择。这次,信念是策略分析的重要输入。

我们在哪里寻找这个输入?信念模型里面究竟是什么?为此,我们应该看看外部因素,如策略互动所在的环境,参与者的先前经历,他们的个性等。在这个方向上,博弈论变得不再是以前那个自成体系的学科了。

这个方向导致了一些混合效应。对于某些人来说,这是认知博弈论的一大缺陷:这不是一个完整的理论。对另一些人来说,想在"纯理性"的基础上试图建立一个完整的策略互动理论是一个可疑方向,其迎来了一个可喜的结局。诸如背景和历史等方面,现在被认为是重要的。这个问题从早期就将博弈理论家划分为两派。冯·诺伊曼和摩根斯坦(1944)坚定地站在第二阵营:

> 在大多数情况下,我们将会观察到多种解决方案。考虑到我们所说的将解决方案解释为稳定的"行为标准",这有一个简单而合理的意义,在相同的实体背景下,可以建立不同的"既定的社会秩序"或"公认的行为标准"。[14](von Neumann and Morgenstern, 1944, p.42)

如果我们理解术语"实体背景"来指代博弈矩阵(或博弈树),那么冯·诺伊曼和摩根斯坦认为,博弈理论不应仅仅基于这个模型试图给出一个独特的答案。纳什(Nash, 1950)采用了完全相反的观点,并特别寻找了博弈矩阵中的独特答案:

> 我们用以下问题来继续调查:在一个博弈中,什么样可期望的理性行为是可以被理性地预测到的?通过使用以下原则:理性预测应该是独一无二的,参与者应该能够推断和利用它,这样的知识指每个参与者对其他参与者的预测,是不应该把他带出可预测的行为范围的,而是可以

达到之前定义的解决方案的概念,即纳什均衡。(Nash,1950)

我们可以这样总结一下目前的状况:仅仅在矩阵上建立的博弈理论是具有不确定性的(冯·诺伊曼—摩根斯坦)或具确定性的(纳什)。认知博弈论显然是指第一种理论。

以下是另一个关于博弈论基本成分的问题:什么是参与者?或者更准确地问,什么是适当的行为单位?冯·诺伊曼—摩根斯坦再一次和纳什选择了不同的路径。在冯·诺伊曼—摩根斯坦的合作博弈理论中,几个参与者共同行动是基本概念。而在纳什的非合作博弈理论中,个人行为是基本概念。在第一种情况下,行为单位是一个群体,而在第二种情况下,行为单位是个体。认知博弈论指出,非合作理论与合作理论之间的界限比人们想象的要模糊。在 0.4 节"认知博弈论的基础定理"中,我们解释了个人行为可以通过信念的相互关联而变得相关。我们还指出,迭代非劣势(IU)策略——非合作博弈论中的一个非常基本的课题——含有比这种方式更多的相关性。什么是额外的相关性?就是参与者的联合行动。[15]非合作博弈论结果包含了通常被认为是合作理论的一个显著特征。博弈理论的两个分支之间的界限似乎没有以前想象的那么明确。

现在让我们回到关于认知博弈论中参与者的决策标准这个问题上来。到目前为止,该领域几乎总是假设预期收益最大化的行为。其主要原因是"一时一新"哲学。认知博弈论与古典博弈论完全不同的是它拒绝以均衡作为分析的起点。如果认知博弈论同时进行其他变更,那就很难清楚地看到这一转变的影响。由于在古典博弈论中几乎总是假设预期收益最大化,所以认知博弈论也将保持这个假设。我们可以将这种方法看作是进行一个可控制的实验,其中一个变量在其他变量不变的情况下变化。即使保持古典决策标准的情况下,认知博弈论也与古典博弈论截然不同,而这点我们已经认识到了,在本书的其余部分这点将分析得更加清晰。

然而,如果使用非古典决策标准来替代,将会发生什么是非常值得探讨的。幸运的是,相对于所使用的决策标准,认知博弈论看起来相当模块化。我们希望是,即使"插入"不同的决策标准,认知博弈论的大部分架构——理性类型的概念,理性的归纳定义,理性信念等都应该继续使用。我们可以通过使用有更好实证基础的决策理论,将实证内容添加到认知博弈论的这种扩展中。

在本章的几个小节中,我们指出了认知博弈论可以进一步发展的几个方向。这个领域还很年轻,我们已经指出一些非常基本的未解问题。我们也看到了使用这种方法的一些意想不到的结果:认知博弈论促使我们询问——或重新询问一些关于整个博弈理论架构的基本问题。我们相信这是认知博弈论方法的另一个优点。

注 释

① 更多关于"心智理论"概念的定义以及大脑潜在机制的当前知识状态的调查,请参见 Singer(2009)。Adolphs(2010)对社会神经科学与包括经济学与计算机科学在内的其他学科间的联系进行了饶有趣味的讨论。

② Papadimitriou(1993)对计算复杂性进行了标准的介绍。

③ 请注意,我们目前的假设在非合作博弈论范围内。

④ 此外,我们已经看到,一旦被认真定义了,理性本身不会产生纳什均衡,还要有其他条件才能确保成立。

⑤ "猜测你的邻居的输入"博弈是一个值得注意的例子,可参见阿尔梅达等(Almeida et al., 2010)。

⑥ 瑞尼的动机来自统计学和物理学。在他那个时代,博弈论还未发展到以博弈动机为方向是显而易见的阶段。

⑦ 根据冯·诺伊曼的研究,就是最大最小值分析。

⑧ 关于这个说法更精准的陈述和证明,请参见 Brandenburger(2007, p.488)。

⑨ 这可以用正式的公式表示,即使用无限小数。

⑩ 我们在字典式案例中的术语。

⑪ 当然,我们需要更确切地定义无限空间。

⑫ 一轮是为了理性假设,而 m 轮是 m 阶理性的假设。

⑬ 纳什均衡的定义并不要求我们进行这种关联,但这是自然而然的。

⑭ 诚然,这是以合作博弈论为背景下写的,但请记住,合作博弈论是 n 个参与者博弈的一般理论。

⑮ 第4章有关于这点的更多细节。

参考文献

Adolphs, R(2010). Conceptual challenges and directions for social neuroscience. *Neuron*, 65, 752—767.

Almeida, M, J-D Bancal, N Brunner, A Acín, N Gisin, and S Pironio(2010). Guess your neighbors input: A multipartite nonlocal game with no quantum advantage. *Physical Review Letters*, 104, 230404.

Anscombe, F and R Aumann (1963). A definition of subjective probability. *Annals of Mathematical Statistics*, 34, 199—205.

Armbruster, W and W Böge(1979). Bayesian game theory. In Moeschlin, O and D Pallaschke(Eds.), *Game Theory and Related Topics*. Amsterdam: North-Holland.

Battigalli, P and M Siniscalchi(2002). Strong belief and forward-induction reasoning. *Journal of Economic Theory*, 106, 356—391.

Böge, W and Th Eisele(1979). On solutions of Bayesian games. *International Journal of Game Theory*, 8, 193—215.

Brandenburger, A(2007). The power of paradox: Some recent developments in interactive epistemology. *International Journal of Game Theory*, 35, 465—492.

Brandenburger, A and A Friedenberg(2013). Finite-order reasoning. Working Paper.

Call, J and M Tomasello(2008). Does the chimpanzee have a theory of mind? 30 years later. *Trends in Cognitive Sciences*, 12, 187—192.

Friedenberg, A and HJ Keisler(2011). Iterated dominance revisited. Available at www.public.asu.edu/~afrieden.

Harsanyi, J(1967—68). Games with incomplete information played by "Bayesian" players, I-III. *Management Science*, 14, 159—182, 320—334, 486—502.

Keisler, HJ and BS Lee(2011). Common assumption of rationality. Available at www.math.wisc.edu/~keisler.

Kohlberg, E and J-F Mertens (1986). On the strategic stability of equilibria. *Econometrica*, 54, 1003—1038.

Mertens, J-F and S Zamir(1985). Formulation of Bayesian analysis for games with incomplete information. *International Journal of Game Theory*, 14, 1—29.

Nash, J(1950). Non-cooperative games. Doctoral dissertation, Princeton University.

Nash, J(1951). Non-cooperative games. *Annals of Mathematics*, 54, 286—295.

Papadimitriou, C(1993). *Computational Complexity*. Reading, MA: Addison-Wesley.

Premack, D and G Woodruff(1978). Does the chimpanzee have a theory of mind? *Behavioral and Brain Sciences*, 1, 515—526.

Rényi, A(1955). On a new axiomatic theory of probability. *Acta Mathematica*

Academiae Scientiarum Hungaricae, 6, 285—335.

Rosenthal, R(1981). Games of perfect-information, predatory pricing, and the chain store paradox. *Journal of Economic Theory*, 25, 92—100.

Samuelson, L(1992). Dominated strategies and common knowledge. *Games and Economic Behavior*, 4, 284—313.

Savage, L(1954). *The Foundations of Statistics*. New York, NY: Wiley.

Selten, R(1978). The chain store paradox. *Theory and Decision*, 9, 127—159.

Singer, T(2009). Understanding others: Brain mechanisms of theory of mind and empathy. In Glimcher, P, C Camerer, E Fehr and R Poldrack(Eds.), *Neuro-economics: Decision Making and the Brain*, pp. 251—268, Amsterdam: Elsevier.

Spekkens, R(2007). Evidence for the epistemic view of quantum states: A toy theory. *Physical Review A*, 75, 032110.

von Neumann, J(1928). Zur Theorie der Gesellschaftsspiele. *Mathematische Annalen*, 100, 295—320.(Bargman, S(1955). English translation: On the theory of games of strategy. In Tucker, A and RD Luce(Eds.), *Contributions to the Theory of Games*, *Volume IV*, pp. 13—42. Princeton, NJ: Princeton University Press.)

von Neumann, J(1932). *Mathematische Grundlagen der Quantenmechanik*. Berlin: Springer.(Translated(1955) as *Mathematical Foundations of Quantum Mechanics*. Princeton, NJ: Princeton University Press.)

von Neumann, J and O Morgenstern(1944). *Theory of Games and Economic Behavior*. Princeton, NJ: Princeton University Press.

Wimmer, H and J Perner(1983). Beliefs about beliefs: representation and constraining function of wrong beliefs in young children's understanding of deception. *Cognition*, 13, 103—128.

一个关于博弈中信念的不可能性悖论[*]

亚当·布兰登勃格和杰里·基斯勒

(Adam Brandenburger and H.Jerome Keisler)

博弈信念中有一个自我参照的悖论,其类似于罗素悖论成为博弈论中的不可能性悖论。该悖论的一个非正式版本是,以下的信念设置是不可能的:

Ann 相信 Bob 假设 Ann 相信 Bob 的假设是错的

我们以这种形式来诠释任何一种信念模式必须有一个"漏洞"。这个结果的一种解释就是,如果参与者在博弈中可以用分析者的工具,那么就有一些参与者可以想想但不能假设的陈述。这和博弈论中一些基础问题是相连的。

[*] 原文出版于 *Studia Logica*,Vol.84,pp.211—240。

关键词:信念模型;完整的信念模型;博弈;一阶逻辑;模态逻辑;悖论。

研究经费支持:哈佛商学院,斯特恩商学院,国家科学基金会和维拉斯信托基金。

致谢:我们感谢 Amanda Friedenberg 和 Gus Stuart 对本章进行了许多有价值的讨论。Samson Abramsky, Ken Arrow, Susan Athey, Bob Aumann, Joe Halpern, Christopher Harris, Aviad Heifetz, Jon Levin, Martin Meier, Mike Moldoveanu, Eric Pacuit, Rohit Parikh, Martin Rechenauer, Hannu Salonen, Dov Samet, Johan van Benthem, Daniel Yamins 和 Noson Yanofsky 提供了重要的建议。我们也非常感谢参加第十三届国际博览会大会(博洛尼亚大学,1999 年 6 月)、第十届国际博弈论大会(纽约州立大学石溪分校,1999 年 7 月),2004 年符号逻辑协会年会(卡内基梅隆大学,2004 年 5 月),以及在哈佛大学,纽约大学和西北大学举办的研讨会的各位专家学者和评审人。

1.1 引言

在博弈论中,参与者对博弈的信念,以及参与者对于其他参与者信念的信念等概念都是自然而然地产生的。比如以下这些关于基本博弈理论的问题:Ann 和 Bob 是否理性? 他们彼此又是否相信对方是理性的? 为了解决这些问题,我们需要记下 Ann 相信 Bob 所作的策略选择,以此决定她是否根据她的信念选择她的最优策略(即 Ann 是否是理性的)。我们还需要记下 Ann 相信 Bob 相信 Ann 所做的策略选择,以此来决定 Ann 是否相信 Bob 会根据他的信念选择他的最优策略(即 Ann 是否相信 Bob 是理性的),以此类推。关于信念的信念等此类问题在博弈中是基础的问题。

在本章中,我们问道:这样关于 Ann 认为 Bob 关于她,相信什么等讨论,并不表明在博弈中出现某种程度的自我指涉,类似于数学逻辑里众所周知的自我指涉的例子。如果是这样,那么在博弈信念方面利用这种自我指涉有什么不可能性结果?

的确有这样一个结果,一个博弈论版本的罗素悖论。[①] 我们首先来陈述一下,通过假设(最强烈的信念),我们指一种包括所有其他信念的信念。请考虑以下结构:

Ann 相信 Bob 假设 Ann 相信 Bob 的假设是错的

为了达到不可能性,试问:Ann 认为 Bob 的假设是错吗? 如果是这样,那么在 Ann 看来,Bob 的假设就是"Ann 认为 Bob 的假设是错误的",是对的。但这样 Ann 就不认为 Bob 的假设是错误的,这与我们之前的假设相矛盾。这里还有另一种可能性,Ann 不认为 Bob 的假设是错误的。如果是这样,那么在 Ann 看来,Bob 的假设就是"Ann 认为 Bob 的假设是错误的",是错误的。但这样 Ann 就确信 Bob 的假设是错误的,所以我们再次得到一个矛盾。

结论是,以上提及的字表示的结构是不可能的。但可能的是,一个包含所有 Ann 和 Bob 信念的模型将包含这种信念结构(也包括其他许多结构)。显然,这样一个我们称之为完全信念的模型不存在。或者说,每一个关于 Ann 和 Bob 的信念模型都会有一个"漏洞";不是所有可能的信念都可以存在。[②]

信念的形式概念在博弈论和模态逻辑中都是至关重要的。我们认为,如果能在这两者中同步制定,我们的不可能性结果是最容易被理解的。由于我们的结果源于博弈论中的一个问题,所以我们将首先在一个与博弈论文献一致的背景下制定结果(从 1.3 节开始),然后用模态逻辑重新制定我们的结果(在 1.7 节)。

正如我们将在 1.9 节中看到的那样,假设的概念,或说最强信念的概念,对于不可能性结果是至关重要的。在口头论证中,以及稍后给予的形式化中,斜体表述的陈述必须是一个关于 Bob 的一个特定的信念,只是对 Ann 的所有信念。当谈到 Ann 的信念和 Bob 的假设时,这种解释似乎是自然的。在模态逻辑设置中,信念和假设是不同的模态算子。亨伯斯通(Humberstone,1987)介绍和分析了假设算子(并称为"全部和唯一"的算子)。[3] Bonanno (2005)在论文中提出,假设算子与"被告知"模态算子 I 密切相关。

我们现在在对口语化的不可能性的论证(在博弈论设置中)增加一些精确度。通常,信念模型对每个参与者都设有一组状态,以及对每个参与者设定的关系,该关系指定一个参与者何时考虑另一个参与者的状态是可能的。在这种模式中,假设和信念的概念具有自然的定义。当给定一个信念模型,我们接下来考虑某种参与者可用的语言来表达他们对其他参与者的信念。当参与者语言中的每个陈述都是可能的(也就是有真状态)且能被该参与者假设,那么我们称在这个给定的信念模型下,该语言具有完全性。[4]因此,完全性是相对于一种语言的。给定语言的完全性取决于每个参与者关于另一个参与者的信念(而不是参与者对他们自己的信念)。根据我们的语言选择,我们可能会获得完全模型的不存在性或存在结果。

主要的不可能性定理将显示:对于包含一阶逻辑的语言,没有信念模型达到完全。也就是说,每个信念模型都具有一阶逻辑中可以表达的漏洞,其指一个漏洞是关于一个参与者是可能但从未被另一个参与者所假设的陈述。事实上,我们将表明,在任何关于 Ann 和 Bob 信念的模型中,一个漏洞必须在以下某一个简单的陈述里存在:

0. 永真式(又称为套套逻辑)的陈述,

1. Bob 不排除任何东西(即认为一切都是可能的),

2. Ann 相信 Bob 不排除任何东西,

3. Bob 认为 Ann 相信 Bob 不排除任何东西,

4. Ann 认为 Bob 的假设是错的,而且

5. Bob 假设 Ann 相信 Bob 的假设是错误的。

本引言中提出的非正式论证表明，Ann 不能假设，甚至不相信上面的陈述5。

1.2 节通过解释完全性概念与博弈论中出现的一些问题之间的联系，列出了本章其他的一些动机。在本章末尾的 1.11 节，我们会回到这些联系。

博弈论设置中的形式论证是在 1.3—1.5 节中制定的。1.3 节给出了一个信念模型的定义，并且给出了一个关于假定和相信的集合的数学概念。1.4 节包含相对一个语言的完全信念模型的概念。1.5 节包含我们主要的不可能性定理，即定理5.4。该段引理5.6 的证明与非正式论证相匹配。

在 1.6 节中，我们运用假设算子提出了一个基本的"单一参与者"模态逻辑，为我们的模态逻辑版本不可能性结果做好了准备。这个逻辑是 Bonanno（2005）中信念修正逻辑的一个简单的特例。Bonanno 给出了他的逻辑的公理集和完全性定理。为了说明假设算子的行为，我们将其定理重写在我们更简单的环境中。Humberstone（1987）给出了具有假设算子的模态逻辑的早期且不同的公理集和完全性定理。

在 1.7 节中，我们给出了有两个参与者的假设算子的模态逻辑，并在此逻辑中重新构造了我们的不可能性结果。对于我们的不可能性结果（也就是本章的早期版本）更详细的模态逻辑分析请参阅 Pacuit（2006）。

在 1.8 节中，我们介绍了一些具有额外的结构和策略的信念模型，这些模型是在博弈论中自然而然地出现的。这些策略模型在我们的主要不可能性定理中是不需要的，但是对于我们在博弈论中应用该结果是有帮助的。接下来的两个小节包含一些例子显示确实存在的完全信念模型。从这些积极的结果中，我们得到了策略模型。

在 1.9 节中，我们获得两个存在性定理，它们表明假设的陈述的概念是主要不可能性结果的一个基本要素，且这个问题本质上是多位参与者的，即属于博弈理论的。1.10 节提供了一些相对有限制性（但依然有趣）语言的完全性方面的积极结果。我们展示了一些完全的策略模型，这些模型在部分一阶逻辑中是封闭，包括有穷的析取和合取，普遍的和存在的量词，以及信念和假设算子，而不包括否定。为了获得这些模型，我们构造了拓扑完全的策略模型，即具有拓扑结构，并且可以假定每个非空状态的紧致集合。

1.2 完全信念模型的存在性问题

信念模型和语言是由分析师创造的来描述策略情况的人工品。在博弈论中长期存在的一个问题是,这些人工品是否可以被认为或应该被认为在某种意义上可以让参与者自己使用(有关这个问题的其他讨论,可参见Brandenburger and Dekel,1993,第 3 节)。

按理说,因为我们作为分析师可以建立信念模型并使用一种语言,例如一阶逻辑,这些相同的工具确实可供参与者使用。除非我们想要让分析师有一个"特权"的地位,而这些特权在参与者身上被否认,所以自然会问如果参与者可以以同样的方式考虑博弈,那会怎么样。但是,我们的不可能性定理会说:如果分析师的工具可供参与者使用,那么参与者可以考虑但不能假设有些陈述。模型必定是不完全的。这似乎是博弈分析中的一种基本限制⑤。

尽管有这个限制,完全信念模型的存在性问题与博弈论中所谓的"认识论计划"非常相关。这个计划的一个目的是找到一些有关参与者的条件,特别是关于他们的理性、对其他人理性的信念等等。这个计划促成了各种众所周知的解决方案概念(迭代优势、纳什均衡、逆向归纳等)。对信念模型完全性至少需要在以下两个解决方案中显示。在 Battigalli 和 Siniscalchi(2002)中的扩展形理性化(由 Pearce [1984]提出的解决方案概念)认知条件下使用了完全性。Brandenburger、Friedenberg 和 Keisler(2006)在迭代可允性(迭代弱优势)的认识论条件下使用了完全性。这些解决方案的概念具有其独立关注点,但它们也在完全信息博弈中给出了逆向归纳结果⑥。所以我们看到完全性也是非常相关的(至少在这两个分析下),为博弈中逆向归纳的基本概念奠定了坚实的基础。

当然,鉴于我们不可能性结果,Battigalli-Siniscalchi 和 Brandenburger-Friedenberg-Keisler 都必须限制参与者可以使用的语言来制定他们的信念。他们(有效地)通过对其使用的信念模型做出各种拓扑假设来做到这一点。我们将在 1.10 节中显示拓扑假设可以产生"正向语言"(positive language)的完全信念模型。

除开拓扑学方法,本章确实在博弈论中提出了以下开放性问题。我们是否可以找到一个逻辑 $\mathcal{L}$，使得：(i)每个博弈存在符合 $\mathcal{L}$ 的完全信念模型；(ii)诸如理性、理性信念等概念在 $\mathcal{L}$ 中是可表达的；(iii)如上所述，(i)和(ii)中的成分可以组合以产生各种众所周知的博弈论解决方案概念？

1.11 节中在我们完成形式化解释后将回到一些博弈论中相关的文献。

1.3 信念模型

在本节中，将介绍具有两个参与者的信念模型，这些模型旨在让我们以最简单的形式列出不可能性结果。在一个信念模型中，每个参与者都有一系列状态，而每个状态都有关于另一参与者状态的信念（将该定义扩展到有限多的参与者将是直截了当的）。

定义 3.1 一个信念模型是双分类的结构：

$$\mathcal{M} = (U^a,\ U^b,\ P^a,\ P^b,\ \cdots)$$

其中 U^a 和 U^b 是（相对两个分类的）非空全集，P^a 是一个 $U^a \times U^b$ 的真子集，P^b 是一个 $U^b \times U^a$ 的真子集，P^a、P^b 是具有持续性的，也就是说，以下描述成立：

$$\forall x \exists y P^a(x,\ y),\ \forall y \exists x P^b(y,\ x)$$

正如定义中的三点表示的那样，一个信念模型也可以包含零个或更多额外的关系。这个关系的集合 $\{P^a,\ P^b,\ \cdots\}$ 叫 $\mathcal{M}$ 的词汇。对于词汇量的大小，我们没有限制。

为了简化标识，我们将一直使用以下惯例，x 是 U^a 分类的变量，y 是 U^b 分类的变量。如果 $\{y: P^a(x,\ y)\} \subseteq Y$，$x$ 相信以下集合：$Y \subseteq U^b$，如果 $\{y: P^a(x,\ y)\} = Y$，x 假设 Y。我们同时也使用 a,b 和 x,y 相对换的术语。

因此，假定蕴涵着相信（assumes implies believes）。U^a 和 U^b 的成员分别被称为 Ann 和 Bob 的状态，$U^a \times U^b$ 的成员被称为状态。P^a 和 P^b 被称为可能性关系。直观上，$P^a(x,\ y)$ 表示在 Ann 的状态 x 中她考虑 Bob 的状态 y 是可能的。所以 x 假定一个 x 认为可能的所有状态的集合，x 相信各个集合包含 x 认为可能的所有状态。

请注意，Ann 的每个状态都假定 U^b 中一个特有的子集，Bob 的每个状态都假定 U^a 中一个特有的子集。通过一个信念模型的定义，Ann 的每个状态

都假定 U^b 中的一个非空子集,而 Ann 的某些状态则假定 U^b 的一个真子集。同样的,Bob 和 U^a 也是如此。

备注 3.2　这表明信念和假设的概念在进一步的条件下不会被归到同一个概念。必须有一个 Ann 的状态,来假定一个 U^b 的真子集,并且这个状态相信 U^b,但不假定 U^b。

不同分类的元素之间没有等价关系,所以我们总是可以把一个信念模型中的全集 U^a 和 U^b 看作是分离的。也就是说,每个信念模型都是同构于一个具有 U^a,U^b 分离的双分类信念模型。

在博弈论中自然产生的信念模型包括策略的额外结构。正如我们在 1.1 节引言中所介绍的,策略不需要出现在我们的不可能性定理里,为了更加清晰的阐释,我们会在 1.8 节中介绍。

这里所定义的信念模型不会具体设定 Ann 对 Ann 的信念或 Bob 对 Bob 的信念。也就是说一个陈述 Ann 在一个状态下考虑另一个 Ann 的状态是可能的关系并不包括在我们的信念模型里。但是,因为额外关系在信念模型的词汇里是允许的,那就可以在 $U^a \times U^a$ 和 $U^b \times U^b$ 中构造带有额外关系的信念模型来具体设定 Ann 对 Ann 和 Bob 对 Bob 的信念。同时也可以在 $U^a \times U^a \times U^b$ 和 $U^b \times U^a \times U^b$ 中设定信念。我们的框架中允许有这类额外关系,但它们不在求得不可能性定理结果的过程中起作用。

1.4　完全信念模型

这一个给定的信念模型中,下一步是设定一个参与者可以用来思考信念的语言。这样我们就可以讨论一个模型跟语言有关的完全性。也就是说,如果参与者语言中每一个有可能的陈述(即在某些状态为真)都能被该参与者假设,那这个模型是完全的(否则,模型是非完全的)。

从概念上来说,一个参与者的语言应该是该参与者可以用来思考的陈述的集合。我们将在 U^b 中 Ann 可以思考的相关子集和在 U^a 中 Bob 可以思考的相关子集中考虑。一个语言的确切设定无关紧要,但把陈述限制在一阶逻辑的公式中会更容易考虑。这样会给予我们很多灵活性,因为我们允许一个信念结构在其词汇中拥有额外的谓词。

让我们首先考虑任意一个结构 $\mathcal{N} = (U^a, U^b, \cdots)$,其有可能是也有可能不是一个信念结构。$\mathcal{N}$ 的一阶语言指一个双分类的一阶逻辑有 U^a 和 U^b 分类,以及各个符号来表达 $\mathcal{N}$ 词汇里的关系。给定一个一阶公式 $\varphi(u)$,其中只有 u 是自由变量,φ 在 $\mathcal{N}$ 中定义的集合是 $\{u:$ 在 $\mathcal{N}$ 中,$\varphi(u)$ 为真$\}$。

通常来说,我们提及 $\mathcal{N}$ 的一个语言是指 $\mathcal{N}$ 的一阶语言中所有公式集合的子集。给定 $\mathcal{N}$ 的一个语言 $\mathcal{L}$,我们指定 $\mathcal{L}^a$,$\mathcal{L}^b$ 分别为 U^a 和 U^b 且被 $\mathcal{L}$ 定义的各个公式的相关子集。

备注 4.1 (i) 如果 $\mathcal{N}$ 的词汇是有限且可数的,那么 $\mathcal{N}$ 中的任何语言 $\mathcal{L}$ 有可数多的公式,所以 $\mathcal{L}^a$ 的集合和 $\mathcal{L}^b$ 的集合是最可数的。

(ii) 如果语言 $\mathcal{M}$ 是通过在 $\mathcal{N}$ 中增加额外关系得到的,那么 $\mathcal{N}$ 中的任何语言也是 $\mathcal{M}$ 中的语言。

我们现在来定义一个信念模型相对一个语言的完全性。

定义 4.2 $\mathcal{M}$ 是一个信念模型,$\mathcal{L}$ 是 $\mathcal{M}$ 中的一个语言。如果每个非空集 $Y \in \mathcal{L}^b$ 被某个 $x \in U^a$ 假设,每个非空集 $X \in \mathcal{L}^a$ 被某个 $y \in U^b$ 假设,那么相对 $\mathcal{L}$,$\mathcal{M}$ 是完全的。

也就是说,相对一个语言,如果 Bob 在该语言可定义的状态的每个非空集合能被 Ann 的某个状态假设,那么这个信念模型相对该语言是完全的,反之亦然。

命题 4.3 假设两个基本等同信念模型 $\mathcal{M}$ 和 $\mathcal{K}$,也就是它们满足相同的一阶语句。那么任何 $\mathcal{M}$ 中的语言 $\mathcal{L}$ 也在 $\mathcal{K}$ 中,$\mathcal{M}$ 相对 $\mathcal{L}$ 是完全的当且仅当 $\mathcal{K}$ 相对 $\mathcal{L}$ 是完全的。

证明: 相对 $\mathcal{L}$ 的完全性是可以由一组一阶语句来表达的:

$$\exists y \varphi(y) \rightarrow \exists x \forall y [P^a(x, y) \leftrightarrow \varphi(y)]$$

对于每个公式 $\varphi(y) \in \mathcal{L}$,类似的也可以互换 a, b 和 x, y。 □

一般来说,一个相对信念模型 $\mathcal{M}$ 的语言 $\mathcal{L}$ 将有公式运用可能性关系 P^a, P^b,同时也会运用简化后结构 $\mathcal{N} = (U^a, U^b, \cdots)$ 里的符号。在一个非常特殊的例子里,P^a, P^b 将不出现在 $\mathcal{L}$ 的公式里,此外 $\mathcal{L}$ 也不是很大的语言,那我们可以容易地得到一个完全信念模型。

示例 4.4 在结构 $\mathcal{N} = (U^a, U^b, \cdots)$ 中,全集 U^a 和 U^b 是无穷的,且其词汇(以"$\cdots$"表示)是可数的。假设 $\mathcal{L}$ 是 $\mathcal{N}$ 中第一个一阶语言。那就有这样的 P^a, P^b 关系,其中 $\mathcal{M} = (U^a, U^b, P^a, P^b, \cdots)$ 是语言 $\mathcal{L}$ 中的一个完全信念模型。

为了显示这点,我们可以注意到因为 $\mathcal{L}^a$ 和 $\mathcal{L}^b$ 是可数的,那我们能选择一个满射: $f:U^a \to \mathcal{L}^b \backslash \{\emptyset\}$ 和 $g:U^b \to \mathcal{L}^a \backslash \{\emptyset\}$,同时让 $P^a(x, y)$ 当且仅当 $y \in f(x)$,以及 $P^b(y, x)$ 当且仅当 $x \in g(y)$。

更一般地说,如果全集 U^a 和 U^b 是无穷多的,并且其基数至少等同于 $\mathcal{N}$ 的词汇表中的符号数量,那以上示例是可行的。

我们的主要结果(定理 5.4)将表明,无论词汇的大小如何,都不会在其一阶语言中找到一个完全信念模型 $\mathcal{M}$。因此,这引导我们考虑一些在 1.10 节中出现的一阶语言的各种子集中完全的信念模型。

1.5 不可能性结果

作为一个预热,我们回顾了布兰登勃格(Brandenburger,2003)的一个较早的不可能性结果,该结果表明当一个可定义的集合太大时,一种语言的一个信念模型是不可能完全的。给定一个集合 X,X 的幂集被表示为 $\mathcal{P}(X)$,X 的基数由 $|X|$ 表示。

命题 5.1 相对语言 $\mathcal{L}$,其中 $\mathcal{L}^a = \mathcal{P}(U^a)$ 和 $\mathcal{L}^b = \mathcal{P}(U^b)$,没有一个信念模型 $\mathcal{M}$ 是完全的。

证明: 给定的信念模型 $\mathcal{M}$ 中,若设定前者,我们有 $|U^a| \leqslant |U^b|$ 或者 $|U^b| \leqslant U^a$。因为 $U^a \times U^b$ 有非空真子集,那么有 $|U^b| > 1$。根据康托尔定理,C 是所有 U^b 非空子集的集合,因而有 $|U^b| < |C|$。所以可得 $|U^a| < |C|$。设定以下函数 $f:U^a \to C$,其中 $f(x)$ 是 x 假设的集合。这里一定有一个集合 $Y \in C \backslash range(f)$。那么 $\emptyset \neq Y \in \mathcal{L}^b$,但是没有 x 假设 Y,所以对于 $\mathcal{L}$ 来说,$\mathcal{M}$ 不是完全的。 □

更一般地说,以上的论证显示如果 $|U^a| < |\mathcal{L}^b| - 1$(也就是说,$\mathcal{L}^b$ 的基数太大),那么相对 $\mathcal{L}$,$\mathcal{M}$ 是不可能完全的。

本章中的公式中只需要两个变量 x 和 y。我们现在将介绍一些使许多公式更容易阅读的符号。

定义 5.2 如果 $\varphi(y)$ 是一个关于 y 的陈述,我们将使用以下正式的缩写

对于 $\forall y[P^a(x, y) \to \varphi(y)]$,$x$ 相信 $\varphi(y)$。

对于 $\forall y[P^a(x, y) \leftrightarrow \varphi(y)]$,$x$ 假设 $\varphi(y)$。

类似的也可以互换 a, b 和 x, y。

需要注意的是"x 相信 $\varphi(y)$"和"x 假设 $\varphi(y)$"只是关于 x 的陈述。

定义 5.3 对角线公式 $D(x)$ 是以下一阶公式：

$$\forall y[P^a(x, y) \rightarrow \neg P^b(y, x)]$$

这是我们对直觉性陈述"Ann 认为 Bob 的假设是错误的"的正式对应。请注意，直觉性陈述包含"相信"（believes）一词，但在定义 1.5.2 的符号中的对角线公式不是以 x 相信 $\varphi(y)$ 表示的。

以下是我们主要的不可能性结果，该结果可运用在可数语言和其他词汇量巨大的语言。

定理 5.4 设 $\mathcal{M}$ 是一个信念模型，同时设 $\mathcal{L}$ 是 $\mathcal{M}$ 中的一个一阶语言。那么相对 $\mathcal{L}$, $\mathcal{M}$ 是不可能完全的。

该定理是下面两个引理的一个简单推论。

引理 5.5 在一个信念模型 $\mathcal{M}$ 中，假设 $\forall yP^a(x_1, y)$，和

$$x_2 \text{ 相信}[y \text{ 相信}[x \text{ 相信 } \forall x\, P^b(y, x)]]$$

那么 $D(x_2)$。

证明： 我们必须显示：

$$\forall y[P^a(x_2, y) \rightarrow \neg P^b(y, x_2)]$$

假设无法显示。那么会有一个元素 y_2 符合以下条件：

$$P^a(x_2, y_2) \wedge P^b(y_2, x_2)$$

然后依次如下

$$y_2 \text{ 相信}[x \text{ 相信 } \forall xP^b(y, x)]$$
$$x_2 \text{ 相信 } \forall xP^b(y, x)$$
$$\forall xP^b(y_2, x)$$
$$\forall x[x \text{ 相信 } \forall xP^b(y, x)]$$
$$x_1 \text{ 相信 } \forall xP^b(y, x)$$
$$\forall y\, \forall xP^b(y, x)$$

这和 P^b 是 $U^b \times U^a$ 真子集的假设相矛盾。　　　　□

引理 5.6 设 $\mathcal{M}$ 是一个信念模型。那么没有一个 U^a 中的元素 x_0 符合以下在 $\mathcal{M}$ 中的公式：

$$x \text{ 相信}(y \text{ 假设 } D(x)) \qquad\qquad (*)$$

这个引理的证明将与引言中给出的论证密切相关;引理 5.6 的陈述是（＊）公式的非正式版本。引言中的非正式版本是说谎者悖论的一个双人博弈的模拟。这是一个语义表述,因为它涉及一个假设是"错误"的概念。相对而言,引理 5.6 是一个正式的结果,它是罗素悖论的双人模拟。公式（＊）的完全未经缩写的形式如下:

$$\forall y[P^a(x, y) \rightarrow \forall x(P^b(y, x) \leftrightarrow \forall y[P^a(x, y) \rightarrow \neg P^b(y, x)])]$$

证明: 我们假设有一个元素 x_0 满足在 $\mathcal{M}$ 里的公式（＊）,然后形成矛盾。我们问 $D(x_0)$ 是否成立。

案例 1 $D(x_0)$。因为 $\forall x \exists y P^a(x, y)$,我们可以选择符合 $P^a(x_0, y_0)$ 的 y_0。因为 $D(x_0)$,$\neg P^b(y_0, x_0)$。但是因为 x_0 满足（＊）,y_0 假设 $D(x)$。那么 $P^b(y_0, x_0) \leftrightarrow D(x_0)$,所以 $P^b(y_0, x_0)$ 与我们所得形成矛盾。

案例 2 $\neg D(x_0)$。选择符合 $P^a(x_0, y_0) \land P^b(y_0, x_0)$ 的 y_0。因为 $P^a(x_0, y_0)$ 并且 x_0 满足（＊）,y_0 假设 $D(x)$。因为 $P^b(y_0, x_0)$ 并且 y_0 假设 $D(x)$,我们获得 $D(x_0)$,产生矛盾。 □

这是以上证明的英文翻译,将 x 替换成"Ann",y 换成"Bob",将 P^a 与 P^b 的关系换成"看到（sees）",$D(x)$ 换成"Ann 相信 Bob 不能看到 Ann"。这个证明与引言中的粗略论证不同,仅涉及 Ann 关于 Bob 的信念和 Bob 关于 Ann 的信念。

假设 Ann 相信 Bob 假设 Ann 相信 Bob 不能看到 Ann。

案例 1 Ann 相信 Bob 不能看到 Ann。

Ann（的一个状态中）看见 Bob,而 Bob 看不到 Ann。Bob 看到 Ann 当且仅当 Ann 相信 Bob 看不到 Ann。既然 Bob 看不到 Ann,而 Ann 不相信 Bob 看不到 Ann。产生矛盾。

案例 2 Ann 不相信 Bob 不能看到 Ann。

Ann（的一个状态中）看见 Bob,而 Bob 也看到 Ann。Bob 看到 Ann 当且仅当 Ann 相信 Bob 看不到 Ann。既然 Bob 看得到 Ann,而 Ann 相信 Bob 看不到 Ann。产生矛盾。

我们现在为证明定理 5.4 准备就绪。证明实际上会给一个更清晰的结果,其中确定了信念模型中漏洞的位置。如果 Y 是非空集而且没有被任何元素所假设,我们称信任模型 $\mathcal{M}$ 在集合 Y 中有一个"漏洞"。因此,当且仅

当一个信念模型在 $\mathcal{L}^a$ 和 $\mathcal{L}^b$ 中没有任何漏洞,它就相对这个语言 $\mathcal{L}$ 完全了。

我们还要说的是,如果 Y 是非空集且不被任何元素所相信,$\mathcal{M}$ 在 Y 中有一个"大漏洞"。因此,$\mathcal{M}$ 在 Y 里有一个大漏洞当且仅当它在 Y 里每一个非空子集都有一个漏洞。

定理 5.7 每个信念模型 $\mathcal{M}$ 会在 U^a 有一个洞,或者在 U^b 有一个漏洞,或者在以下其中一个公式中有一个大的漏洞:

$$\forall x P^b(y, x) \tag{i}$$

$$x \text{ 相信 } \forall x P^b(y, x) \tag{ii}$$

$$y \text{ 相信}[x \text{ 相信 } \forall x P^b(y, x)] \tag{iii}$$

或一个漏洞在:

$$D(x) \tag{iv}$$

或者一个大的漏洞在以下公式:

$$y \text{ 假设 } D(x) \tag{v}$$

因此,当 $\mathcal{L}$ 包含所有(i)—(v)中的永真公式,没有一个信念模型是相对 $\mathcal{L}$ 完全的。

这就立即蕴涵出定理 5.4,因为公式(i)—(v)每一个都是一阶公式。回顾 1.1 节引言中的陈述列表,公式(i)—(v)分别对应陈述 1—5,而集合 U^a 和 U^b 对应永真陈述 0。

证明:假设定理不适用于一个信念模型 $\mathcal{M}$。由于 $\mathcal{M}$ 在 U^a 和 U^b 中不存在洞,将有一个满足公式(i)的元素 y_1 和一个满足 $\forall y P^a(x_1, y)$ 的元素 x_1。由于 $\mathcal{M}$ 在公式(i)—(iii)中没有大洞,将有一个元素 x_2 相信公式(i)从而满足(ii),一个元素 y_3 相信(ii)从而满足(iii),以及一个元素 x_4 相信公式(iii)。然后根据引理 5.5,x_4 满足公式(iv)。因为在(iv)中没有洞,将有一个假设公式(iv)的元素 y_4 从而满足(v)。但是根据引理 5.6,$\mathcal{M}$ 必须在(v)中有一个大洞,从而矛盾。□

在第 1.9 节中,我们将通过一个案例来说明以上定理中的公式(i)—(v)是不能被缩短到(i)—(iv)的。

1.6 模态逻辑中的假设

在本节中,以上结果的模态形式将通过一个基本的拥有单一参与者假设算子的模态逻辑来呈现,我们称之为"假设逻辑"(assumption logic)。该逻辑与亨伯斯通（Humberstone，1987）的模态逻辑相关，同时也是博南诺（Bonanno，2005）信念修正模态逻辑的一个更简单化的特殊例子。博南诺的逻辑中，有作为初始信念模态算子 B_0，终极信念算子 B_1，被告知算子 I，全称算子 A，从而让他获得一组公理集和完全性定理。在我们这些更简单的情况下，初始信念算子 B_0 和全称算子 A 一样，而算子 I 可被译为假设。

我们将使用标准符号 $\Box$ 作为信念算子，符号 $\heartsuit$ 作为假设算子。

关于模态逻辑的基本介绍，我们可以参考布鲁斯（Boolos，1993）。假设逻辑的模型运用克里普克结构（Kripke frames）$\mathcal{W}=(W，P)$，其中 P 是一个在 W 上的二元关系。W 里的元素称作"世界"（worlds），而 P 称为"可通达关系"（accessibility relation）。在一个 w 世界里，$\Box\varphi$ 被解释为"w 相信 φ"，$\heartsuit\varphi$ 为"w 假设 φ"，而 $A\varphi$ 为 $\forall z\varphi$。

假设逻辑的公式是由一组命题符合 L 及运用命题的连接词的假公式（the false formula）$\bot$，还有三个模态算子 $\Box$、$\heartsuit$ 和 A 构成。请注意，$\neg\bot$ 是真公式（the true formula）。

在一个结构 $\mathcal{W}$ 中，一个赋值过程是指在函数 V 中，其中一个 $V(\mathbf{D})\subseteq W$ 的子集和每个在 $\mathbf{D}\in L$ 中命题符号相连。对于一个给定的赋值 V，一个公式在世界 w 为真的概念是通过对 φ 的复杂性进行归纳定义的，用符号 $w\models\varphi$ 表达。对于命题符号 $\mathbf{D}$，如果 $w\in V(\mathbf{D})$，那么 $w\models\mathbf{D}$。连接词的规则与往常一样，模态算子的规则如下：

如果对于所有 $z\in W$，$w\models\Box\varphi$，$P(w，z)$ 蕴涵 $z\models\varphi$。

如果对于所有 $z\in W$，$w\models\heartsuit\varphi$，$P(w，z)$ 当且仅当 $z\models\varphi$。

如果对于所有 $z\in W$，$w\models A\varphi$，$z\models\varphi$。

如果一个公式在所有的 $w\in W$ 里为真，那么该公式相对 V 在 $\mathcal{W}$ 中是有效的，如果它在一些 $w\in W$ 里为真，那么该公式相对 V 在 $\mathcal{W}$ 中是可满足的。

请注意，如果赋值函数为每个命题符号分配一个一阶可定义集合，那么对于每个模态公式 φ，$w\models\varphi$ 是可以通过一个公式表达，该公式在第一个阶段语言 W 有一个自由变量。

为了更好地阐述模态逻辑设置中假设算子的操作，我们重申一下去除初始信念模态算子 B_0 后简化了的博南诺（Bonanno，2005）公理和完全性定理。

假设逻辑推理规则

分离规则（Modus Ponens）：从 φ，$\varphi\rightarrow\psi$ 推出 ψ。

必然规则（Necessitation）：从 φ 推出 $A\varphi$。

假设逻辑的公理

所有的永真命题公式

$\Box$ 和 A 的分配公理：

$$\Box(\varphi \to \psi) \to (\Box\varphi \to \Box\psi), \ A(\varphi \to \psi) \to (A\varphi \to A\psi)$$

A 的 S_5 公理：

$$A\varphi \to \varphi, \ \neg A\varphi \to A \neg A\varphi$$

$\Box$ 的包含公理：

$$A\varphi \to \Box\varphi$$

$\heartsuit$ 的公理：

$$\heartsuit\varphi \wedge \heartsuit\psi \to A(\varphi \leftrightarrow \psi), \ A(\varphi \leftrightarrow \psi) \to (\heartsuit\varphi \leftrightarrow \heartsuit\psi),$$

$$\heartsuit\varphi \wedge \Box\psi \to A(\varphi \to \psi), \ \heartsuit\varphi \to \Box\psi$$

命题 6.1 布鲁斯逻辑（Bonanno，2005）的可靠性和完全性

（i）假设逻辑是可靠的，也就是说，在所有构架（frame）中每一个可证公式都是有效的（valid）。

（ii）假设逻辑是完全的，也就是说，在所有构架中每一个有效的公式都是可证明的（provable）。

1.7 模态形式下的不可能性结果

在本节中，我们将在模式逻辑设置中重新定义两个参与者的不可能性结果。对于每一对像 Ann 和 Bob 的参与人 cd，将有一个算子 $\Box^{cd}$ 表示 c 对 d 的信念，和另一个算子 $\heartsuit^{cd}$ 表示 c 对 d 的假设。我们首先定义两个参与者的模态逻辑模型。

定义 7.1 一个互动构架（interactive frame）是一个结构 $\mathcal{W} = (W, P, U^a, U^b)$，其拥有二元关系 $P \subseteq W \times W$ 以及不相交集合 U^a、U^b，其中 $\mathcal{M} = (U^a, U^b, P^a, P^b)$ 是一个信念模型，有以下关系 $U^a \bigcup U^b = W$，$P^a = P \bigcap U^a \times U^b$ 和 $P^b = P \bigcap U^b \times U^a$。

在一个互动构架中，a 和 b 的状态都成为 W 世界集的成员。P 是可通达关系（accessibility relation）。

这个定义对于 P 在 $U^a \times U^a$ 和 $U^b \times U^b$ 的部分没有限制。所以，参与者对自己的信念是在该互动构架中被允许的，但是相对应的信念模型不取决于它们。在这样的设置下，显然我们的不可能性现象不受参与者对自己的信念的影响。

$\mathcal{M}$ 是一个信念模型的要求蕴涵着集合 U^a，U^b 是非空的，而且 $P \bigcap U^a \times U^b$ 和 $P \bigcap U^b \times U^a$ 的关系是连续真子集。

我们为每个参与者设置一组状态的框架，但仅使用单一的可通达关系（a single accessibility relation）。这便于我们研究一个参与者对另一个参与者的信念。另一种方法是对每个参与者赋予一个具有可通达关系的框架，如在 Lomuscio（1999）的文献里。这种方法为每个参与者提供了一个关于世界状态且具有信念算子的模态逻辑。

我们现在介绍互动构架模态逻辑的公式和语义解释。

互动模态逻辑（Interactive modal logic）将会有两个特别的命题符号（proposition symbols）$\mathbf{U}^a$，$\mathbf{U}^b$ 以及一组额外的命题符号 L。这里模态公式我们指一个由以下各项建成的表达：命题连接符号和运用连接命题符号的假公式 $\perp$，全称模态算子 A，模态算子 $\Box^{cd}$ 和 $\heartsuit^{cd}$，其中 c 和 d 是由 $\{a, b\}$ 中得来。

正如之前，一个赋值函数 V 将 $V(\mathbf{D}) \subseteq W$ 的一个子集与集合 L 中的每个命题符号 $\mathbf{D}$ 相连接。

在一个 W 中给定的赋值 V，当一个世界 w 在一个公式 φ 为真，符号表示为 $w \models \varphi$，是由在 φ 的复杂性上进行归纳来定义的：如果 $w \in U^a$，那么 $w \models \mathbf{U}^a$，b 也以此类推。也就是说，$\mathbf{U}^a$ 在 Ann 的每个状态都为真，而 $\mathbf{U}^b$ 在 Bob 的每个状态都为真。连接词的规则和往常一样，每对参与者 $c, d \in \{a, b\}$ 中模态算子的规则是：

如果 $(w \models \mathbf{U}^c \wedge \forall z[(P(w, z) \wedge z \models \mathbf{U}^d) \rightarrow z \models \varphi])$，则 $w \models \Box^{cd}\varphi$。

如果 $(w \models \mathbf{U}^c \wedge \forall z[(P(w, z) \wedge z \models \mathbf{U}^d) \leftrightarrow z \models \varphi])$，则 $w \models \heartsuit^{cd}\varphi$。

如果 $\forall z \ z \models \varphi$，则 $w \models A\varphi$。

有效性和可满足性将按照 1.6 节所给的定义。

我们再次注意到，如果赋值函数为每个命题符号分配一阶的可定义的集合,那么对于每个模态公式 φ, $w \models \varphi$ 可以通过在 $\mathcal{W}$ 中的一个一阶语言公式来表达。

在 1.5 节的注释中 x 具有 U^a 顺序,而 y 具有 U^b 顺序,

$$x \models \square^{ab}\varphi \text{ 意为“} x \text{ 相信 } \varphi(y)\text{”}$$

$$x \models \heartsuit^{ab}\varphi \text{ 意为“} x \text{ 假设 } \varphi(y)\text{”}$$

且当 a, b 和 x, y 互换,也相类似。

在经典模态逻辑中,经常添加以下公理,例如 $\square\varphi \rightarrow \varphi$ 或者 $\square\varphi \rightarrow \square\square\varphi$,而这些是对自我信念的信念的合理假设。在两个参与者的设定中,$\square\varphi \rightarrow \varphi$ 的模拟如下:

$$\square^{aa}\varphi \rightarrow \varphi, \quad \square^{bb}\varphi \rightarrow \varphi$$

而 $\square\varphi \rightarrow \square\square\varphi$ 模拟为:

$$\square^{aa}\varphi \rightarrow \square^{aa}\square^{aa}\varphi, \quad \square^{ab}\varphi \rightarrow \square^{ab}\square^{ab}\varphi$$

当 a 和 b 互换,也相类似。

然而,只有一个参与者对另一个参与者信念的类似特性却不能在一个互动构架中有效。以下公式在各个互动构架中均有效:

$$\square^{ab}\mathbf{U}^b \leftrightarrow \mathbf{U}^a, \quad \square^{ba}\mathbf{U}^a \leftrightarrow \mathbf{U}^b, \quad \square^{ab}\mathbf{U}^a \leftrightarrow \perp, \quad \square^{ba}\mathbf{U}^b \leftrightarrow \perp$$

这是显而易见的,因为集合 U^a 和 U^b 是非空且不相交,所以以下公式永远不会在一个互动构架中有效:

$$\square^{ab}\mathbf{U}^b \rightarrow \mathbf{U}^b, \quad \square^{ab}\mathbf{U}^b \rightarrow \square^{ba}\square^{ab}\mathbf{U}^b, \quad \square^{ab}\mathbf{U}^b \rightarrow \square^{ab}\square^{ab}\mathbf{U}^b$$

现在在模态的设置中我们来重申 1.5 节中的结果。虽然这些结果中不需要全称算子 A,但(全称算子)是包含在该语言中的,因为如 1.6 节所述,全称算子使得我们可以将交互式框架的属性描述为模态语言中的公理。模式算子如关于参与者信念和假设的算子 $\square^{aa}$ 也是不需要的,提及此类算子是为了清楚地阐述整体情况。我们必须的算子是 $\square^{ab}$ 和 $\heartsuit^{ab}$ 以及它们关于一个参与者对另一个参与者信念和假设的对等体。

定义 7.2 在本节剩余部分,我们将始终假设 $\mathcal{W}$ 是一个互动构架,$\mathbf{D}$ 是一个(对角线)命题符号,而 V 在 $\mathcal{W}$ 中的一个赋值,其中 $V(\mathbf{D})$ 是集合:

$$D = \{w \in W : (\forall z \in W)[P(w, z) \rightarrow \neg P(z, w)]\}$$

"可满足"指在 W 中的 V 可满足,"有效的"也是类似。

引理 7.3　(＝引理 5.5)如果 $\heartsuit^{ab}\mathbf{U}^b$ 是可满足的,那么

$$[\square^{ab}\square^{ba}\square^{ab}\heartsuit^{ba}\mathbf{U}^a] \to \mathbf{D}$$

是有效的。

引理 7.4　(＝引理 5.6)$\neg\,\square^{ab}\heartsuit^{ba}(\mathbf{U}^a \wedge \mathbf{D})$ 是有效的。

如果 $\mathbf{U}^b \wedge \varphi$ 是可满足的但 $\heartsuit^{ab}\varphi$ 不是,或者 $\mathbf{U}^a \wedge \varphi$ 是可满足的,但 $\heartsuit^{ba}\varphi$ 不是,那我们称具有 V 的 W 在公式 φ 上有一个洞。一个大洞的定义相类似,只是把 $\heartsuit$ 换成了 $\square$。当一个具有 V 赋值的互动构架 W 在 $\mathcal{L}$ 中没有一个洞,那它相对一组 $\mathcal{L}$ 的模态公式是完全的。

定理 7.5　(＝定理 5.7)一个漏洞会出现在 $\mathbf{U}^a$,或者在 $\mathbf{U}^b$,或者一个大洞在以下其中一个公式:

$$\heartsuit^{ba}\mathbf{U}^a ,\ \square^{ab}\heartsuit^{ba}\mathbf{U}^a ,\ \square^{ba}\square^{ab}\heartsuit^{ba}\mathbf{U}^a$$

或者一个洞在公式 $\mathbf{U}^a \wedge \mathbf{D}$ 或者一个大的漏洞在公式 $\heartsuit^{ba}(\mathbf{U}^a \wedge \mathbf{D})$。 因此,所有由 $\mathbf{U}^a$,$\mathbf{U}^b$,$\mathbf{D}$ 建成的模态公式中没有具完全性的互动构架。

作为推论,我们观察到不可能性结果也适用于只有假设算子 $\heartsuit^{ab}$,$\heartsuit^{ba}$,而没有信念算子的模态公式。

推论 7.6　一个洞会出现在以下其中一个公式:

$$\mathbf{U}^a ,\ \mathbf{U}^b ,\ \heartsuit^{ba}\mathbf{U}^a ,\ \heartsuit^{ab}\heartsuit^{ba}\mathbf{U}^a ,\ \heartsuit^{ba}\heartsuit^{ab}\heartsuit^{ba}\mathbf{U}^a ,\ \mathbf{U}^a \wedge \mathbf{D},\ \heartsuit^{ba}(\mathbf{U}^a \wedge \mathbf{D})$$

因此,所有由 $\mathbf{U}^a$,$\mathbf{U}^b$,$\mathbf{D}$ 建成的没有信念算子的模态公式中是没有任何具完全性的互动构架的。

问题 7.7　相对由 $\mathbf{U}^a$,$\mathbf{U}^b$,$\mathbf{D}$ 建成的一组模态公式 φ,其假设算子 $\heartsuit^{cd}$ 不存在于 φ,是否有一个互动构架 W 是具完全性的(也就是,对于此类公式 φ,具有 V 赋值的 W 在 φ 上没有一个洞)?

按照 1.6 节的模式,我们可以建立一组互动模态逻辑的公理,然后使用 Bonanno(2005)的方法证明一个完全性定理。对于两个参与者信念和假设算子,将会有类似于 1.6 节的公理方案,再加上一组有限公理,来说明 $\mathbf{U}^a$ 和 $\mathbf{U}^b$ 是非空的,P^a 和 P^b 是 W 的非空划分,而且 $\forall x\,\exists y P^a(x, y)$,对于 b 也相类似。

1.8　策略性的信念模型

策略模型是一类特殊的信念模型,应用于博弈论中。在一个策略模型中,每个参与者都有一套策略和一组类型,每个战略—类型组(strategy-type pair)是一个参与者的状态,一个参与者的每个类型都有对应于另一个参与者的状态的信念。策略集(S^a,S^b 集合如定义 8.1)是被有意设计成为一个潜在博弈的一部分,该博弈具有以下支付函数(从 $S^a \times S^b$ 至实数集的映射 π^a,π^b),但在这里的正式定义中是不需要支付函数的。

定义 8.1　在一组给定的非空集(S^a,S^b)中,一个以(S^a,S^b)为基础的策略模型是一个信念模型 $\mathcal{M} = (U^a, U^b, P^a, P^b, \cdots)$,符合以下几点:

(1) U^a 和 U^b 是笛卡尔积 $U^a = S^a \times T^a$,$U^b = S^b \times T^b$;S^a 和 S^b 的成员称为策略(strategies),T^a 和 T^b 的成员称为类型(types)。

(2) $P^a((s^a, t^a), y)$ 只限制于 (t^a, y),而 $P^b((s^b, t^b), x)$ 只限制于 (t^b, x)。

(3) $\mathcal{M}$ 的词汇必须包含集合 S^a,T^a,S^b,T^b 的其他关系:在 U^a 上二元关系 τ^a 指明若两个状态在 U^a 中具有一样的类型,对于每个 $s^a \in S^a$,当 x 有策略 s^a 时在 U^a 上存在一元关系 $s^a(x)$。同时当我们互换 b 与 a 时也有类似关系。

因此,一个策略模型有以下的形式:

$$\mathcal{M} = (U^a, U^b, P^a, P^b, \tau^a, \tau^b, s^a, s^b, \cdots : s^a \in S^a, s^b \in S^b)$$

鉴于条件(2),对于 Ann 的每个类型 t^a 假定一个关于 Bob 的非空状态集合,反之亦然。此外,策略模式的词汇中的额外关系给了我们以下有用的事实(回想一下 $\mathcal{M}$ 中的一个基础子模型是指一个子模型 $\mathcal{N}$ 中每个元组的元素满足 $\mathcal{N}$ 中的也如同 $\mathcal{M}$ 中的一阶公式)。

命题 8.2　如果 $\mathcal{M}$ 是以一组(S^a,S^b)为基础的策略模型,且 $\mathcal{N}$ 是 $\mathcal{M}$ 的一个基础子模型,那么 $\mathcal{N}$ 是一个以(S^a,S^b)为基础的策略模型。

证明:

设 $\mathcal{N} = (V^a, V^b, \cdots)$。我们必须找到 T_0^a 及 T_0^b 类型的集合,使得 $V^a = S^a \times T_0^a$ 和 $V^b = S^b \times T_0^b$。我们首先观察到对于每个 $s^a \in S^a$,句子 $\exists x s^a(x)$

在 $\mathcal{N}$ 中成立，因为它在 $\mathcal{M}$ 中成立。由于 $\mathcal{N}$ 是 $\mathcal{M}$ 的子模型，对于某些 $s^a \in S^a$，每个 $x \in V^a$ 能满足 $s^a(x)$。除此之外，对于每个 r^a，$s^a \in S^a$，$\mathcal{N}$ 满足以下陈述：

$$\forall x[s^a(x) \longrightarrow \exists u[r^a(u) \wedge \tau^a(x, u)]]$$

由此可见 $V^a = S^a \times T_0^a$，其中

$$T_0^a = \{t^a \in T^a : (s^a, t^a) \in V^a\}$$

我们可以用类似的方法定义 T_0^b，从而得到 $V^b = S^a \times T_0^b$。显而易见的是 P^a，P^b，τ^a，τ^b 这些关系具有 $\mathcal{N}$ 所要求的性质。所以，$\mathcal{N}$ 是一个以 (S^a, S^b) 为基础的策略模型。 □

我们来参看一个策略模型的例子。

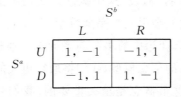

图 8.1

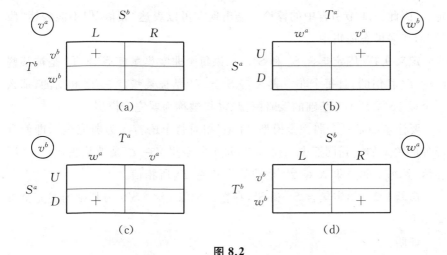

图 8.2

示例 8.3 参照硬币配对博弈（图 8.1）和图 8.2 中相关的策略模型。在这里，Ann 的类型是 v^a 或者 w^a；Bob 的类型是 v^b 或者 w^b。Ann 的类型 v^a 中假设单个子集 $\{(L, v^b)\}$ 如图 8.2(a) 左上方的加号所示。换句话说，这种

类型的 Ann 假定 Bob 选择策略 L，且为 v^b 类型。图 8.2 的其余部分的解释是类似的。

固定状态 (U, v^a, R, w^b)。在该状态下，Ann 选择策略 U，并假定 Bob 选择 L，类型为 v^b。Bob 实际上选择 R（与 Ann 假设的相反），并假设 Ann 选择 U，并且类型为 v^a（实际情况也确实如此）。这是一个策略模型为描述而设计的博弈场景的例子。

1.9 弱完全模型和半完全模型

在本节中，我们给出两个正面（positive）的结果。首先，我们会介绍弱完全模型，并用它们来表明"假设"这个概念是我们主要不可能性的结果的重要组成部分。其次，我们会引入半完全模型，并用它们来表明完全模型的存在问题本质上是关于博弈论中的多参与者问题。通过提前制定有策略模型的策略集，而不是简单的信念模型，我们将取得更大的积极成果。

为了表明"假设"这个概念是至关重要的，我们将会发现策略模型在较弱的意义上是完全的，即每个可能的陈述都可以被参与者相信（而不是假定）。因此，1.1 节引言中的悖论不会出现在可以表达"相信"但不能表达"假设"的普通模态逻辑中。

定义 9.1 固定集合 S^a 和 S^b。如果每个非空集 $Y \subseteq S^b \times T^b$ 是被某些 $t^a \in T^a$ 相信的，且每个非空集 $X \subseteq S^a \times T^a$ 是被某些 $t^b \in T^b$ 相信的，那么一个以 (S^a, S^b) 为基础的策略模型 M 将被称为弱完全模型。

要注意的是一个弱完全模型 M 是"相对每个语言 $\mathcal{L}$ 为弱完全"，即使有额外的关系加入到词汇中。换言之，每个非空集 $Y \in \mathcal{L}^b$ 是被某些 $t^a \in T^a$ 所相信，且每个非空集 $X \in \mathcal{L}^a$ 是被某些 $t^b \in T^b$ 所相信。

命题 9.2 给定集合 S^a 和 S^b，存在一个以 (S^a, S^b) 为基础的弱完全策略模型。

证明：

设 T^a 和 T^b 是基数为 $\aleph_0 + |S^a| + |S^b|$ 的集合。那么 $U^a = S^a \times T^a$ 及 $U^b = S^b \times T^b$ 具有和 T^a 及 T^b 相同的基数。设 $f: T^a \to U^b$ 和 $g: T^b \to U^a$ 为双射函数。当且仅当 $f(t^a) = y$，设 $P^a((s^a, t^a), y)$ 成立，且以 g 相类似的方式定义 P^b。那么 $M = (S^a \times T^a, S^b \times T^b, P^a, P^b, \cdots)$ 是弱完全的；如

果 $y \in Y \subseteq U^b$ 那么 $f^{-1}(y)$ 相信 Y,且 a,b 反之与此相类似。

我们接下来显示,完全模型的存在问题本质上是关于博弈论中的多个参与者问题。为此,我们将显示以下情形可以容易地达到:若 Bob 的状态的每个非空集合都是被 Ann 的状态之一所假设,或者反之亦然。当我们想要同时满足两个条件时,不可能性将出现。

定义 9.3 如果每个 U^b 的非空子集是被一些 U^a 中的元素所假设,那么这个信念模型 $\mathcal{M}$ 相对参与者 a 来说是半完全的。如果 $\mathcal{M}$ 相对语言 $\mathcal{H}$ 是完全性的,其包含所有一阶公式 $\varphi(y)$ 且 y 具有 U^b 顺序,那么 $\mathcal{M}$(对 a 来说)是一阶半完全的。

需要注意的是一个半完全模型 $\mathcal{M}$ 是一阶半完全的,而且即使有额外关系加入到词汇中也仍将是一阶半完全的。此外,对于 a 的半完全只取决于关系 P^a,而不是 P^b。

命题 9.4 给定集合 S^a,S^b,T^b,存在一个基于 (S^a,S^b) 的策略模型 $\mathcal{M}$ 具有给定类型集合 T^b,其是相对 a 半完全的。如果集合 S^a,S^b,T^b 是有限的,那么 $\mathcal{M}$ 可被视作有限的。

证明:

设 T^a 为所有 $S^b \times T^b$ 的非空子集的集合,且定义 P^a 为 $P^a(s^a,t^a,s^b,t^b)$ 当且仅当 $(s^b,t^b) \in t^a$。那么对于任意的 P^b,策略模型 $\mathcal{M} = (S^a \times T^a, S^b \times T^b, P^a, P^b, \cdots)$ 是相对 a 半完全的。 $\square$

我们现在显示了如果集合 S^a,S^b 是至多可数集,那就存在一个可数的以 (S^a,S^b) 为基础的策略模型,且是一阶半完全的(first order semi-complete)。

命题 9.5 给定有限或可数策略集合 S^a,S^b,存在一个可数的以 (S^a,S^b) 为基础的策略模型 $\mathcal{N}$,其是一阶半完全的。

证明:

根据命题 9.4 当存在一个有限的以 (S^a,S^b) 为基础的策略模型 $\mathcal{M}$,其为相对于 a 是半完全的。那么 $\mathcal{M}$ 相对于 a 是一阶半完全的。根据向下勒文海姆—斯科伦定理(the downward Löwenheim-Skolem-Tarski theorem),$\mathcal{M}$ 有一个可数的基础子模型 $\mathcal{N}$。根据命题 8.2,$\mathcal{N}$ 是一个以 (S^a,S^b) 为基础的策略模型。从而 $\mathcal{N}$ 相对于 a 是半完全的。 $\square$

以上的论点其实支持了以下更普遍的结果。

命题 9.6 假设 M 是一个以 (S^a,S^b) 为基础的策略模型,且相对于语言 $\mathcal{L}$ 是完全的。那么任何一个 M 的基础子模型是一个以 (S^a,S^b) 为基础的策略模型且相对于 $\mathcal{L}$ 是完全的。如果 $\mathcal{M}$ 的词汇是可数的,那么 $\mathcal{M}$ 有一个可数的基础子模型,将给予一个可数的以 (S^a, S^b) 为基础的策略模型且相对 $\mathcal{L}$ 是完全的。

证明:

根据向下勒文海姆—斯科伦定理以及命题 4.3 和命题 8.2。   □

之前定理 5.7 精确地指出各个漏洞在信念模型里的位置。我们下一个例子将显示定理 5.7 里的公式列表(i)—(v)到(i)—(iv)是不能被改进缩短的。该例子制造了一个 U^a, U^b 相对完全的信念模型,而公式(i)—(iv),作为额外的收获,相对于 b 是半完全的。

示例 9.7　设 S^a, S^b 为非空集合。存在一个以 (S^a, S^b) 为基础的策略模型,其相对于 b 是半完全的,且是相对一个包含 U^a, U^b 以及定理 5.7 中公式(i)—(iv)的语言具有完全性。

此外,如果 S^a, S^b 是有限或可数的,将存在一个可数的以 (S^a, S^b) 为基础的策略模型,其相对 b 为一阶半完全,且相对上述语言是完全的。

证明: 设 T^a 为任何具有至少 3 个不同元素 c, d, e 的集合。让 $U^a = S^a \times T^a$,设 T^a 为所有 U^a 的非空子集的集合,且让 $U^b = S^b \times T^b$。设 P^b 为如下关系,$P^b((s^b, t^b), x)$ 当且仅当 $x \in t^b$。那么选择任意关系 P^a 以至 c 假设 U^b,d 假设 $S^b \times \{U^a\}$,e 假设 $S^b \times \{\{d\}\}$,且 T^a 中其余元素假设 U^b 的一个不包含在 $S^b \times \{U^a\}$ 的子集。

正如命题 9.4,所产生的模型 $\mathcal{M}$ 是一个相对 b 的半完全策略模型。我们可以容易地审核到在 $\mathcal{M}$ 中,公式(i)定义了集合 $S^b \times \{U^a\}$,其被 d 假设,而公式(iii)定义了集合 $S^b \times \{\{d\}\}$,其被 e 假设。由于 $\mathcal{M}$ 相对于 b 是半完全的,它相对每个 U^a 的子集是完全的。所以,$\mathcal{M}$ 相对 U^a, U^b 和公式(i)—(iv)具有完全性。

那么命题中的"此外"将由命题 9.6 得出。   □

1.10　正向的(Positively)和拓扑上(Topologically)的完全模型

我们现在可以给出更多关于完全模型存在性的正向结果(我们已在 1.4 节中列出示例 4.4,并在 1.9 节中指出半完全模型)。我们将显示完全模型存在于部分一阶逻辑,其包括正面连接符 $\wedge$,$\vee$,量化符 $\forall$,$\exists$,以及信念和假设算子但不包含否定符。我们将运用策略模型。一如既往，x 是一个以 U^a 为顺序的变量，而 y 是一个以 U^b 为顺序的变量。

定义 10.1 设 $\mathcal{M}$ 为策略模型。一个正向公式（positive formula）是一个 $\mathcal{M}$ 中一阶的公式，并建立于以下规则：

- 每个原子公式是正向的。
- 如果 φ，ψ 是正向公式，那么 $\varphi \wedge \psi$，$\varphi \vee \psi$，$\forall x\varphi$，$\forall y\varphi$，$\exists x\varphi$，$\exists y\varphi$ 也是。
- 如果 $\varphi(y)$ 是一个正向公式，那么 $[x$ 相信 $\varphi]$ 和 $[x$ 假设 $\varphi]$ 也是。
- 如果 $\varphi(x)$ 是一个正向公式，那么 $[y$ 相信 $\varphi]$ 和 $[y$ 假设 $\varphi]$ 也是。

$\mathcal{M}$ 的正面语言（positive language）是在 $\mathcal{M}$ 一阶语言的正面公式的集合 $\mathcal{P}$。因此，$\mathcal{P}^a$ 是 U^a 所有子集的集合，可被一个正面公式 $\varphi(x)$ 所定义，$\mathcal{P}^b$ 亦类似。

定理 10.2 对于每对有限或可数策略集合 S^a，S^b，存在一个可数的以 (S^a, S^b) 为基础的策略模型 $\mathcal{M}$，其相对它的正面语言是具完全性的。

在用拓扑方法求证之前，让我们考虑一下主要不可能性定理中那些相对正面语言具完全性的模型。由于 $\mathcal{M}$ 相对其一阶语言不能具备完全性，必有一个集合可被一阶语言 $\mathcal{L}$ 定义，但不能被正面语言 $\mathcal{P}$ 定义。换言之，如果参与者运用正面语言，那么必有一个一阶属性是不能被参与者所表达的。运用定理 5.7，我们可以精确地指出这一情况在哪里出现。

命题 10.3 设 $\mathcal{M}$ 为策略模型，且相对其正面语言是具有完全性的。那么被以下对角公式（the diagonal formula）

$$\forall y[P^a(x, y) \to \neg P^b(y, x)]$$

所定义的集合 D 不属于 $\mathcal{P}^a$，但其否定式属于 $\mathcal{P}^a$。

证明： 集合 U^a，U^b 被正面公式 $x = x$ 和 $y = y$ 所定义，而定理 5.7 中的公式（i）—（iii）是正面公式。此外，补集 $U^a \backslash D$ 被正面公式 $\exists y[P^a(x, y) \wedge P^b(y, x)]$ 所定义。

假设 D 在 $\mathcal{M}$ 中可被一个正面公式定义。由于正面公式是在信念和假设算子下封闭的，被公式（v）定义的集合也被一个正面公式定义。然而，由于 $\mathcal{M}$ 相对它的正面语言是完全的，所以在任意公式（i）—（v）中不可能存在洞，相悖于定理 5.7，我们可以论断集合 D 不属于 $\mathcal{P}^a$。

我们建造一个在拓扑上（topological）完全的策略模型。然后我们将显示这类模型相对正面语言也具完全性。给定一个拓扑空间 X，设 $K(X)$ 为包

含所有 X 的非空紧子集的空间，且为菲托里斯拓扑（Vietoris topology）。如果 X 是可紧度量化的（compact metrizable），那么 $K(X)$ 也是（Kechris，1995，定理 4.26 和习题 4.20i）[⑦]。

定理 10.4 设 S^a 和 S^b 为可紧度量化的空间。存在可紧度量化的空间 T^a，T^b 和一个以 $(S^a，S^b)$ 为基础的策略模型

$$\mathcal{M} = (U^a，U^b，P^a，P^b，\tau^a，\tau^b，s^a，s^b，\cdots：s^a \in S^a，s^b \in S^b)$$

符合以下条件：

（a）每个 $t^a \in T^a$ 假设一个紧集合 $\kappa^a(t^a) \in K(U^b)$，且每个 $t^b \in T^b$ 假设一个紧集合 $\kappa^b(t^b) \in K(U^a)$；

（b）映射 $\kappa^a：T^a \to K(U^b)$ 和 $\kappa^b：T^b \to K(U^a)$ 为连续满射（continuous surjections）。

证明： 设 $\mathcal{C}$ 为康托尔空间（the Cantor space），也就是空间 $\{0，1\}^{\mathbb{N}}$。存在一个从 $\mathcal{C}$ 到任意可紧度量化空间的连续满射（Kechris，1995，定理 4.18）。设 $T^a = T^b = C，U^a = S^a \times T^a，U^b = S^b \times T^b$。空间 $K(U^b)$ 是可紧度量化的，所以有一个连续满射 κ^a 由 T^a 至 $K(U^b)$，当 $a，b$ 互换亦类似。模型 $\mathcal{M}$ 由如下条件设置：$P^a((s^a，t^a)，y)$ 当且仅当 $y \in \kappa^a(t^a)$，而对于 P^b 也相类似。那么能达到条件（a）和（b）。关系 P^a 是 $U^a \times U^b$ 的真子集，因为空间 T^b 具有紧非空真子集。所以，$\mathcal{M}$ 是一个策略信念模型。$\qquad\square$

定义 10.5 我们称一个以 $(S^a，S^b)$ 为基础且具备定理 10.4 中（a）—（b）特性的策略模型为拓扑完全模型（topologically complete model）。

请注意一个拓扑完全模型 $\mathcal{M}$ 相对任何 $\mathcal{K}$ 的语言具有完全性，且 $\mathcal{K}^a \subseteq K(U^a)$ 和 $\mathcal{K}^b \subseteq K(U^b)$。

我们现在可以讨论拓扑完全模型和正面语言之间的联系。

引理 10.6 设

$$M = (U^a，U^b，P^a，P^b，\tau^a，\tau^b，s^a，s^b，\cdots：s^a \in S^a，s^b \in S^b)$$

为一个拓扑完全的模型以至每个在列表中的额外关系都是紧的（compact）。那么每个正面公式 $\varphi(x)$ 定义一个在 U^a 中的紧集合，对于 $\varphi(y)$ 和 U^b 也相类似。所以 $\mathcal{M}$ 相对它的正面语言具有完全性。

证明： 显而易见的是一元关系是紧集合，也就是说，相对每个策略 $s^a \in S^a$，Ann 的状态 x 中选择策略 s^a 的集合是紧的，对于 S^b 也相类似。同样显

而易见的是关系 τ^a，τ^b，其拥有各对具有相同类型（type）的状态（states），也是紧的。我们接下来显示关系 P^a 是紧的。根据 Kechris(1995,习题 4.29.i)，关系 $C=\{(y,Y):y\in Y\}$ 在 $U^b\times K(U^b)$ 中是紧的。由于函数 $f^a:(s^a,t^a)\mapsto \kappa^a(t^a)$ 从 U^a 至 $K(U^b)$ 是连续的，集合 $P^a=\{(x,y):(y,f^a(x))\in C\}$ 是紧的。相类似的，关系 P^b 是紧的。因此，每个原子公式定义一个紧集合。由于这些空间是豪斯多夫空间（Hausdorff Space），紧集合是封闭的（closed），紧集合的有限（finite）并集和交集是紧的，且通过全称和存在量词投影（projection）的紧关系也是紧的。

最后一步证明中，我们将显示相对每个紧集合 $Y\subseteq U^b$，集合

$$A=\{x\in U^a:x \text{ 假设 } Y\},\quad B=\{x\in U^a:x \text{ 相信 } Y\}$$

也是紧的，（a 与 b 互换后亦类似）。我们有 $A=(f^a)^{-1}(\{Y\})$。因为有限集合 $\{Y\}$ 在 $K(U^b)$ 中是封闭的，A 在 U^a 中是紧的。相类似，$B=(f^a)^{-1}(\{Z:Z\subseteq Y\})$ 和集合 $\{Z:Z\subseteq Y\}$ 在 $K(U^b)$ 中是封闭的，所以 B 在 U^a 中是紧的。　　　□

我们想注释一下：正面语言 $\mathcal{P}$ 只依赖于模型 $\mathcal{M}$ 上的关系，而集合 $K(U^a)$ 和 $K(U^b)$ 依赖于 $\mathcal{M}$ 的拓扑结构。如果 $\mathcal{M}$ 的词汇是可数的，那么正面语言 $\mathcal{P}$ 也将可数，而且因为 $K(U^a)$ 是不可数的，$\mathcal{P}^a$ 将会是 $K(U^a)$ 的真子集。事实上，集合 U^a 和 U^b 是不可数的，而每个有限集合是可数的，所以 $K(U^a)\backslash\mathcal{P}$ 甚至会包含有限集合。在另一个极端，在以上的引理中我们可以视 $\mathcal{M}$ 的词汇为不可数，并且包含所有紧关系（compact relations），在这种情况下，我们将有 $\mathcal{P}^a=K(U^a)$ 和 $\mathcal{P}^b=K(U^b)$。

定理 10.2 的证明：因为 S^a 和 S^b 是有限或可数的，那么在 S^a 和 S^b 上存在一些可紧度量化的拓扑结构。根据定理 10.4，存在一个以 (S^a,S^b) 为基础的拓扑完全模型

$$\mathcal{M}=(U^a,U^b,P^a,P^b,\tau^a,\tau^b,s^a,s^b,\cdots:s^a\in S^a,s^b\in S^b)$$

我们可以清楚地从定义上看到 $\mathcal{M}$ 在没有（由三点显示的）额外关系的情况下仍是拓扑完全的，所以我们可以视 $\mathcal{M}$ 为无额外关系。那么 $\mathcal{M}$ 有一个可数的词汇，而且根据引理 10.6，$\mathcal{M}$ 相对它的正面语言是完全的。一般情况下，$\mathcal{M}$ 是不可数的，但根据命题 9.6，存在一个可数的以 (S^a,S^b) 为基础的策略模型 $\mathcal{N}$（一个 $\mathcal{M}$ 的可数的基础子模型），其相对 $\mathcal{P}$ 是完全的。　　　□

1.11 博弈论中的其他模型

本章的目的是为了简要地解释完全信念模型和博弈论文献中其他模型的相关性。这里我们将尝试着对所有考虑过的信念模型进行分类。

（一）全称模型（universal models）：从一个潜在的具不确定性的空间开始（这可能是参与者的策略集或参与者可能的收益函数等等）。参与者随后在这个空间（他们的零秩序信念，zeroth-order beliefs）中形成信念，在这个空间上的信念和零秩序的空间中产生关于其他参与者的信念（他们的一阶信念）等等通过序数的归纳。问题是这个过程会在某个级别"结束"吗？更准确地说，在某些序数级别的信念 α 是否决定了所有后续级别的信念？如果是这样，我们得到一个全称模型。如果没有，即如果 α 级别的信念集合通过所有序数 α 增加，我们得到一个不存在结果（nonexistence result）。

有很多关于全称模型的论文。现有的结果有 Armbruster 和 Böge（1979），Böge 和 Eisele（1979），Mertens 和 Zamir（1985），Brandenburger 和 Dekel（1993），Heifetz（1993），Epstein 和 Wang（1996），Battigalli 和 Siniscalchi（1999，2002），Mariotti、Meier 和 Piccione（2005）以及 Pinter（2005）等等。Fagin、Halpern 和 Vardi（1991），Fagin（1994），Fagin 等（1999）以及 Heifetz 和 Samet（1999）给出了不存在结果。通过做出各种拓扑或测量理论假设（如 1.10 节所述）可获得的正面结果（positive results）。我们还应该注意到，这些论文中许多将信念正式化为概率而不是我们所做的可能性。但是，与我们在 1.10 节的结果相符，关键点是拓扑假设。（Epstein-Wang 考虑具有拓扑结构偏好（preferences）。）Aumann（1999）研究了知识而不是信念，并使用 S5 逻辑获得一个正面结果（最后这个结果请参见 Heifetz，1999）。

（二）完全模型（complete models）：这些正如我们在定义 4.2 或定义 10.5里定义的，例如，"双向满射性"（two-way surjectivity）。获得完整模型的一个方法是构造一个全称模型（universal model）。例如，Mariotti、Meier 和 Piccione（2005）证得了一个为紧豪斯多夫空间（compact Hausdorff spaces）的完全模型，其为全称模型存在的必然结果。在定理 10.4 的证明中我们给出了为可紧度量化空间的完全模型一个简单的直接构造。Battigalli 和

Siniscalchi(1999，2002)证得了一个为条件概率系统(conditional probability systems)空间的完整模型，再次为全称模型存在的必然结果。Brandenburger、Friedenberg 和 Keisler(2006)给出了一个为字典式概率系统空间的完整模型的直接构造。Salonen(1999)在各种假设下给出了关于完全性的各种存在结果。

（三）终止模型(terminal models)：给定一个类别 **C** 的信念模型，如果任何其他模型 N 在 **C** 中，且有一个独一无二的映射从 N 到 M 并能保留信念，我们称 M 在 **C** 中终止。[8] Heifetz 和 Samet(1998a)在没有拓扑假设的情况下，显示了终止模型在概率中的存在。Meier(2006)表明有限加法测度和 κ 可测性(对于固定常规基数 κ)下的终止模型的存在性，和若所有子集都需要测量的不存在性。Heifetz 和 Samet(1998b)显示了知识模型的示例不存在性，Meier(2005)将这种不存在的结果扩展到 Kripke 框架。

最后我们想指出，据我们所知，目前并没有关于全称、完全和终止模型（在没有具体的结构的情况下）之间相连性的研究。此类研究将十分有用。

注　释

① 导言中的非正式陈述是一个多个参与者形式的说谎者悖论。我们稍后在第 1.6 节中给出的正式陈述是一个多玩家形式的罗素悖论。

② 关于早期较弱的不可能性结果，可参见 Brandenburger(2003)。我们稍后回顾一下这个结果。其他众所周知的信念悖论包括 G.E.摩尔的悖论（"下雨了，但我不相信"）和信徒悖论（Thomason，1980）。Huynh 和 Szentes (1999)给出了一个参与者的不可能性结果。

③ 我们感谢 Eric Pacuit 让我们注意到这点。

④ "完全"经常在博弈论文献中被这样运用。"假设完全"可能更具描述性，但我们将继续用这个简短的形式。这里目前所指的完全性和形式系统以及逻辑学里的完全性是不相关的。

⑤ 可参见 Yanofsky(2003)，对于一些数学悖论表示的各种系统的局限性这一思想进行了正式表述。

⑥ 在一些假设下排除了收益之间的某些关系。详情请参见相关文献。

⑦ 所有的拓扑是被理解为非空的。

⑧ Meier(2006)提出了相同的术语。

参考文献

Armbruster, W and W Böge(1970). Bayesian game theory. In Moeschlin, O and D Pallaschke(Eds.), *Game Theory and Related Topics*. Amsterdam: North-Holland.

Aumann, R (1999). Interactive epistemology I: Knowledge. *International Journal of Game Theory*, 28, 263—300.

Battigalli, P and M Siniscalchi(1999). Hierarchies of conditional beliefs and interactive epistemology in dynamic games. *Journal of Economic Theory*, 88, 188—230.

Battigalli, P and M Siniscalchi(2002). Strong belief and forward-induction reasoning. *Journal of Economic Theory*, 106, 356—391.

Böge, W and Th Eisele(1979). On solutions of Bayesian games. *International Journal of Game Theory*, 8, 193—215.

Bonanno, G(2005). A simple modal logic for belief revision. *Synthese (Knowledge, Rationality and Action)*, 147, 193—228.

Boolos, G(1993). *The Logic of Provability*. Cambridge, UK: Cambridge University Press.

Brandenburger, A(2003). On the existence of a 'complete' possibility structure. In Basili, M, N Dimitri and I Gilboa(Eds.), *Cognitive Processes and Economic Behavior*, pp.30—34. London: Routledge.

Brandenburger, A and E Dekel(1993). Hierarchies of beliefs and common knowledge. *Journal of Economic Theory*, 59, 189—198.

Brandenburger, A, A Friedenberg and H J Keisler (2006). Admissibility in games. *Econometrica*, 76, 307—352.

Epstein, L and T Wang(1996). Beliefs about beliefs without probabilities. *Econometrica*, 64, 1343—1373.

Fagin, R(1994). A quantitative analysis of modal logic. *Journal of Symbolic Logic*, 59, 209—252.

Fagin, R, J Geanakoplos, J Halpern and M Vardi(1999). The hierarchical approach to modeling knowledge and common knowledge. *International Journal of Game Theory*, 28, 331—365.

Fagin, R, J Halpern and M Vardi(1991). A model-theoretic analysis of knowledge. *Journal of the Association of Computing Machinery*, 38, 382—428.

Heifetz, A(1993). The bayesian formulation of incomplete information—The non-compact case. *International Journal of Game Theory*, 21, 329—338.

Heifetz, A (1999). How canonical is the canonical model? A comment on

Aumann's interactive epistemology. *International Journal of Game Theory*, 28, 435—442.

Heifetz, A and D Samet(1998a). Topology-free typology of beliefs. *Journal of Economic Theory*, 82, 324—381.

Heifetz, A and D Samet(1998b). Knowledge spaces with arbitrarily high rank. *Games and Economic Behavior*, 22, 260—273.

Heifetz, A and D Samet(1999). Coherent beliefs are not always types. *Journal of Mathematical Economics*, 32, 475—488.

Humberstone, I(1987). The modal logic of all and only. *Notre Dame Journal of Formal Logic*, 28, 177—188.

Huynh, HL and B Szentes(1999). Believing the unbelievable: The dilemma of self-belief. Available at http://home.uchicago.edu/~szentes.

Kechris, A(1999). *Classical Descriptive Set Theory*. New York, NY: Springer-Verlag.

Lomuscio, A(1999). Knowledge sharing among ideal agents. Doctoral dissertation, University of Birmingham.

Mariotti, T, M Meier and M Piccione(2005). Hierarchies of beliefs for compact possibility models. *Journal of Mathematical Economics*, 41, 303—324.

Meier, M (2005). On the nonexistence of universal information structures. *Journal of Economic Theory*, 122, 132—139.

Meier, M(2006). Finitely additive beliefs and universal type spaces. *The Annals of Probability* 34, 386—422.

Mertens, J-F and S Zamir(1985). Formulation of Bayesian analysis for games with incomplete information. *International Journal of Game Theory*, 14, 1—29.

Pacuit, E (2007). Understanding the Brandenburger-Keisler paradox. *Studia Logica* 86, 435—454.

Pearce, D (1984). Rational strategic behavior and the problem of perfection. *Econometrica*, 52, 1029—1050.

Pintér, M(2005). Type space on a purely measurable parameter space. *Economic Theory*, 26, 129—139.

Salonen, H(1999). Beliefs, filters, and measurability. University of Turku.

Thomason, R(1980). A note on syntactical treatments of modality. *Synthese*, 44, 391—395.

Yanofsky, N(2003). A universal approach to self-referential paradoxes, incompleteness and fixed points. *The Bulletin of Symbolic Logic*, 9, 362—386.

2

信念层次和公共知识[*]

亚当·布兰登勃格和埃迪·戴克
(Adam Brandenburger and Eddie Dekel)

博弈理论分析通常导致(大家)认为每个参与者拥有无限层次的信念。海萨尼(Harsanyi)建议,这样一种信念层次可以被归结为一个称为参与者类型的单个实体(single entity)。本章对海萨尼所提出的类型的概念提供了一个基本构造,对Mertens 和 Zamir(1985)中的构造进行了补充。本章显示了如果参与者的类型是一致的(coherent),那将促使参与者产生有关其他参与者类型的信念。强调一致性的公共知识造成信念模型成为封闭的。接着,我们将讨论一个经常出现的问题,即在什么意义上博弈理论模型的结构是,或者假设是公共知识。

2.1 引言

在很多决策和博弈理论问题中,信念的层次是一个必不

* 原文出版于 *Journal of Economic Theory*,Vol.59,pp.189—198。
研究经费支持:Harkness Fellowship、Harvard Business School Division of Research、Sloan Dissertation Fellowship 以及 NSF Grant SES 8808133。
致谢:我们要感谢 Jerry Green、David Kreps、Andrew Mas-Colell,及一位审稿人为我们提供有用的评论。

可少的出现。例如,一场博弈的分析中,即使是一个具有完全信息(complete information)的博弈,也会出现对信念"无限回归"(infinite regress)的考虑。因此,为简化分析起见,假设只有两个参与者 i 和 j,则 i 的策略选择将取决于 i 相信 j 如何选择,而这又将取决于 i 相信 j 相信 i 如何选择,以此类推。Bernheim(1984)和 Pearce(1984)提出的这种无限回归是"理性化"(rationalizable)策略概念的基础。对于具有完全信息的博弈,这种信念的回归传统上是通过实行诸如纳什均衡的均衡概念来"切入"的。

在不完全信息博弈中,一些参数不是参与者的公共知识,海萨尼(Harsanyi,1967—1968)率先研究了信念无限回归的问题。海萨尼的解决方案是在单个实体中总结一个参与者的整个信念流(the entire stream of beliefs),称为参与者的类型,而每个类型都将促使参与者产生有关其他参与者类型的信念。海萨尼对不完全信息博弈的提法已经成为许多经济学领域不可或缺的工具,但最近才由 Armbruster 和 Böge(1979)、Böge 和 Eisele(1979),以及 Mertens 和 Zamir(1985)提供了严谨的论据,以支持海萨尼的类型概念。本章提供了类似于 Mertens 和 Zamir(1985)中类型的替代构造,但是它依赖于更多的初等数学,更为明确地假设何为公共知识。

我们的类型构造有两个阶段。第一,我们表明如果一个参与者的类型是一致的,那么该类型将促使参与者产生有关其他参与者类型的信念(一致性要求一个参与者的各层信念彼此不相矛盾,参见如下定义 1)。这个结果(命题 1)本质上只是对于来自随机过程理论(the theory of stochastic processes)的柯尔莫哥洛夫存在性定理(Kolmogorov's Existence Theorem)的一个陈述(参见 Chung,1974,p.60)。第二,通过简单的归纳定义,强制以下要求,每个类型知道(在概率上分配概率为1)其他参与者的类型是一致的,每个类型都知道另一个类型知道这一点,以此类推。也就是说,通过强化一致性的公共知识来封闭该模型(在定义 1 之前的章节阐明了这里所指"封闭"的含义)。

在技术层面上,我们替换了 Mertens 和 Zamir(1985)中的假设,即基础状态空间是紧致的,同时假设它是完全可分的度量。(Mertens 和 Zamir[1985]中的备注 2.18 表明这种替代是可能的)。近年来,Heifetz(1990)提供了一种类型的一般构造,只假定基础状态空间是豪斯多夫空间。

2.2 节中我们将完成类型的构造,然后在 2.3 节中我们将继续讨论一个经常出现的问题:如何理解一个博弈模型的结构是可以被假设为公共知识的。这个问题曾被奥曼（Aumann，1976，1987）和其他人讨论过（参见 Bacharach，1987；Gilboa，1988；Kaneko，1987；Samet，1990；Shin，1986；以及 Tan and Werlang，1985）。奥曼认为，如果结构不是一个公共知识，那么世界状态的描述是不完全的，所以应该扩展状态空间。类型的构造表明扩展状态空间应该是什么，即基础状态空间和个体类型空间的乘积。而且，在扩展状态空间中，结构的公共知识是通过一致性公共知识的假设而获得的。

2.2　类型的构造

在本节中，我们构建了信念的层次。我们将定义类型和一致性的概念，并且显示一个具有一致性的类型将促成关于其他个体类型的信念。我们将继续证明，关于一致性的公共知识封闭了信念的模型，因为所有的信念都是完全被明确地定义的。

有两个个体 i 和 j 面对某些（潜在的）共同空间的不确定性[①]。空间 S 被假设为可完全分离的度量（波兰）空间。对于任何度量空间 Z，让 $\Delta(Z)$ 表示度量 Z 的博雷尔域（Borel field）的概率测度，具有弱拓扑结构。根据贝叶斯决策理论（Bayesian decision theory），每个个体必须拥有一个对于空间 S 的信念；各个个体的一阶信念就是 $\Delta(S)$ 中的元素。由于每个个体不一定知道其他人的信念，每个人必须具有二阶信念。也就是说，i 的二阶信念是一个对于 S 和 j 的一阶信念空间的联合信念，因此是 $\Delta(S \times \Delta(S))$ 中的元素。对于 j 也相类似。正式地定义空间为：

$$X_0 = S$$
$$X_1 = X_0 \times \Delta(X_0)$$
$$\vdots$$
$$X_n = X_{n-1} \times \Delta(X_{n-1})$$

i 的一个类型 t^i 就是信念 $t^i = (\delta_1^i, \delta_2^i, \cdots) \in \times_{n=0}^{\infty} \Delta(X_n)$ 的一个层次。对于 j 也相类似。设 $T_0 = \times_{n=0}^{\infty} \Delta(X_n)$ 为 i 或 j 所有可能的类型的空间。

当然，i 只知道他自己的类型，而不知道 j 的类型（对于 j 也相类似）。所以我们似乎需要一个"第二层"关于信念的层次，即其中 i 有关于 j 类型的信念，i 有关于 j 有关于 i 的类型的信念的信念，以此类推。因此，在不作任何更进一步的假设下，一个模型若只确定 i 信念 $(\delta_1^i, \delta_2^i, \cdots) \in \times_{n=0}^{\infty} \Delta(X_n)$ 的层次（对于 j 也相类似），就不是封闭的。接下来我们将定义在哪些特定情况下 i 的类型决定着他对 j 类型所持的信念。

定义 1 如果每一个 $n \geqslant 2$，$\mathrm{marg} X_{n-2} \delta_n = \delta_{n-1}$，那么类型 $t = (\delta_1, \delta_2, \cdots) \in T_0$ 是具一致性的，其中 $\mathrm{marg} X_{n-2}$ 为 X_{n-2} 空间上的边缘。

一致性指出一个个体不同层次的信念不能互相矛盾。[②] 设 T_1 为所有具一致性类型的集合。以下的命题显示一个具一致性的类型促使一个对 S 和对其他个体类型空间的信念。

命题 1 存在以下同胚（homeomorphism）$f: T_1 \rightarrow \Delta(S \times T_0)$。

由下面的引理 1 我们可以轻易地推导出命题 1，而该引理本身实质上是柯尔莫哥洛夫相容性定理（Kolmogorov existence theorem）的一种陈述。

引理 1 假设 $\{Z_n\}_{n=0}^{\infty}$ 是一个波兰空间的集合，同时设

$$D = \{(\delta_1, \delta_2, \cdots): \delta_n \in \Delta(Z_0 \times \cdots \times Z_{n-1}) \quad \forall n \geqslant 1,$$
$$\mathrm{marg} Z_0 \times \cdots \times Z_{n-2} \delta_n = \delta_{n-1} \quad \forall n \geqslant 2\}$$

那么，存在一个同胚 $f: D \rightarrow \Delta(\times_{n=0}^{\infty} Z_n)$。

证明： 考虑任意一个元素 $(\delta_1, \delta_2, \cdots) \in D$。根据柯尔莫哥洛夫存在性定理的一种陈述（Dellacherie and Meyer，1978，p.68），存在一个独一无二的测度 $\delta \in \Delta(\times_{n=0}^{\infty} Z_n)$，使得对所有 $n \geqslant 1$，有 $\mathrm{marg} Z_0 \times \cdots \times Z_{n-1} \delta = \delta_n$。让 f 将 $(\delta_1, \delta_2, \cdots)$ 映射到这个 δ。该映射 f 是 1-1，因为柱集（cylinder）上 δ 的数值是来自 δ_n；f 是满射，因为对任何 $\delta \in \Delta(\times_{n=0}^{\infty} Z_n)$，有 $f(\mathrm{marg}_{Z_0} \delta, \mathrm{marg}_{Z_0 \times Z_1} \delta, \cdots) = \delta$。需要注意的是，$f^{-1}(\delta) = (\mathrm{marg}_{Z_0} \delta, \mathrm{marg}_{Z_0 \times Z_1} \delta, \cdots)$，所以 f^{-1} 是连续的，因为映射 $\delta \mapsto \mathrm{marg}_{Z_0 \times \cdots \times Z_n} \delta$，$n \geqslant 1$ 都是连续的。为了证明 f 是连续的，考虑在 D 中的一个序列 $(\delta_1^r, \delta_2^r, \cdots) \rightarrow (\delta_1, \delta_2, \cdots)$，也就是相对于所有 $n \geqslant 1$，δ_n^r 呈弱性收敛（converges weakly）于 δ_n。设 $\delta^r = f(\delta_1^r, \delta_2^r, \cdots)$，$\delta = f(\delta_1, \delta_2, \cdots)$。我们需要证明 δ^r 弱性收敛于 δ。这点可以从以下事实推导出来，柱集形成一个收敛决定类（convergence-determining class），而 δ^r、δ 在柱集上的数值是分别来自 δ_n^r、δ_n。 □

命题 1 的证明： 在引理 1 中，对于 $n \geqslant 1$，设 $Z_0 = X_0$，$Z_n = \Delta(X_{n-1})$。所以有 $Z_0 \times \cdots \times Z_n = X_n = \delta_n$ 和 $\times_{n=0}^{\infty} Z_n = S \times T_0$。若 S 是一个波兰空间，那么 $\Delta(S)$ 也是（Dellacherie and Meyer，1978，p.73），所以若 S 是波兰空间，Z_n

的空间也将会是波兰空间。具一致性类型集合 T_1 正是 D。所以由引理 1 推出存在一个同胚 $f: T_1 \to \Delta(S \times T_0)$。 □

一个显而易见的问题是为什么我们刚刚构造一个特定的同胚 f 是"自然的"。原因是 f 以下的属性:由 $f(\delta_1, \delta_2, \cdots)$ 指定到一个在 X_{n-1} 中给予事件的边际概率等同于 δ_n 指定到同一事件的概率。也就是说,在由 $(\delta_1, \delta_2, \cdots)$ 推导 $S \times T_0 = X_0 \times \Delta(X_0) \times \Delta(X_1) \times \cdots$ 积空间(product space)的概率时,函数 f 保留了被每个 δ_n 于每个 X_{n-1} 的概率。

一致性蕴涵着 i 的类型决定 i 对 j 类型的信念。但是 i 的类型不一定决定 i 的关于 j 对 i 的类型信念的信念——尤其是,当 i 相信 j 的类型是有可能不一致的。为了让类型决定所有的信念(包括信念对于类型的信念),一致性的公共知识是必须施加的。为了达到这点,用下式定义一个 T_k 集合的序列,其中 $k \geqslant 2$

$$T_k = \{t \in T_1 : f(t)(S \times T_{k-1}) = 1\}$$

(运用归纳我们可以直接显示 T_{k-1} 是一个博雷尔集,所以 T_k 被良定义(well defined)。)让 $T = \bigcap_{k=1}^{\infty} T_k$。集合 $T \times T$ 是 $T_1 \times T_1$ 的子集,通过要求以下陈述获得:(1)i 知道 j 的类型是具一致性的;(2)j 知道 i 的类型是具一致性的;(3)i 知道 j 知道 i 的类型是具一致性的;以此类推。也就是说,$T \times T$ 是满足一致性公共知识的类型的集合。以下的命题显示空间 T 将模型封闭,与在 Mertens 和 Zamir(1985)中定理 2.9 的"普遍类型空间"相对应。

命题 2 存在一个同胚 $g: T \to \Delta(S \times T)$。

证明: 我们很容易就可以查验 $T = \{t \in T_1 : f(t)(S \times T) = 1\}$,因为 f 是满射的,所以 $f(T) = \{\delta \in \Delta(S \times T_0) : \delta(S \times T) = 1\}$。但是 $f(T)$ 是同胚于 T,且 $\{\delta \in \Delta(S \times T_0) : \delta(S \times T) = 1\}$ 是同胚于 $\Delta(S \times T)$(对于任何量度空间 Z 和 Z 中可量度子集 W,$\{\delta \in \Delta(Z) : \delta(W) = 1\}$ 是同胚于 $\Delta(W)$)。所以 T 是同胚于 $\Delta(S \times T)$。 □

以下问题将再次被提及,即为什么 g 的同胚是"自然的"。答案是 g 以命题 1 中函数 f 保留信念一样的方式保留了每个个体的信念(参见命题 1 之后的讨论)。除此之外,在 2.3 节中我们显示如何将信念层次的模型转化成一个标准的差别信息模型——其中运用同胚 g,且命题 3 特别依赖于 g 的独特同胚。

一个技术构建层面上值得注意的问题是,信念层次模型的封闭不是一个纯测度理论上(measure-theoretic)的结果。回想一下我们曾假设 S 为波兰空间。这是因为(可参考 Halmos，1974，pp.211—212)柯尔莫哥洛夫相容性定理本身不是纯测度理论的,且依赖于拓扑上的假设。

2.3 与标准差别信息模型的关系

博弈论和经济学中常用的差别信息模型的标准公式化是一个汇集$\langle\Omega$，H^i，H^j，p^i，$p^j\rangle$。[③] 集合 Ω 是世界状态(states of the world)的空间，H^i 是 i 的信息的分割(如果 $\omega\in\Omega$ 是真状态，i 被告知 H^i 中包含 ω)，p^i 是 i 在 Ω 上的先验概率测度，而 H^j 和 p^j 是相对 j 类似的表述。在本节中，我们将讨论标准的公式化和 2.2 中构建的模型之间的关系。首先,我们用类型模型来阐释在引言中提到的解释性问题,也就是标准模型的结构是如何,或者被假设为如何成为公共知识的。其次,我们阐述了类型模型到标准模型的转化过程,且利用举例的形式来展示这个转化是有意义的。

一个解释性的问题经常出现在关于差别信息标准模型的讨论中:在一个非公式化的情况下信息的结构(包括分割和先验条件)是否是"公共知识"(我们提出在一个非公式化的情况下是因为信息结构不是一个 Ω 中的事件，所以公共知识公式化的定义在此不适用。由此,我们将用引号来强调其非公式化的运用)。关于信息结构"公共知识"的问题以以下方式出现。在 Ω 中的一个事件 A，可以运用 i 的信息结构 H^i 和 p^i，来定义一个事件,其中 i 知道 A(可参见 Aumann，1976)，以 $K^i(A)$ 表示。对于 j 也相类似。现在假设事实上对于在 Ω 中的某个事件 B：$A=K^j(B)$。那么 $K^i(A)=K^i(K^j(B))$ 是可以解释为 i 知道 $K^j(B)$ 的事件。但是,在实践中我们解释 $K^i(K^j(B))$ 为 i 知道 j 知道 B 的事件——而这种解释依赖于一个潜在的假设,也就是 i"知道"j 的信息结构。如此一来,也就是假设 i"知道"H^i 和 p^i。以同样的道理来分析更复杂的事件,比如 $K^i(K^j(K^i(C)))$ 和相类似的事件,由此可见,信息结构的"公共知识"是必要的。

这种"公共知识"的本质已被广泛地讨论过了(可参见 Aumann，1976，1987；Bacharach，1987；Gilboa，1988；Kaneko，1987；Samet，1990；Shin，1986；Tan 和 Werlang，1985；及其他文献[④])。奥曼认为信息结构的"公共知识"是不失一般性的,因为一个在 Ω 中状态的描述需要包括信息是以何种方式传达给个体的(其分割)描述以及参与者信念(先验条件)的描述。如果没有此类描述,奥曼认为状态的描述是不完全的,所以状态空间必须被扩展。我们希望观察到适宜地扩展后的状态空间是潜在状态空间 S 和类型空间 T 的积。更确切地说,扩展后的状态空间是 $S \times T \times T$,其中第一个 T 是个体 i 的类型空间而第二个 T 是个体 j 的类型空间。[⑤]重点是对于扩展后状态空间的信息结构"公共知识"已经由 2.2 节中我们提出的一致性公共知识的假设所包括。为了呈现这点,考虑如集合 $T_2 = \{t \in T_1 : f(t)(S \times T_1) = 1\}$ 在本节中的定义。集合 T_2 是 i 的类型中知道 j 的类型是具一致性的集合。所以 T_2 是 i 类型中可以估计 j 对 i 类型的信念的信念的集合,或者说是 i 类型中"知道"j 信息结构的集合。类似的,T_3 是 i 的类型中可以估计 j 的关于 i 关于 j 类型的信念的信念的集合,或者说是 i 的类型中"知道"j"知道"i 的信息结构。以此类推。结果就是因为一致性的公共知识是一个自然的理性假设(它只是陈述了个体中不同层次的信念是不相矛盾的公共知识),信息结构的"公共知识"(关于扩展后的状态空间)的确是不失普遍性的。

综上所述,同一个模型,就是信念层次的模型,验证了海萨尼所提出的类型概念和奥曼所提出的完全指定世界状态的空间概念。

我们现在将展示类型模型到标准模型是如何转化的,从而表明标准模型其实并不比类型模型缺乏普遍性。由此,得出标准模型。当然,一个简化的构造是可以在方便时被运用的。

从潜在的不确定空间 S 和施加类型空间 T 开始,我们可以构造一个如下标准模型。世界状态的集合 Ω 是空间 $S \times T \times T$ 的积,同样第一个 T 是个体 i 的类型空间,而第二个 T 是个体 j 的类型空间。要注意即使 S 是有限的,$S \times T \times T$ 是一个不可数的空间,且 $S \times T \times T$ 上的信息结构必须在 σ 域内定义而不是分割。设 $\mathscr{H}$ 为 $S \times T \times T$ 的博雷尔域。因为 i 所拥有的信息恰好是他对自己类型的认知,$\mathscr{H}$ 对于 i 自然的子 σ 域是 $\{S \times B \times T : B$ 是一个 T 的博雷尔子集 $\}$。命题 2 中 g 的同胚决定着 i 的信念:i 对一个事件 A 到达的自然条件概率,其中 $A \in \mathscr{H}$ 在状态 (s, t^i, t^j) 是 $g(t^i)(A_{t^i})$,而 $A_{t^i} = \{(s, t^j) : (s, t^i, t^j) \in A\}$。个体 j 的子 σ 域和信念可用类似方法定义。总而言之,除了一个附带条件,我们显示了类型模型是如何被转化成标准模型的。这个附带条件是指我们指定了 i 和 j 在条件概率估量的系统而不是他们先验概率估量的系统。其实,构造 i 和 j 在 $S \times T \times T$ 上有(不同的)特定条件的先验概率估计并不难(技术上的条件已成熟)。但因为它是条件概率,而不是先验概率,后者是在决策理论上具重要性的,我们将避免讨论构造先验概率上的细节。[⑥]

至此,我们公式化地显示了类型模型如何转化成标准模型。审视类型模型的一个明智的方式是通过解析一个实例。假设我们希望写下如下陈述,一个事件是 i 和 j 之间的公共知识。我们紧接着要介绍一种在类型模型环境中可行的自然方式。基于 Aumann(1976),在差别信息标准模型环境下有一个著名的公共知识的定义。我们将显示当标准定义被运用到由 2.2 节中描述的从类型模型转化的方式时,公共知识的"类型"定义等同于公共知识的"标准"定义。

我们从"类型"定义开始。给定一个在 S 里的事件 E,有

$$V_1(E) = \{t \in T : g(t)(E \times T) = 1\}$$

且接着定义一个集合的序列 $V_k(E)$,其中 $k \geqslant 2$,有

$$V_k(E) = \{t \in T : g(t)(S \times V_{k-1}(E)) = 1\}$$

(我们可以直接用归纳法显示 $V_{k-1}(E)$ 是一个博雷尔集合,所以 $V_k(E)$ 的确是良定义的)。设 $V(E) = \bigcap_{k=1}^{\infty} V_k(E)$。接着,根据"类型"定义,如果 $(t^i, t^j) \in V(E) \times V(E)$,我们可以宣称 E 是 i 和 j 之间的公共知识。这个定义简单地陈述了,i 是一个分配给 E 概率为 1 的类型,j 是一个分配给 E 概率为 1 的类型,i 是一个分配概率 1 给事件 j 分配给 E 概率为 1 的类型,以此类推。

我们转到公共知识的"标准"定义。奥曼原本的定义主要是从分割(partitions)角度出发的。然而,正如我们之前指出的,$\Omega = S \times T \times T$ 集合是不可数的,且 σ 域需要被运用而不是分割。布兰登勃格和戴克(Brandenburger and Dekel, 1987)提出了一个具普遍性的奥曼定义来解释这一点,我们将继续这条思路。由 $K^i(A) = \{(s, t^i, t^j) : g(t^i)(A_{t^i}) = 1\}$ 得出一个 i 知道的事件 $A \in \mathcal{H}$,被表达为 $K^i(A)$,也由类似的方式定义一个 j 知道的事件 A,被表达为 $K^j(A)$。因此,$K(A) = K^i(A) \bigcap K^j(A)$ 是指每个人都知道的事件 A。根据"标准"定义,如果 $(s, t^i, t^j) \in K_\infty(A)$,其中 K_∞ 表示 K 算子的无限运用,我们称 A 是 (s, t^i, t^j) 状态中的公共知识。

接下来,当且仅当根据"标准"定义在 Ω 中的事件 $E \times T \times T$ 是公共知识,根据"类型"定义在 S 中的事件 E 也是公共知识。[⑦]该等价关系被公式化

地定义在命题 3 里。

命题 3 $S \times V(E) \times V(E) = K_{\infty}(E \times T \times T)$。

证明:从定义中可以立即得到证明。观察到

$$K^i(E \times T \times T) = \{(s, t^i, t^j) : g(t^i)(E \times T) = 1\} = S \times V_1(E) \times T$$

类似的，$K^j(E \times T \times T) = S \times T \times V_1(E)$ 而且得到 $K(E \times T \times T) = S \times V_1(E) \times V_1(E)$。可以推出 $K_{\infty}(E \times T \times T) = S \times V(E) \times V(E)$。 $\square$

命题 3 确认了我们由类型模型到标准模型的转化是合理的，尽管严格地来说，我们至此只考虑了事件中的公共知识的转化成立。但还是要明确指出，任何关于个体信念的计算是可以在转化中保留的。

Tan 和 Werlang(1985) 讨论了该保留转化。他们显示了如何从一个差别信息模型的标准公式化开始，计算促使的信念层次，以及如何构造一个相关的类型模型。他们还通过表明该过程保留了公共知识来显示他们的转化是有意义的。

注　释

① 我们所有的论点都可直接推广到两个以上个体的情形。

② 这里的一致性(conherency)通常指的是在随机过程理论中(stochastic processes)的一贯性(consistency)。使用一致性是为了避免与海萨尼所用的一贯性相混淆，二者指代不同的事物。

③ 我们将保持简化的假设，只设有两个个体 i 和 j。

④ 在计算机科学、人工智能、语言学和哲学里都有相关文献；参看 Fagin、Halpern 和 Vardi(1991)、Halpern(1986)、Vardi(1988)及其中的参考文献。

⑤ 因此 $\Omega = S \times T \times T$。以下将有一个公式化的 Ω 信息结构的陈述。

⑥ 值得提的是，构造的条件是常规和正确的(指在 Blackwell and Dubins[1975]中的正确性)。

⑦ 注意：这个同等关系将在 S 中的 E 关联到 Ω 中的 $E \times T \times T$。这是因为集合 E 不是 Ω 中的事件，但是自然地被识别为事件 $E \times T \times T$。

参考文献

Armbruster, W and W Böge(1979). Bayesian game theory. In Moeschlin, O and D Pallaschke(Eds.), *Game Theory and Related Topics*. Amsterdam: North-

Holland.

Aumann, R(1976). Agreeing to disagree. *Annals of Statistics*, 4, 1236—1239.

Aumann, R (1987). Correlated equilibrium as an expression of Bayesian rationality. *Econometrica*, 55, 1—18.

Bacharach, M(1987). When do we have information partitions? Unpublished, Christchurch College, Oxford.

Bernheim, D (1984). Rationalizable strategic behavior. *Econometrica*, 52, 1007—1028.

Blackwell, D and L Dubins(1975). On existence and non-existence of proper, regular, conditional distributions. *Annals of Probability*, 3, 741—752.

Böge, W and Th Eisele(1979). On solutions of Bayesian games. *International Journey of Game Theory*, 8, 193—215.

Brandenburger, A and E Dekel(1987). Common knowledge with probability 1. *Journal of Mathematical Economics*, 16, 237—245.

Chung, KL(1974). *A Course in Probability Theory*, 2nd Edition. New York, NY: Academic Press.

Dellacherie, C and P-A Meyer(1978). *Probabilities and Potential*. Mathematics Studies, 29. Amsterdam: North-Holland.

Fagin, R, J Halpern and M Vardi(1991). A model-theoretic analysis of knowledge. *Journal of the Association for Computer Machinery*, 38, 382—428.

Gilboa, I(1988). Information and meta-information. In Vardi, M(Ed.), *Proceedings of the Second Conference on Theoretical Aspects of Reasoning about Knowledge*. Los Altos: Kaufmann.

Halmos, P(1976). *Measure Theory*. New York, NY: Springer-Verlag.

Halpern, J(Ed.)(1986). *Theoretical Aspects of Reasoning about Knowledge: Proceedings of the 1986 Conference*. Los Altos: Kaufmann.

Harsanyi, J (1967—68). Games with incomplete information played by "Bayesian" players, I—III. *Management Science*, 14, 159—182, 320—334, 486—502.

Heifetz, A(1990). The Bayesian formulation of incomplete information—The noncompact case. Unpublished, School of Mathematical Sciences, Tel Aviv University, Tel Aviv.

Kaneko, M (1987). Structural common knowledge and factual common knowledge. RUEE Working Paper No. 87—27, Department of Economics, Hitotsubashi University, 74—85.

Mertens, J-F and S Zamir(1985). Formulation of Bayesian analysis for games with incomplete information. *International Journal of Game Theory*, 14, 1—29.

Pearce, D(1984). Rationalizable strategic behavior and the problem of perfection. *Econometrica*, 52, 1029—1050.

Samet, D(1990). Ignoring ignorance and agreeing to disagree. *Journal of Economic Theory*, 52, 190—207.

Shin, H(1986). Logical structure of common knowledge. Unpublished, Nuffield College, Oxford.

Tan, T and S Werlang(1985). On Aumann's notion of common knowledge—An alternative approach. Unpublished, Department of Economics, Princeton University, Princeton, NJ.

Vardi, M(Ed.)(1988). *Proceedings of the Second Conference on Theoretical Aspects of Reasoning about Knowledge*. Los Altos: Kaufmann.

可理性化和相关均衡[*]

亚当·布兰登勃格和埃迪·戴克
(Adam Brandenburger and Eddie Dekel)

我们将讨论非合作博弈解概念的两个标准方式的统一性。决策理论上的方式是从假设参与者的理性是公共知识开始的。进而引出了相关可理性化概念(correlated rationalizability)。相关可理性化可等同于一个后验均衡(posteriori equilibrium)——一个主观相关均衡的改良。因此我们将提供一个对博弈的均衡方式在决策理论上的诠释。我们也将提供一个独立可理性化和条件化的独立后验均衡之间的类似同等的诠释,其中当每个参与者都相信其他人独立地行动,我们称之为独立可理性化。我们还将提供一个纳什均衡的描述。

* 原文出版于 *Econometrica*,Vol.55,pp.1391—1402。

关键词:可理性化(rationalizability);相关均衡(correlated equilibrium);主观和共同先验(subjective and common priors);独立性(independence);纳什均衡(Nash equilibrium)。

研究经费支持:Harkness Fellowship, Sloan Dissertation Fellowship,以及 Miller Institute for Basic Research in Science。

致谢:我们要感谢 Jerry Green, David Kreps,和两位审稿人为我们提供有用的评价以及 Robert Aumann 多次极具启发的讨论。

3.1 引言

　　最基本的非合作博弈的解概念是一个纳什均衡(Nash，1951)。在相关文献中，已有大量对纳什均衡的诠释。最普遍的观点可能就是纳什均衡是一个自我强制(self-enforcing)的协议。一个博弈被设想为，进行之前参与者们有或多或少明确沟通的时期。有人认为，如果参与者就某种特定的策略达成一致，那么这些就必须构成纳什均衡。否则有些参与者会有偏离协议的动机。Aumann(1974)为了能诠释参与者在设定概率评估时的随机性和主观性的关联，扩充了纳什均衡且提出了客观和主观相关均衡的概念。

　　纳什均衡的解概念一直以来被两个相悖的学派所批判。一方面是在文献中对纳什均衡的改良(Selten，1965，1975；Myerson，1978；Kreps and Wilson，1982；Kohlberg and Mertens，1986，及其他相关文献)起始于以下论点，不是每一个纳什均衡都可以被看作是一种合理的既定的方法来进行博弈。另一方面，Bernheim(1984)和 Pearce(1984)指出纳什均衡太具限制性，由于它排除不违背参与者理性的行为。Bernheim 和 Pearce 提出用公共知识来代替可理性化的概念，作为博弈结构和参与者理性(不包括任何其他条件)的符合逻辑的结果。

　　本章由可理性化概念开始，因为该概念是被基本决策理论对一场博弈分析所蕴涵的。但是，可理性化比人们初次想象的要更接近均衡方法。本章我们所要证明的主要结果是可理性化和一个后验均衡(posteriori equilibrium)的等同关系，而后验均衡是对主观相关均衡(subjective correlated equilibrium)的改良。所以其实当我们只假设参与者在一场博弈里的公共知识的理性时，一种特定的均衡将由此产生。因而，本章对博弈论中均衡的概念提供了一个公式化的决策理论上的诠释。

　　可理性化和后验均衡的解概念将被简要地陈述。当一个策略是参与者 i 在关于 j 的可能状态的给定信念(的概率测度)的最优策略，我们称之为 i 可判定(为了简单性，我们假设只有两个参与者)。我们可以相类似地定义一个 j 的可判定策略。当其满足以下条件，我们称一个 i 的策略是可理性化：如果一个 i 的可判定策略运用了一个只对 j 的可判定策略设定了正概率的信念，且这些 j 的策略也是可判定的，运用了一个只对 i 的可判定策略设定了正概率的信念，以此类推。这样，可理性化的陈述包括了如下概念，一个参与者应该只选择尊重理性公共知识的策略。Tan 和 Werlang(1984)，以及 Bernheim(1985)对可理性化和理性公共知识的等价性质提供了正式的证明。

Aumann(1974)引入了各种客观和主观相关均衡的概念，包括了后验均衡的概念，其对主观相关均衡进行了改良的方式正是我们现在将讨论的。客观和主观相关均衡区别在于前者要求参与者的先验均相同，后者则允许其不同。两种均衡都要求每个参与者 i 的策略必须是事先最优(ex ante optimal)，也就是说，应该在观察到任何私有信息(private information)前最大化预期效用。当然这个条件是等同于要求 i 的策略最大化每个被设定正先验概率的信息分割(information cell)中条件预期效用(conditional expected utility)。一个可能会加固该均衡概念的条件是要求在零信息分割(null information cells)中最优化。在客观均衡中这一条件并不产生区别，但是在主观均衡中区别是巨大的(见 3.2 节图 1 的示例)。一个后验均衡正是对这类主观相关均衡的加固。

本章中的等价性结果分成两部分，取决于我们从"相关的"还是"独立的"可理性化开始。区别在于后者需要一个参与者相信其他参与者独立地选择了他们的策略，而前者不需要(当然，在两人博弈中两个类型的可理性化相重合)。独立的可理性化概念最初是被 Bernheim(1984) 和 Pearce(1984)定义的。我们可以合理地想象参与者在一个"实验室"情形中：任何相关装置都是明确地塑造，参与者在不同的房间，然后被告知他们将要进行的博弈。而相关可理性化则在以下情况显得更合理，参与者能够通过大量相关装置(如太阳黑子)来协调他们的行动，这些设备在博弈中没有明确塑造，但是通过考虑到相关的信念而被考虑在内。

我们的起点是可理性化是被一场博弈里参与者的理性公共知识所蕴涵的。然后我们可以表明可理性化和后验均衡的等价性。当然，在经济学里博弈论的应用场合大多假设参与者有一个公共的先验的……，也就是说，大多应用场合使用纳什或客观相关均衡概念。3.4 节将讨论这些解概念的特征。

在一篇相关文献中，Aumann(1987)采用了一个跟本章略微不同的贝叶斯理性。贝叶斯理性是公式化的运用了一个差别信息的标准模型，其附加的特征是状态空间包含了参与者的行为。在假设理性公共知识和假设公共先验(公共先验假设，The Common Prior Assumption)的情况下，我们将得到客观相关均衡。关于这个特征的细节以及对公共先验假设的讨论，读者可以参考 Aumann(1987)。其他客观解概念的特征描述可以参考 Tan 和 Werlang(1984)及 Bernheim(1985)。

本章其余的结构如下。3.2 节提供了相关可理性化和后验均衡的公式化定义，并证明两者的等价结果。3.3 节证明了独立可理性化(independent rationalizability)和条件性独立后验均衡(conditionally independent a posteriori equilibrium)之间类似的等价结果。3.4 节对客观相关均衡和纳什均衡的特征进行了讨论。

3.2 相关可理性化和后验均衡

本节从定义相关可理性化的策略集和博弈中的收益开始。该方法基于 Pearce(1984)。但是和 Pearce 的文章不同的是，参与者不允许选择混合策略——若允许选择这类策略，那么可理性化收益集合不会扩展。同时，一个参与者对于其他参与者行为的信念可能会相关。（可参见 Pearce，1984，p.1035）。3.3 节将验证一个情况，在其中这些信念是独立的。

考虑一个有 n 个参与者的博弈 $\Gamma = \langle A^1, \cdots, A^n; u^1, \cdots, u^n \rangle$，其中 $i = 1, \cdots, n$，A^i 是一个参与者 i 的纯策略（及此后行为）的有限集合，u^i：$\prod_{j=1}^{n} A^j \rightarrow \mathscr{R}$ 是 i 的收益函数。对于任何有限集合 Y，设 $\Delta(Y)$ 为在 Y 上的概率测度集合。设集合 $Y^1, \cdots, Y^n$，Y^{-i} 表示集合 $Y^1 \times \cdots \times Y^{i-1} \times Y^{i+1} \times \cdots \times Y^n$，且 $y^{-i} = (y^1, \cdots, y^{i-1}, y^{i+1}, \cdots, y^n)$ 是 Y^{-i} 中一个典型的元素。

定义 2.1   如果对于每个 i 和每个 $a^i \in B^i$，有一个 $\sigma \in \Delta(B^{-i})$，其中 a^i 是最优回应，那么 $A^1 \times \cdots \times A^n$ 中的一个子集 $B^1 \times \cdots \times B^n$ 是最优回应集合(best reply set)。

相关可理性化行为 $R^1 \times \cdots \times R^n$ 的集合是所有最优回应集合 $B_\alpha^1 \times \cdots \times B_\alpha^n$ 的(有限)逐个单元的并集 $(\bigcup B_\alpha^1) \times \cdots \times (\bigcup B_\alpha^n)$。我们很容易求证 $R^1 \times \cdots \times R^n$ 本身是最优反应集合。这一点将被运用于下面的讨论。$R^1 \times \cdots \times R^n$ 有两个等同的定义。一个是从 3.1 节引言中讨论过的可判定行为系统的角度定义。另一个是从重复删除强劣势行为(strongly dominated actions)的角度定义(有关这三个定义等价关系的证明可以容易地由 Bernheim[1984]和

Pearce[1984]中的论据推导出)。i 相对 $\sigma \in \Delta(R^{-i})$ 中的最大预期收益是一个对 i 的相关可理性化收益。设 Π^i 为所有对 i 的相关可理性化收益的集合。

我们现在希望定义一个博弈 Γ 的后验均衡(Aumann, 1974, 第 8 节)。首先,我们将评价一个 Γ 的主观相关均衡定义,然后将定义一个作为特殊类型的主观相关均衡的后验均衡。为了定义一个 Γ 的主观相关均衡,我们必须加入对该博弈的有限空间 Ω 的基本描述。Ω 的有限性将不失普遍性。每个参与者 i 有一个先验 P^i ——是一个 Ω 上的概率测度——以及一个 Ω 的分割 $\mathscr{H}^i$。一个参与者 i 的策略是一个 $\mathscr{H}^i$ 的测度映射 $f^i : \Omega \to A^i$。一个 n 元组策略 $(f^1, \cdots, f^n)$ 是一个主观相关均衡,若对于每个 i

$$\sum_{\omega \in \Omega} P^i(\{\omega\}) u^i[f^i(\omega), f^{-i}(\omega)] \geqslant \sum_{\omega \in \Omega} P^i(\{\omega\}) u^i[\tilde{f}^i(\omega), f^{-i}(\omega)]$$

对 i 的每个策略 $\tilde{f}^i$ 成立。主观相关均衡的定义比客观相关均衡的定义更具普遍性,前者允许参与者不同的先验 P^i。如果 P^i 被要求为相同的,那么我们就可以得到客观相关均衡。

在一个主观相关均衡中,参与者的策略只需要事先最优。在一个后验均衡中,参与者的策略必须在了解他们的私有信息后也是最优。以下的示例激发了这一区别,可参见图 3.1。集合 Ω 有两个点 ω_1, ω_2。在行中被告知真正的状态,在列中无私有信息。行设 ω_1(事先)概率为 1。列设 ω_1 概率为 $\frac{1}{2}$,ω_2 概率为 $\frac{1}{2}$。接下来的策略形成一个主观相关均衡:如果 ω_1 发生行选择 U,ω_2 发生行选择 D;列选择 L。注意这个均衡依赖于以下事实:如果 ω_2 发生行选择一个强劣势行为。正如文献中对纳什均衡的改良,似乎自然地以要求在零事件(null events)的最优行为而去除了这种情况——此时自然(Nature)走出一步,也就是设先验概率为零。一个后验均衡的定义(定义 2.2)正是为了解决这一问题。在图 1 的博弈中,独有的后验均衡为行选择 U,且列确定地选择 R。

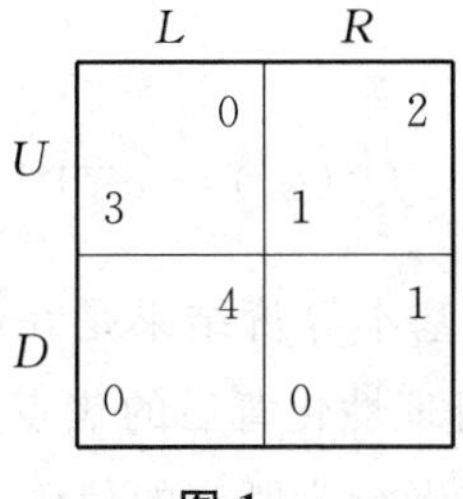

	L	R
U	0 / 3	2 / 1
D	4 / 0	1 / 0

图 1

为了公式化地定义后验均衡，我们将再次始于博弈 Γ。对于一个主观相关均衡，我们在 Γ 中加入一个有限空间 Ω，设每个参与者 i 在 Ω 上的概率测度 P^i，以及一个 Ω 的分割 $\mathscr{H}^i$。此外，为了解决以上示例中的困难，参与者在每个 $\omega \in \Omega$ 的后验信念必须被规定好。所以每个参与者 i 选择一种正则（regular）及真则（proper）的条件概率。也就是，对于每个 $H^i \in \mathscr{H}^i$，$P^i(\cdot \mid H^i)$ 将被要求成为一个在 Ω 上的概率测度，并满足 $P^i(H^i \mid H^i) = 1$（这后者的要求是在 Blackwell 和 Dubins[1975] 中所指的真则性[properness]）。当然，如果 $P^i(H^i) > 0$，那么根据贝叶斯规则 $P^i(\cdot \mid H^i)$ 自动满足这两个条件，但问题是即使 $P^i(H^i) = 0$，$P^i(\cdot \mid H^i)$ 也需要满足这两个条件。对于每个 i，设 $\mathscr{H}^i(\omega)$ 为 i 的具有 ω 的分割。

定义 2.2　一个 n 元组的策略 $(f^1, \cdots, f^n)$ 是一个在 Γ 中的后验均衡，如果每个 i 满足以下

$$\forall \omega \in \Omega \quad \sum_{\omega' \in \Omega} P^i[\{\omega'\} \mid \mathscr{H}^i(\omega)] u^i[f^i(\omega), f^{-i}(\omega')]$$
$$\geqslant \sum_{\omega' \in \Omega} P^i[\{\omega'\} \mid \mathscr{H}^i(\omega)] u^i[a^i, f^{-i}(\omega')] \quad \forall a^i \in A^i$$

要注意，通过改变变量，i 的最优条件可以被重写为：

$$\forall \omega \in \Omega \quad \sum_{a^{-i} \in A^{-i}} P^i[\{\omega' : f^{-i}(\omega') = a^{-i}\} \mid \mathscr{H}^i(\omega)] u^i[f^i(\omega), a^{-i}]$$
$$\geqslant \sum_{a^{-i} \in A^{-i}} P^i[\{\omega' : f^{-i}(\omega') = a^{-i}\} \mid \mathscr{H}^i(\omega)] u^i(a^i, a^{-i}) \forall a^i \in A^i$$

从参与者的角度来说，该博弈有两个阶段：事先阶段（the ex ante）和过渡阶段（the interim），也就是在他们获取私有信息的前后。区分这两个阶段参与者的收益将有助于我们的分析。

定义 2.3　给定一个 Γ 中的后验均衡 $(f^1, \cdots, f^n)$，i 在 ω 的过渡收益是

$$\sum_{a^{-i} \in A^{-i}} P^i[\{\omega' : f^{-i}(\omega') = a^{-i}\} \mid \mathscr{H}^i(\omega)] u^i[f^i(\omega), a^{-i}];$$

i 的事先收益是

$$\sum_{\omega \in \Omega} P^i(\{\omega\}) \sum_{a^{-i} \in A^{-i}} P^i[\{\omega' : f^{-i}(\omega') = a^{-i}\} \mid \mathscr{H}^i(\omega)] u^i[f^i(\omega), a^{-i}]$$

在本节中（命题 2.1）的基本等价结果是在相关可理性化收益和一个后验均衡的过渡收益之间。可理性化背后的焦点是（根据贝叶斯决策理论）参与者 i 具有某种对其他参与者行为既定的信念，而这将决定 i 的（最大）预期

收益。另一方面,在事先阶段的一个后验均衡里,i 还不知道他/她自己对其他参与者行为的信念将会是什么。这个信念将会等同于 i 的条件概率,而 i 的信息决定着该概率,也就是 i 在事先阶段的信念。这就是为什么基本等价结果以过渡收益形式来陈述。事实上,因为 i 的相关可理性化收益集合的凸性(引理 2.1),我们也可以证明一个相关可理性化收益和后验均衡的事先收益之间的等价关系——参见命题 2.2。

命题 2.1 $(\pi^1, \cdots, \pi^n) \in \Pi^1 \times \cdots \times \Pi^n$ 当且仅当存在一个 Γ 的后验均衡,其中 $(\pi^1, \cdots, \pi^n)$ 是一个过渡收益的向量。

证明:充分条件(Only if)。给定一个向量 $(\pi^1, \cdots, \pi^n) \in \Pi^1 \times \cdots \times \Pi^n$,我们需要证明有一个 Γ 的后验均衡,其中 $(\pi^1, \cdots, \pi^n)$ 是一个过渡收益的向量。为了证明这一点,假设有一个中间人(可参见 Myerson, 1985)来随机地选择一个共同行为 $(a^1, \cdots, a^n) \in R^1 \times \cdots \times R^n$,同时推荐让每个参与者 i 选择 a^i。因为 π^i 是一个 i 的相关可理性化的收益,存在一个 $\tilde{a}^i \in R^i$ 和 $\tilde{\sigma} \in \Delta(R^{-i})$,其中 $\tilde{a}^i$ 是 $\tilde{\sigma}$ 的最优回应而 π^i 是 i 相对 $\tilde{\sigma}$ 选择 $\tilde{a}^i$ 的预期收益。如果中间人推荐 i 选 $\tilde{a}^i$,那么 i 相信中间人选择 R^{-i} 中行为的条件概率为 $\tilde{\sigma}$。对于其他 $a^i \in R^i$ 选择 $\sigma \in \Delta(R^{-i})$,其中 a^i 是最优回应。如果中间人推荐 i 选 a^i,那么 i 相信中间人选择 R^{-i} 中行为的条件概率为 σ。根据这些条件概率 i 将意愿遵从中间人的推荐,同时当得知 $\tilde{a}^i$,i 在这个后验均衡的条件性预期收益是 π^i。

必要条件(If)。我们需要证明 Γ 的后验均衡 $(f^1, \cdots, f^n)$ 的一个过渡收益向量是 $\Pi^1 \times \cdots \times \Pi^n$ 中的一个元素。对于每个 i,设 $A_+^i = \{a^i \in A^i : a^i = f^i(\omega),$ 对于某些 $\omega \in \Omega\}$。集合 $A_+^1 \times \cdots \times A_+^n$ 是最优回应集。为了证明这点,我们必须显示对于每个 i 和每个 $a^i \in A_+^i$,有一个 $\sigma \in \Delta(A_+^{-i})$,其中 a^i 是最优回应。给定一个 $a^i \in A^i$,选择一个 ω 以使 $f^i(\omega) = a^i$。因为 $(f^1, \cdots, f^n)$ 是一个后验均衡,且只有策略 $a^{-i} \in A_+^{-i}$ "进入"到该均衡,i 在 ω 的最优条件可以被写成

$$\sum_{a^{-i} \in A_+^{-i}} P^i [\{\omega' : f^{-i}(\omega') = a^{-i}\} \mid \mathcal{H}^i(\omega)] u^i(a^i, a^{-i})$$

$$\geqslant \sum_{a^{-i} \in A_+^{-i}} P^i [\{\omega' : f^{-i}(\omega') = a^{-i}\} \mid \mathcal{H}^i(\omega)] u^i(\tilde{a}i, a^{-i}) \quad \forall \tilde{a}^i \in A^i$$

这表示 a^i 是策略 σ 的最优回应,该策略对于 $a^{-i} \in A_+^{-i}$ 设 $P^i [\{\omega' : f^{-i}(\omega') = a^{-i}\} \mid \mathcal{H}^i(\omega)]$ 为 a^{-i} 的概率。以此得到 i 在 $\mathcal{H}^i(\omega)$ 上的条件预期收益是 i

的相关可理性化收益。 □

命题 2.1 也蕴涵着对于每个参与者 i，在 A^i 中在某些 Γ 后验均衡里被选择的行为集合等于 R^i，也就是 i 的相关可理性化行为的集合。所以，在命题 2.1 里的等价结果可以从行为和收益的两个角度来陈述。对于本章后面的命题 3.1 和命题 4.1，我们可以做同样的备注。

假设命题 2.1 的前半部分，参与者 i 给事件"被推荐选择 $\tilde{a}^i$"设定（先验）概率为 1。那么，i 的事先收益也是 π^i。证明的后半部分显示了，i 在 $\mathscr{H}^i(\omega)$ 的条件预期收益是一个 i 的相关可理性化的收益。所以 i 在后验均衡 $(f^1, \cdots, f^n)$ 里的事先收益是一个 i 的相关可理性化收益的凸组合。引理 2.1 表明 i 的相关可理性化收益集合是具凸性的。将这些观察联系到一起，我们可以表明命题 2.1 里的"过渡阶段"可以替换成"事先阶段"。

命题 2.2 一个 Γ 的后验均衡中的事先收益向量的集合是 $\Pi^1 \times \cdots \times \Pi^n$。

正如上所述，命题 2.2 可以由以下引理推得。

引理 2.1 对于每个 i，Π^i 具有凸性。

证明：对于任意 $\sigma \in \Delta(R^{-i})$，设 $v^i(a^i, \sigma)$ 为 i 相对 σ 选择 a^i 的预期收益。那么，$\Pi^i = \{\max_{a^i \in A^i} v^i(a^i, \sigma) : \sigma \in \Delta(R^{-i})\}$。但是 $\{\max_{a^i \in A^i} v^i(a^i, \sigma) : \sigma \in \Delta(R^{-i})\}$ 是连续映射 $\sigma \mapsto \max_{a^i \in A^i} v^i(a^i, \sigma)$ 的图像，所以是一个闭区间，因为 $\Delta(R^{-i})$ 的定义域是紧的且相连的（connected）。 □

3.3 独立可理性化和条件性独立的后验均衡

在 3.2 节我们建立了相关可理性化和后验均衡的等价关系。在本节里，我们将会从独立而不是相关的可理性化开始证明类似的结果。独立可理性化原本是一个被 Bernheim（1984）和 Pearce（1984）定义的概念。独立可理性化收益的集合是相关可理性化收益集合的子集，它通过限制每个参与者对其他参与者行为的信念为独立的而得到。显而易见是这些收益的集合在两人博弈中也是相同的。通过图 2 中的示例，可以看到在三个或更多参与者的博弈里，独立可理性化收益的集合是相关可理性化收益集合的真子集。参与者 1 选择行，参与者 2 选择列，参与者 3 选择矩阵。0.7 是参与者 3 的一个相关可理性化收益，如下所示。参与者 3 相信参与者 1 和参与者 2 选择

$(U，L)$的概率为$\frac{1}{2}$、选择$(D，R)$的概率为$\frac{1}{2}$（其中图 B 是最优回应）。参与者 1 相信参与者 2 选择 L 的概率为 $\frac{1}{2}$，选择 R 的概率为 $\frac{1}{2}$，而参与者 3 选择 B（其中 U 和 D 是最优回应）。参与者 2 相信参与者 1 选择 U 的概率为 $\frac{1}{2}$，选择 D 的概率为 $\frac{1}{2}$，而参与者 3 选择 B（其中 L 和 R 是最优回应）。另一方面，1 是参与者 3 的独有的独立可理性化收益。为表明这点，我们首先注意到 B 不是参与者 1 与参与者 2 任何混合策略的最优回应。所以，参与者 1 与参与者 2 必定设参与者 3 选择 B 的概率为 0。但对参与者 1 与参与者 2 来说，U，L 依次是相对于 $D，R$ 的强优势策略。

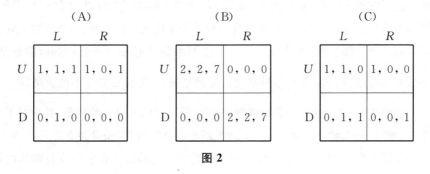

图 2

定义 3.1 如果对于每个 i 和每个 $a^i \in \hat{B}^i$ 有 $\sigma^{-i} \in \prod_{j \neq 1} \Delta(\hat{B}^j)$，且其中 a^i 是最优回应，那么 $A^1 \times \cdots \times A^n$ 的一个子集 $\hat{B}^1 \times \cdots \times \hat{B}^n$ 是独立的最优回应。

独立可理性化行为 $\hat{R}^1 \times \cdots \times \hat{R}^n$ 的集合是所有独立最优回应集合 $\hat{B}^1_a \times \cdots \times \hat{B}^n_a$ 的（有限）逐个单元的并集 $(\bigcup_a \hat{B}^1_a) \times \cdots \times (\bigcup_a \hat{B}^n_a)$。参与者 i 相对 $\sigma^{-i} \in \prod_{j \neq i} \Delta(\hat{R}^j)$ 的最大预期收益是 i 的一个独立可理性化收益。设 $\hat{\Pi}^i$ 为 i 的所有可能的独立可理性化收益集合。

3.2 节的结果可能提出了独立可理性化收益和从"混合"后验均衡的过渡收益一个等价关系（且如果独立可理性化收益集合是具凸性的，那么这个等价关系也对事先收益成立）。这个直觉是正确的；但是，"混合"不应该被意想为参与者先验 Ω 的分割（partitions）的独立性（通常是这样假设的）。我们需要的是一个条件独立性的形式，其不是由先验推导出来的。

定义 3.2 如果对于每个 $H^j \in \mathscr{H}^j$，其中 $j = 1, \cdots, n$，$P^i(\bigcap_{j=1}^n H^j) = \prod_{j=1}^n P^i(H^j)$，那么 $\mathscr{H}^1, \cdots, \mathscr{H}^n$ 是 P^i- 先验独立。如果对于每个 $H^i \in \mathscr{H}^i$，对于每个 $H^j \in \mathscr{H}^j$，$j \neq i$，$P^i(\bigcap_{j \neq i} H^j \mid H^i) = \prod_{j \neq i} P^i(H^j \mid H^i)$，那么 $\mathscr{H}^1, \cdots, \mathscr{H}^{i-1}, \mathscr{H}^{i+1}, \cdots, \mathscr{H}^n$ 是给定 $\mathscr{H}^i$ 的 P^i-条件独立。

先验独立性是独立 σ-域的标准定义（Chung，1974，p.61）。它也是 Aumann（1974）在定义混合策略时用的独立性的概念。我们定义的条件独立性是对条件独立 σ-域（Chung，1974，p.306）的标准定义的一个强化，由原来要求几乎所有地方到要求所有地方。条件独立性指出无论 i 收到什么信息，i 相信其他参与者独立地选择了他们的行为。先验独立性蕴涵着如果 $P^i(H^i) > 0$，那么 $P^i(\bigcap_{j \neq i} H^j \mid H^i) = \prod_{j \neq i} P^i(H^j)$。所以先验独立性只蕴涵着 i 对其他参与者独立选择的相信度 P^i 概率为 1。如果 H^i 为 P^i-零，先验独立性对 $P^i(\bigcap_{j \neq i} H^j \mid H^i)$ 没有什么解释，所以先验独立性不蕴涵着条件独立性。并且，条件独立性也不蕴涵着先验独立性。（设 $\Omega = \{\omega_1, \omega_2\}$ 且假设所有参与者有最细微的分割。如果 $P^i(\{\omega_1\}) = \dfrac{1}{2}$，那么条件独立性是满足的，但先验独立性不被满足。）

定义 3.3 Γ 中的一个条件性独立的均衡是 Γ 的一个后验均衡，其中对于每个 i，$\mathscr{H}^1, \cdots, \mathscr{H}^{i-1}, \mathscr{H}^{i+1}, \cdots, \mathscr{H}^n$ 是给定 $\mathscr{H}^i$ 的 P^i-条件独立。

命题 3.1 从 Γ 的一个条件性独立后验均衡里的过渡和事先收益向量的集合等同于 $\hat{\Pi}^1 \times \cdots \times \hat{\Pi}^n$。

证明：充分条件（Only if）。给定一个向量 $(\pi^1, \cdots, \pi^n) \in \hat{\Pi}^1 \times \cdots \times \hat{\Pi}^n$，我们需要证明 Γ 里有一个条件性独立的后验均衡，其中 $(\pi^1, \cdots, \pi^n)$ 是一个过渡和事先收益的向量。证明和命题 2.1 的前半部分相似。一个中间人随机地选择了一个共同行为 $(a^1, \cdots, a^n) \in \hat{R}^1 \times \cdots \times \hat{R}^n$，并推荐让每个参与者 i 选择 a^i。因为 π^i 是 i 的一个独立可理性化收益，存在一个 $\tilde{a}^i \in \hat{R}^i$ 和 $\tilde{\sigma}^{-i} \in \prod_{j \neq i} \Delta(\hat{R}^j)$，使得 $\tilde{a}^i$ 成为 $\tilde{\sigma}^{-i}$ 的最优回应，且 π^i 是 i 相对 $\tilde{\sigma}^{-i}$ 选择 $\tilde{a}^i$ 的预期收益。如果 i 被推荐去选择 $\tilde{a}^i$，那么 i 相信中间人选择在 $\hat{R}^{-i}$ 中的行为的条件性概率为 $\tilde{\sigma}^{-i}$。要注意，$\tilde{\sigma}^{-i}$ 是一个在 $\hat{R}^{-i}$ 上的积测度（product measure）。继续这个方向，在任何推荐后 i 在 $\hat{R}^{-i}$ 上的条件概率是一个积测度。所以一个被构造的后验均衡是条件独立的，且 π^i 是 i 的过渡收益。通过让 i 设定中间人推荐 $\tilde{a}^i$ 的（先验）概率为 1，这也是 i 的事先收益。

必要条件（If）。我们必须显示有一个来自 Γ 里一个条件性独立的后验均衡

$(f^1, \cdots, f^n)$ 的过渡或事先收益是 $\hat{\Pi}^1 \times \cdots \times \hat{\Pi}^n$ 中的元素。证明过程和命题 2.1 的后半部分一样。对于每个 i 设 $A_+^i = \{a^i \in A^i : a^i = f^i(\omega)$,对于某些 $\omega \in \Omega\}$。集合 $A_+^1 \times \cdots \times A_+^n$ 是一个独立的最优回应集合。这从之前的论据可以得出,因为条件独立性,要注意到:

$$P^i[\{\omega' : f^{-i}(\omega') = a^{-i}\} \mid \mathscr{H}^i(\omega)] = \prod_{j \neq i} P^i[\{\omega' : f^j(\omega') = a^j\} \mid \mathscr{H}^i(\omega)]$$

由此得出 i 在 $\mathscr{H}^i(\omega)$ 上的条件预期收益是一个对 i 来说独立可理性化的收益。参与者 i 的事先收益将是一个独立可理性化收益的凸组合,且引理 2.1 的一个简单调整可以显示每个 $\hat{\Pi}^i$ 是具凸性的。 $\square$

为了证明一个和独立可理性化的等价关系,有必要用到条件性独立的后验均衡。我们可以回想到条件性独立一般并不蕴涵着先验独立性。但是,当考虑条件性独立后验均衡时,先验独立性是可以在不失普遍性的情况下被假设。更准确地说,来自符合先验独立的条件性独立后验均衡的过渡和事先收益集合等同于 $\hat{\Pi}^1 \times \cdots \times \hat{\Pi}^n$。为了显示这点,第一点要注意到根据定义这些集合必须被包含在 $\hat{\Pi}^1 \times \cdots \times \hat{\Pi}^n$ 中。第二点是在命题 3.1 中构造的一个后验均衡满足先验独立性(当每个参与者 i 设定中间人推荐 $\tilde{a}^i$ 的概率为 1)。

3.4 客观解概念

本章的初始点是可理性化(相关或独立的)是由一个博弈中参与者的理性公共知识所蕴涵的解概念。前两节建立了可理性化(相关或独立的)和均衡概念(后验和条件性独立后验)之间的等价关系。由此,单就理性公共知识可以蕴涵参与者的均衡行为。要注意到参与者有主观,也就是不一样的先验。但是,正如在 3.1 节引言中讨论过的,通常应用中是假设参与者有一样的先验。如果一个公共先验被启用,如 Aumann(1987) 所显示,该过程将达到客观相关均衡而不是后验均衡。为了进一步发展和描述纳什均衡的特征,我们需要额外的假设。

一种描述纳什均衡特征的方法是在假设公共先验的基础上采用先验独立性的假设(定义 3.2)。在以下提供的替代特征的表述中减弱了公共先验假设,要求任意两个参与者拥有相同的关于第三个参与者行为选择的信念。通过假设"协同"(concordant)先验可以达到这个要求。从本质上来说,这个假设和公共先验只有略微不同,其中在假设协同先验时,参与者 i 对 $\mathscr{H}^i$ 中事件的信念不需要与其他参与者的(公共)信念相同。但是,这可能更自然,因为 i 对 $\mathscr{H}^i$ 中事件的信念对博弈的进行不具有决策理论上的重要性。

定义 4.1 如果对于每个 i 和每个 j, $k \neq i$, 对于每个 $H^i \in \mathscr{H}^i$, $P^j(H^i) = P^k(H^i)$, 那么 $P^1, \cdots, P^n$ 是协同的。

为了弥补对公共先验假设的减弱,先验独立性必须加强到"普遍"保持。回想一下先验独立概率为 1 的情形:(1) i 对其他参与者行为选择的信念是一个积测度;(2) i 将不会更新他/她的先验。条件性独立性是被设计的用来加强(1)到一个"普遍"的条件。它也继续加强(2)到一个普遍的条件。我们通过假设"信息独立性"来达到这点(我们十分感激一位审稿人建议了以下定义)。注意到协同先验和条件独立性都是自动满足两人博弈(然而,假设参与者的信念不跟着他们的私有信息而改变是在两人博弈里需要的)。

定义 4.2 如果对于每个 H^i 和 $\tilde{H}^i \in \mathscr{H}^i$, $P^i(\bigcap_{j \neq i} H^j \mid H^i) = P^i(\bigcap_{j \neq i} H^j \mid \tilde{H}^i)$ 于每个 $H^j \in \mathscr{H}^j$, $j \neq i$ 成立,那么 $\mathscr{H}^1, \cdots, \mathscr{H}^{i-1}$, $\mathscr{H}^{i+1}, \cdots, \mathscr{H}^n$ 是 P^i-信息独立。

命题 4.1 考虑一个 Γ 中的后验均衡,其具有协同先验,先验中对于每个 i, 给定 $\mathscr{H}^i$, $\mathscr{H}^1, \cdots, \mathscr{H}^{i-1}, \mathscr{H}^{i+1}, \cdots, \mathscr{H}^n$, 是 P^i-条件性独立的,且 P^i-信息性独立于 $\mathscr{H}^i$。来自这些均衡里的过渡和事先收益的集合都等同于 Γ 中纳什均衡的预期收益向量集合。

证明:考虑一个 Γ 的后验均衡 $(f^1, \cdots, f^n)$, 且对于每个 i, 让 $A^i_+ = \{a^i \in A^i : a^i = f^i(\omega)$, 对于某些 $\omega \in \Omega\}$。i 在 $H^i \in \mathscr{H}^i$ 上选择 a^i 的条件预期收益是

$$\sum_{a^{-i} \in A^{-i}_+} P^i[\{\omega : f^{-i}(\omega) = a^{-i}\} \mid H^i] u^i(a^i, a^{-i})$$

根据条件性独立,这等于

$$\sum_{a^{-i} \in A^{-i}_+} \prod_{j \neq i} P^i[\{\omega : f^j(\omega) = a^j\} \mid H^i] u^i(a^i, a^{-i})$$

根据信息性独立,又等于

$$\sum_{a^{-i} \in A^{-i}_+} \prod_{j \neq i} P^i[\{\omega : f^j(\omega) = a^j\}] u^i(a^i, a^{-i})$$

记 $P^i[\{\omega : f^j(\omega) = a^j\}] = \sigma^j(a^j)$ 且设 $\sigma^j \in \Delta(A^j_+)$ 为混合策略,其设概率 $\sigma^j(a^j)$ 到每个 $a^j \in A^j_+$。要注意到根据协同先验的假设, σ^j 不依赖于 i。也

就是说，i 从选择 a^i 得来的条件性预期收益是从相对于混合策略 σ^{-i} 中 $(n-1)$ 元组来选择 a^i 的预期收益。令 $BR(\sigma^{-i})$ 表示为 i 对 σ^{-i} 的最优回应集。那么，$A^i_+ \subset BR(\sigma^{-i})$。所以存在集合 $A^1_+ \subset A^1$, $\cdots$, $A^n_+ \subset A^n$ 和混合策略 $\sigma^1 \in \Delta(A^1_+)$, $\cdots$, $\sigma^n \in \Delta(A^n_+)$，有 $A^1_+ \subset BR(\sigma^{-1})$, $\cdots$, $A^n_+ \subset BR(\sigma^{-n})$。也就是，$(\sigma^1, \cdots, \sigma^n)$ 是一个纳什均衡。所以 i 在任何 H^i 上的条件预期收益——且包括 i 的事先收益——是等于 i 从一个纳什均衡来的预期收益。相反方向的证明是显而易见的。 □

参考文献

Aumann，R(1974). Subjectivity and correlation in randomized strategies. *Journal of Mathematical Economics*, 1, 67—96.

Aumann，R(1987). Correlated equilibrium as an expression of Bayesian rationality. *Econometrica*, 55, 1—18.

Bernheim，D (1984). Rationalizable strategic behavior. *Econometrica*, 52, 1007—1028.

Bernheim，D(1985). Axiomatic characterizations of rational choice in strategic environments. Unpublished, Department of Economics, Stanford University.

Blackwell，D and L Dubins(1975). On existence and non-existence of proper, regular, conditional distributions. *The Annals of Probability*, 3, 741—752.

Chung，KL(1974). *A Course in Probability Theory*, 2nd Edition. New York, NY: Academic Press.

Kohlberg，E and J-F Mertens(1986). On the strategic stability of equilibria. *Econometrica*, 54, 1003—1037.

Kreps，D and R Wilson (1982). Sequential equilibria. *Econometrica*, 50, 863—894.

Myerson，R(1978). Refinements of the Nash equilibrium concept. *International Journal of Game Theory*, 7, 73—80.

Myerson，R(1985). Bayesian equilibrium and incentive-compatibility: An introduction. In Hurwicz, L, D Schmeidler, and H Sonnenschein(Eds.), *Social Goals and Social Organization*. New York, NY: Cambridge University Press.

Nash，J(1951). Non-cooperative games. *Annals of Mathematics*, 54, 286—295.

Pearce，D(1984). Rationalizable strategic behavior and the problem of perfection. *Econometrica*, 52, 1029—1050.

Selten，R (1965). Spieltheoretische Behandlung eines Oligopolmodells mit

Nachfrageträgheit. *Zeitschrift für die gesamte Staatswissenschaft*, 121, 301—324, 667—689.

Selten, R(1975). Reexamination of the perfectness concept for equilibrium points in extensive games. *International Journal of Game Theory*, 4, 25—55.

Tan, T and S Werlang(1984). The Bayesian foundations of rationalizable strategic behavior and Nash equilibrium behavior. Unpublished, Department of Economics, Princeton University.

4 博弈中的内在相关性[*]

亚当·布兰登勃格和阿曼达·弗里登伯格

(Adam Brandenburger and Amanda Friedenberg)

相关性自然地出现在非合作博弈里,例如在多于两人的博弈中非劣势和最优策略的等价关系。但是非合作博弈的假设是参与者不互相配合他们的策略选择,那么这些相关性从何而来呢?从认知角度看博弈,我们将找到答案。在这个观点下,参与者关于在博弈中选择的策略的信念层次(信念、信念的信念等等)是描述一个博弈的一部分。这是相关性的一个来源:一个参与者相信其他参与者的策略选择是相关的,因

* 原文出版于 *Journal of Economic Theory*,Vol.141,pp.28—67。

关键词:相关;认知博弈论;内在相关;条件性独立;相关均衡;可理性化。

研究经费支持:斯特恩商学院和奥林商学院。

致谢:我们感谢 Pierpaolo Battigalli, Ethan Bueno de Mesquita, Yossi Feinberg, Jerry Keisler 和 Gus Stuart 提供了主要的建议。Geir Asheim, Philip Dawid, Konrad Grabiszewski, Jerry Green, Qingmin Liu, Paul Milgrom, Stephen Morris, John Nachbar, Andres Perea, John Pratt, Dov Samet, Michael Schwarz, Jeroen Swinkels, Daniel Yamins,以及参加以下会议的同仁:2005 Econometric Society World Congress, 2005 SAET Conference, University College London Conference in Honor of Ken Binmore(August 2005), 7th Augustus de Morgan Workshop(November 2005), Berkeley, CUNY, Davis, University of Leipzig, Notre Dame, Pittsburgh, Stanford, UCLA, Washington University and Yale,他们为本文提供了有价值的评论。另外,感谢一位编辑和两位审稿人的审稿和建议。

为他相信他们的信念层次是相关的。我们称这种相关为"内在的",因为它来自变量——即信念的层次——其为博弈的一部分。我们会将内在路径和 Aumann(1974)选择的"外在"路径作比较,外在路径把信号加入到原博弈中。

4.1 引言

在博弈论中,相关性是非常基础的。比如,考虑一个非劣势策略——不是强劣势的策略——和在对其他参与者策略描述中在某些测度下最优的策略之间的等价关系。众所周知,要使这个等价关系在多于两人的博弈中维持,测度可能需要是具依赖性的(也就是相关的)。

在图 1 中,Ann 选择行,Bob 选择列,Charlie 选择矩阵,且收益顺序按照先 Ann 再 Bob,最后 Charlie。在设 (U, L) 概率为 $\frac{1}{2}$ 和 (D, R) 概率为 $\frac{1}{2}$ 的测度下,策略 Y 对 Charlie 是最优的。所以该策略是非劣势的。但是没有任何一个积测度能使 Y 为最优策略。[①]

	L	R
U	1, 1, 3	1, 0, 3
D	0, 1, 0	0, 0, 0

X

	L	R
U	1, 1, 2	0, 0, 0
D	0, 0, 0	1, 1, 2

Y

	L	R
U	1, 1, 0	1, 0, 0
D	0, 1, 3	0, 0, 3

Z

图 1

例如 (U, L) 概率为 $\frac{1}{2}$ 和 (D, R) 概率为 $\frac{1}{2}$,这样的一个相关评估从何而来呢?毕竟,非合作博弈的假设是参与者不互相配合他们的策略选择。换言之,在参与者中不存在实体相关性。

从博弈论认知的角度将给出一个答案。在认知的方法下,对一个博弈的完整描述不仅包含指定参与者的策略集和收益函数,而且包含他们对于博弈中策略的信念层次(信念、信念的信念等等)。这便是相关性的一个来源。一个参与者可以认为其他参与者的策略选择是相关的,因为他认为他们对博弈的信念是相关的。比如,在图 1 中,Charlie 可能会做如下设定:(1)"Ann

有信念层次 h^a 且选择 U，Bob 有信念层次 h^b 且选择 L"的概率为 $\frac{1}{2}$；

（2）"Ann 有信念层次 $\tilde{h}^a$ 且选择 D，Bob 有信念层次 $\tilde{h}^b$ 且选择 R"的概率为 $\frac{1}{2}$。

本章将正式阐述这一论点。这里有两个要求（这里且贯穿整章，我们将用"信念层次"来作为"对于博弈中策略选择的信念层次"的缩写。图 4 将给出这类层次的一个数值示例）：

（1）我们对信念层次施加了一个条件性独立（conditional independence，CI）的要求。以 Ann 和 Bob 的信念层次为条件，Charlie 评估 Ann 的和 Bob 的策略是独立进行的（但这并不需要具有非条件性）。

（2）我们对信念层次施加了一个充分性（sufficiency，SUFF）要求。以 Ann 的信念层次为条件，如果她（例如 Charlie）[②] 了解了 Bob 的信念层次，那么 Charlie 对 Ann 的策略评估不变。

在以上示例中两个要求是立即满足的。之后我们将证明在条件性独立和充分性下，如果一个参与者有一个独立的关于其他参与者信念层次的评估，他必须有一个对他们策略选择的独立评估（命题 9.1）。相同的，如果一个参与者有一个关于其他参与者策略选择的相关评估，他必须有一个关于他们信念层次的相关评估。这正是我们对相关性的观点：策略中的相关性在每个非合作博弈中是"非实体的"，且来自参与者对博弈选择的信念的相关性。

在我们所认为的相关性下，什么样的策略可以被选择？我们的要求限制了（比如）Charlie 如何考虑 Ann 和 Bob 的策略和信念层次是相关的。为了达到这些限制，我们必须在一个策略和层次有联系的环境中。理性是一个自然的联系——一个策略在某些（一阶）信念下最优，却不在其他信念下最优。这就引出第三个要求：

（3）我们施加理性和理性的共同信念（RCBR）。也就是，每个参与者都是理性的，并设其他参与者是理性的事件的概率为 1，以此类推。这是博弈的认知条件中通常的"底线"。

总而言之，本章将提出以下问题：在 CI、SUFF 和 RCBR 的要求下，什么样的策略可以在一个博弈中产生？

从一个广义的角度，我们对博弈中相关性的研究类似于贝叶斯或掷硬币的主观视角（coin tossing）。为了去除掷硬币时实体相关性，当原有描述不具备一个额外的变量——在此为参数或硬币的"偏差"，我们将同意视一个评估为条件性独立的。在博弈环境下，还有其他额外变量——在本章中，有参与者对博弈中策略选择的信念层次。对于这些变量我们要求相对的 CI（条件性独立）。我们也要求 SUFF（充分性）来保证对正确的参与者"赋予"正确的变量。

4.2　内在和外在相关性的比较

我们称本章中所研究的相关性为内在相关性，因为这些相关性来自变量——即信念层次——其为博弈描述的一部分（至少它们是在博弈论的认知角度下的一部分博弈）。

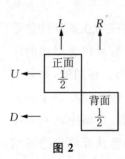

图 2

现有的路径，由 Aumann（1974）首创，可被称为外在相关性。这是因为它对已有博弈添加了来自自然（通常称为"信号""太阳黑子"，或相类似的名称）的非收益相关的行动。图 2 是一个典型的情形。掷一个硬币，Ann 和 Bob 观察结果并如图 2 所示选择策略。Charlie 不能观察结果，且设正面（heads）和背面（tails）的概率都为 $\frac{1}{2}$。因此，Charlie 对 Ann 的和 Bob 的策略有一个相关的评估，因为 Ann 和 Bob 得到一个相关的信号且根据信号的实施来选择策略。

那内在相关性和外在相关性之间的关系是什么呢？我们将从公式化和概念化角度来回答。

Aumann（1974，1987）给予了两个定义：客观和主观的相关均衡，其依赖于是否存在一个公共先验。公共先验的角度与本章的研究无关，我们将集中讨论有关主观的例子。

接下来的等价关系将联系到内在相关性。固定一个博弈 G。在 G 中可被选择的主观相关均衡的策略集合是与相关可理性化集合相同的（参见 Brandenburger and Dekel，1987）。相关可理性化策略是那些经过层层筛选非最优回应所幸存下来的策略——或者叫劣势策略。众所周知，博弈中

RCBR 的条件是相关可理性化。（这个结果可以追溯到 Brandenburger and Dekel，1987；以及 Tan and Werlang，1988。命题 10.1 是一个以本章为设定的陈述。）随之得出，内在相关性是一个比外在相关性稍微强一些的理论：在内在相关性下所允许的任何策略组合必然是在外在相关性下所允许的。

但是——令我们吃惊的是——此两者关系是真包含（strict inclusion）。本章的主要结果（定理 11.1）展示了在一个博弈 G 中，存在一个相关可理性化的策略，而其不能在内在相关性下被选择。两个相关性理论是不同的。

我们还记录了内在相关性和来自 Bernheim(1984)和 Pearce(1984)的独立可理性化概念之间的关系（独立可理性化策略是那些在积测度下被层层筛选而从来不是最优回应的策略）。命题 G.1 阐述了任何独立可理性化组合是在内在相关性下所允许的。这点并不是显而易见的。在独立可理性化下，每个参与者评估其他参与者的策略选择为独立的。但是，众所周知，在统计学里，独立性并不蕴涵条件性独立。所以，我们需要花一些功夫来说明这个包含关系。该关系是真包含：图 1 的博弈就是一个例子。策略 Y 可在内在相关性下被选择（详情参见本章注释⑤），但是我们很容易查验只有 X 是独立可理性化的（所以，Charlie 的预期收益也是不同的。）

内在相关性是一个关于如何博弈的独特理论，如图 3 所示。

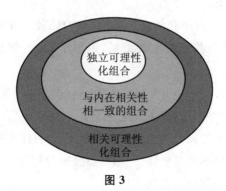

图 3

4.3　比较

现在我们将回答内在相关性和在图 3 中其他路径概念上的意义。

Bernheim(1984，p.1014)主张独立可理性化，理由是"在一个非合作博弈里……根据定义任意两个参与者的选择都是独立的事件；他们互不影响"。类似的，Pearce（1984，p.1035）由以下情形区分出独立可理性化："一个参与者的竞争对手会协调他们随机的策略行为。"

博弈论的认知角度得出了一个不同的结论。即使参与者独立地选择策略，相关性是可能的，因为参与者的某些方面（他们的信念层次）可能是相关的。这一思路的推理——内在路径——其实只是对博弈论中常见原由相关性（common-cause correlation）的一般理论的改编。

Bernheim-Pearce 分析现在成为了一个特殊示例。假设参与者认为其他参与者的信念层次是不相关的。那么，根据条件性独立和充分性，命题 9.1 暗示了每个参与者认为其他参与者的策略选择是非相关的。如果加入理性和理性的公共信念，我们就能准确地得到独立性可理性化。③

为什么我们偏向于具相关性的信念层次呢？对于我们来说，此类相关性是与伦纳德·萨维奇在决策理论中小世界的想法一致的（Savage，1954，pp.82—91）。所给予的博弈只是更大的整体的一部分。确切地说，存在一个博弈的"背景"和"历史"。参与者是谁成为了他们之前经验的简称。也就是说，参与者之前的经验（部分）决定了他们的特性——包括他们的信念、他们对信念的信念等等。这些经验似乎自然地（尽管不一定必然）相关，其中参与者信念层次也相关。

接下来，我们区分内在和外在（Aumann）的路径。我们将从公式化角度确立它们的不同（这是我们的主要结果，定理 11.1）。但是概念上它们如何不同呢？

答案是奥曼采取了下一步并将博弈改成包括其"背景"。他的分析中的信号是那些参与者在进行博弈前所看到的——且这些信号被加入到博弈里（回想一下，一个博弈的相关均衡是扩展形式下的纳什均衡）。所以，奥曼的起始点也是萨维奇的小世界想法。④ 但是奥曼的分析和我们的分析在是否将"背景"归为博弈的一部分上有所不同。

我们需要指出一个细节：我们的方法无疑允许给定博弈之外的信号。信号可能可以给予参与者为什么有某些信念的原由。但是信号仍然保持在背景中，而不是代入到博弈本身。

总而言之，内在和外在路径都通过意识到一个博弈中的更大的背景，从而达到博弈中的相关性。二者不同的是，在分析中是运用原来给定的博弈还是运用更大的博弈。

从逻辑上来说,内在路径先于外在路径(参见图3)。历史上来说,外在路径先于内在路径。这是由于一个简单的"机制性"原因。相关性需要额外的变量。如今,随着已确立的博弈论的认知角度,这些变量可以立即被运用——它们是参与者的信念层次。但是当奥曼写在认知角度形成之前(Aumann, 1974)时,他需要超越博弈本身来寻找额外的变量。这就是为什么图3外部(外在相关性)在中间部分(内在相关性)之前建立。从内容上来看,我们视本章为现有博弈相关性的补充。

4.4　本章的组织结构

在4.5—4.7节中,我们对相关性理论给予一个启发式处理。公式化的陈述和证明将在4.8—4.11节以及本章附录中(公式化的处理比较复杂和冗长)。4.12节为总结。对于启发式处理,读者可以在公式化处理之前阅读,也可同步阅读。

4.5　类型结构

回到图1的博弈。即便矩阵本身对于参与者来说是"透明的",每个参与者可能还是不确定其他参与者所选择的策略,及其他参与者所相信的被选择的策略等等。认知方法中一个重要的特征是在一个博弈的描述中包含这种不确定性。

图4是一个类型结构的示例,当将其加入一个如图1的博弈中,我们将可以得到一个所谓的认知博弈。所显示的类型结构描述了参与者可能的策略信念层次如下。对于 Ann 存在两个类型,即 t^a 和 u^a,对于 Bob 也存在两个类型,即 t^b 和 u^b,对于 Charlie 存在一个类型,即 t^c。每个类型都与一个对其他参与者的策略和类型的概率评估相连。通常来说,每个类型将引入一个对博弈中策略的信念层次。

因此,类型 t^c 设 (U, t^a, L, t^b) 概率为 $\frac{1}{2}$,(D, u^a, R, u^b) 概率为 $\frac{1}{2}$,同时有一个一阶信念,其设定如下:(1)"Ann 选 U 和 Bob 选 L"的概率为 $\frac{1}{2}$;

$S^c \times T^c$

类型 t^a	(L, t^b)	(R, t^b)	(L, u^b)	(R, u^b)	$S^b \times T^b$
(Z, t^c)	0	0	0	0	
(Y, t^c)	1	0	0	0	
(X, t^c)	0	0	0	0	

$S^c \times T^c$

类型 u^a	(L, t^b)	(R, t^b)	(L, u^b)	(R, u^b)	$S^b \times T^b$
(Z, t^c)	0	0	0	0	
(Y, t^c)	0	0	0	1	
(X, t^c)	0	0	0	0	

$S^c \times T^c$

类型 t^b	(U, t^a)	(D, t^a)	(U, u^a)	(D, u^a)	$S^a \times T^a$
(Z, t^c)	0	0	0	0	
(Y, t^c)	1	0	0	0	
(X, t^c)	0	0	0	0	

$S^c \times T^c$

类型 u^b	(U, t^a)	(D, t^a)	(U, u^a)	(D, u^a)	$S^a \times T^a$
(Z, t^c)	0	0	0	0	
(Y, t^c)	0	0	0	1	
(X, t^c)	0	0	0	0	

$S^b \times T^b$

类型 t^c	(U, t^a)	(D, t^a)	(U, u^a)	(D, u^a)	$S^a \times T^a$
(R, u^b)	0	0	0	$\frac{1}{2}$	
(L, u^b)	0	0	0	0	
(R, t^b)	0	0	0	0	
(L, t^b)	$\frac{1}{2}$	0	0	0	

图 4

及(2)"Ann 选 D 和 Bob 选 R"的概率为 $\dfrac{1}{2}$。类型 t^a 有一个一阶信念,其设定 (L,Y) 的概率为 1,类型 u^a 有一个一阶信念,其设定 (R,Y) 的概率为 1。类型 t^b 有一个一阶信念,其设定 (U,Y) 的概率为 1,类型 u^b 有一个一阶信念,其设定 (D,Y) 的概率为 1。所以,t^c 有一个二阶信念,其设定如下:(1)"Ann 选 U 且设 (L,Y) 的概率为 1"及"Bob 选 L 且设 (U,Y) 概率为 1"的概率为 $\dfrac{1}{2}$;(2)"Ann 选 D 且设 (R,Y) 概率为 1"及"Bob 选 R 且设 (D,Y) 概率为 1"的概率为 $\dfrac{1}{2}$。以此类推。

我们要注意到 Charlie 的类型 t^c 有一个关于 Ann 和 Bob 所选策略的相关评估。Charlie 还有一个关于 Ann 和 Bob 信念层次的相关评估。为了说明这点,我们可以观察到 Ann 的类型 t^a 和 u^a(及 Bob 的类型 t^b 和 u^b)是和不同的层次所相连的。(将不同的层次和不同类型所相连可以保证示例的简单化。在公式化处理上我们不会施加该条件。)

接下来,我们希望呈现如下想法,Charlie 对 Ann 和 Bob 的策略的相关评估来自她对他们信念层次的不确定性。的确,如果这是相关性的源头,那么,如果 Charlie 对 Ann 和 Bob 层次的不确定性问题解决了的话,她应该有一个对他们策略的独立评估。这将把我们带到 4.1 节中的条件性独立。

但是条件性独立本身不能完全显示相关性通过信念层次的意义。我们需要考虑到博弈中的信息。Ann 的信息是她自己的层次,而不是 Bob 的。所以,Bob 的层次必须提供关于 Ann 策略选择的信息,其中包含她信念层次的信息。由此如果 Charlie 对 Ann 层次的不确定性解决了,那么如果她了解了 Bob 的层次,她不应该改变她对 Ann 策略的评估(当 Ann 和 Bob 互换,反之亦然)。这将把我们带到 4.1 节中的充分性条件。

让我们以如下示例为背景来陈述条件性独立和充分性:

(1)条件性独立(CI):该评估与每个如下类型相关,这些类型评估其他参与者的策略选择在他们的信念层次上是条件性独立的。考虑如下例子,Charlie 的类型 t^c 和相关测度——以 $\lambda^c(t^c)$ 表示。我们有

$$\lambda^c(t^c)(U,L \mid t^a,t^b) = \lambda^c(t^c)(U \mid t^a,t^b) \times \lambda^c(t^c)(L \mid t^a,t^b)$$

(在这里和其后,我们是在层次上进行条件限制。这点再次用到 Ann 和 Bob 的不同类型促使了不同层次的事实。)当我们在 u^a 和 u^b(所相关的层次)上

进行条件限制,该等价关系将保持。所以,Charlie 的类型 t^c 评估 Ann 和 Bob 的策略在他们的层次上是条件性独立的。

(2)充分性(SUFF):我们有

$$\lambda^c(t^c)(U \mid t^a, t^b) = \lambda^c(t^c)(U \mid t^a)$$

且对 D 也有类似的公式。如果 Charlie 知道 Ann 的信念层次,且了解 Bob 的信念层次,这将不会改变她对 Ann 的选择的评估。类似的,

$$\lambda^c(t^c)(L \mid t^a, t^b) = \lambda^c(t^c)(L \mid t^b)$$

且对 R 也有类似公式。Ann 的信念层次对于 Charlie 类型 t^c 对她策略选择的评估是充分的。Bob 的信念层次也具类似的充分性。

我们重复一下之后的命题 9.1:在条件性独立和充分性下,如果一个参与者有一个独立的关于其他参与者信念层次的评估,他必将有一个关于他们策略选择的独立评估(在附录 4.A 中,我们显示了条件性独立和充分性条件是独立的,且这个结果中两者都需要)。条件性独立和充分性从(关于策略的)信念层次的相关性中给予了策略的相关性。这是我们的内在相关性理论。[⑤]

4.6　主要结果

内在相关性的预测是什么呢? 图 3 显示了独立的和相关可理性化的关系。这里,我们将给出一个主要结果的启发式处理(heuristic treatment)——第二个包含是真包含。有些相关的可理性化策略不能在内在相关性下被选择。事实上,我们可证明:

(1)存在一个博弈 G 和一个 G 中在理性和理性的共同信念(RCBR)及条件性独立(CI)下不能被选择的相关可理性化策略。

(2)存在一个博弈 G' 和一个 G' 中在理性和理性的共同信念(RCBR)及充分性(SUFF)下不能被选择的相关可理性化策略。

我们将给出一个证明的简述(公式化证明比较冗长,将在 4.11 节中呈现)。

对于陈述(1),我们考虑一下图 5 的博弈。这里,所有的策略都是相关可理性化的。但是我们将论证如果 Y 是与理性和理性的共同信念(RCBR)相

一致,那么 Charlie 的类型不能满足条件性独立(CI)。

设定一个相关的类型结构。首先要注意以下三点:

(a) 如果策略类型对 (U, t^a) 和 (M, u^a) 是理性的,那么 t^a 和 u^a 当中的每一个必须设定策略 (L, Y) 的概率为 1。

(b) 如果 (L, t^b) 和 (C, u^b) 是理性的,那么 t^b 和 u^b 当中的每一个必须设定策略 (U, Y) 的概率为 1。

(c) 如果 (Y, t^c) 和 (Y, u^c) 是理性的,那么 t^c 和 u^c 当中的每一个必须设定策略 (U, L) 的概率为 $\frac{1}{2}$,(M, C) 的概率为 $\frac{1}{2}$。

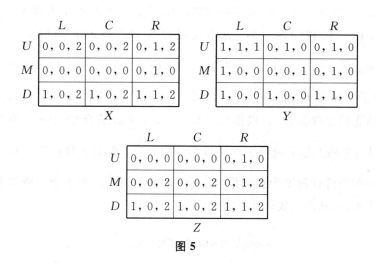

图 5

也就是说,仅当 Ann 设定 (L, Y) 的概率为 1,U 和 M 都是最优的。类似的,仅当 Bob 设定 (U, Y) 的概率为 1,L 和 C 都是最优的。最后,仅当 Charlie 设定 (U, L) 的概率为 $\frac{1}{2}$,且设定 (M, C) 的概率为 $\frac{1}{2}$,那么 Y 是最优的。

随之,如果 (U, t^a) 和 (M, u^a) 是理性的,那么与 t^a 和 u^a 相关的信念层次必须在第一层上一致。对于 (L, t^b) 和 (C, u^b),(Y, t^c) 和 (Y, u^c) 也是相类似的。

接下来,假设 (U, t^a) 和 (M, u^a) 是理性的,且 t^a 和 u^a 相信其他参与者是理性的。我们已经知道 t^a 和 u^a 必须设定 (L, Y) 的概率为 1。据此,他们也必须设定以下情况概率为 1:(i)Bob 设定 (U, Y) 的概率为 1;且(ii)Charlie

设定(U, L)的概率为$\frac{1}{2}$以及(M, C)的概率为$\frac{1}{2}$。这是由(b)和(c)得到的。因此，与t^a和u^a相关的信念层次必须在第二层及以下层次一致。根据归纳法，以此类推。

可得到：

(a') 如果(U, t^a)和(M, u^a)是与理性和理性的共同信念（RCBR）相一致，那么t^a和u^a必将施加相同的信念层次。

(b') 如果(L, t^b)和(C, u^b)是与理性和理性的共同信念（RCBR）相一致，那么t^b和u^b必将施加相同的信念层次。

设h^a（或h^b）为Ann（或Bob）的信念层次。现在我们来看图6。我们知道为了让 Y 仅和理性一致（更不用说理性和理性的共同信念，RCBR），Charlie 必须分别设定(U, L)和(M, C)的概率为$\frac{1}{2}$。同时，Charlie 必须设定"相对于 Ann 和 Bob 的理性和公共理性（RCBR）"的事件概率为1（这里用了一个信念的合取属性）。根据(a')和(b')，这将蕴涵着 Charlie 必须设定在(h^a, h^b)平面上标示的两个点的概率分别为$\frac{1}{2}$。但是条件性独立（CI）需要 Charlie 的条件性测度为积测度，其条件限制于如此的水平面。所以我们得出一个矛盾，从而完成陈述(i)的论证。

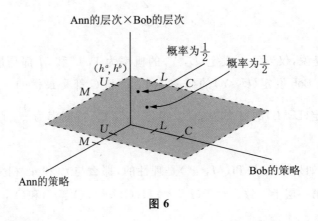

图6

陈述(ii)的论证是十分相似的。这次，考虑在图7中的博弈（这和图5相似，唯一不同是将 Bob 在(U, C, Y)和(M, C, Y)中的收益互换了）。与之前相同，所有策略是相关可理性化的。我们将看到 Y 若与理性和理性的共同信念（RCBR）一致,那么 Charlie 的类型不能满足充分性（SUFF）。

	L	C	R
U	0, 0, 2	0, 0, 2	0, 1, 2
M	0, 0, 0	0, 0, 0	0, 1, 0
D	1, 0, 2	1, 0, 2	1, 1, 2

X

	L	C	R
U	1, 1, 1	0, 0, 0	0, 1, 0
M	1, 0, 0	0, 1, 1	0, 1, 0
D	1, 0, 0	1, 0, 0	1, 1, 0

Y

	L	C	R
U	0, 0, 0	0, 0, 0	0, 1, 0
M	0, 0, 2	0, 0, 2	0, 1, 2
D	1, 0, 2	1, 0, 2	1, 1, 2

Z

图 7

设定一个相关类型结构,注意到以下四个事实:

（a）如果(U, t^a)和(M, u^a)是理性的,那么t^a和u^a必须各自设定策略(L, Y)的概率为 1。

（b_L）如果(L, t^b)和(L, u^b)是理性的,那么t^b和u^b必须各自设定策略(U, Y)的概率为 1。

（b_C）如果(C, v^b)和(C, w^b)是理性的,那么v^b和w^b必须各自设定策略(M, Y)的概率为 1。

（c）如果(Y, t^c)和(Y, u^c)是理性的,那么t^c和u^c必须各自设定策略(U, L)的概率为$\frac{1}{2}$,(M, C)的概率为$\frac{1}{2}$。

进而,如果(U, t^a)和(M, u^a)是理性的,那么和t^a和u^a相关的信念层次必须在第一层一致。对于(L, t^b)和(L, u^b)以及(C, v^b)和(C, w^b),(Y, t^c)和(Y, u^c)也是相类似的。

运用一个类似的论证:

（a'）如果(U, t^a)和(M, u^a)与理性和理性的共同信念（RCBR）一致,那么t^a和u^a一定和相同的信念层次相关。

（b'_L）如果(L, t^b)和(L, u^b)与理性和理性的共同信念（RCBR）一致,那么t^b和u^b一定和相同的信念层次相关。

（b'_C）如果(C, v^b)和(C, w^b)与理性和理性的共同信念（RCBR）一致,

那么 v^b 和 w^b 一定和相同的信念层次相关。

令 h^a 为与要求 (a') 相关的层次。令 h^b_L（或 h^b_C）为与 (b'_L)（或 b'_C）相关的层次。请注意，根据 (b_L) 和 (b_C)，层次 h^b_L 和 h^b_C 必然是不同的。

现在我们分析图 8。Charlie 必须设定 (U, L) 和 (M, C) 的概率各为 $\frac{1}{2}$，且必须设定"相对于 Ann 和 Bob 的理性和理性的共同信念（RCBR）"事件的概率为 1。加上 (a') 至 (b'_C)，这蕴涵着 Charlie 必须设定在 (h^a, h^b_L) 平面上的点 (U, L) 的概率为 $\frac{1}{2}$，且在 (h^a, h^b_C) 平面上的点 (M, C) 的概率为 $\frac{1}{2}$。请注意，Charlie 设定：(i) U 的概率为 $\frac{1}{2}$，条件限制在 Ann 的层次 h^a；且 (ii) U 的概率为 1，条件限制在 Ann 的层次 h^a 和 Bob 的层次 h^b_L。这和充分性（SUFF）相矛盾，至此完成（ii）的论证。

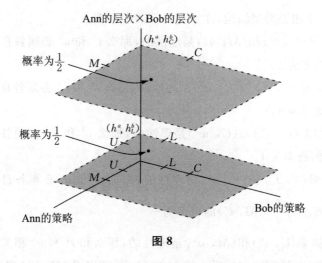

图 8

我们显示了在图 3 的中间集合和外圈集合有间隙。这就提出一个问题：这个间隙有多大？在附录 4.H 里，我们给予了在两个集合重合的情况下博弈的一个充分条件，还讨论了各个通用属性。[6]

最后我们将提出一个未解决的问题。设定一个博弈 G。若其可在理性和理性的共同信念（RCBR）、条件性独立（CI）和充分性（SUFF）下被选择，我们称一个 G 中的策略可在内在相关性下被选择。这些条件指某些类型结构。显而易见的是，我们更希望有一个可被选择的（非类型）策略描述。可惜的是我们目前没有这样的结果——将留于未来的研究。

4.7 继续比较

让我们回到内在和外在相关性的比较——特别针对图 5 中的主要博弈。我们给予一个明确的构造——以 Aumann(1974)的风格——其中 Y 可以在理性和理性的共同信念(RCBR)下被选择。在图 9,其中在原有的博弈中加入了一个掷硬币的过程,Ann、Bob、Charlie 和自然同时进行。图 10 是一个相关的类型结构,其中每个参与者的类型与一个对其他参与者策略和类型的评估相关——还包括掷硬币的结果是正面还是背面。

	L	C	R		L	C	R
U	0, 0, 2	0, 0, 2	0, 1, 2	U	1, 1, 1	0, 1, 0	0, 1, 0
M	0, 0, 0	0, 0, 0	0, 1, 0	M	1, 0, 0	0, 0, 1	0, 1, 0
D	1, 0, 2	1, 0, 2	1, 1, 2	D	1, 0, 0	1, 0, 0	1, 1, 0

正面 X（左），Y（右）

	L	C	R
U	0, 0, 0	0, 0, 0	0, 1, 0
M	0, 0, 2	0, 0, 2	0, 1, 2
D	1, 0, 2	1, 0, 2	1, 1, 2

Z

	L	C	R		L	C	R
U	0, 0, 2	0, 0, 2	0, 1, 2	U	1, 1, 1	0, 1, 0	0, 1, 0
M	0, 0, 0	0, 0, 0	0, 1, 0	M	1, 0, 0	0, 0, 1	0, 1, 0
D	1, 0, 2	1, 0, 2	1, 1, 2	D	1, 0, 0	1, 0, 0	1, 1, 0

背面 X（左），Y（右）

	L	C	R
U	0, 0, 0	0, 0, 0	0, 1, 0
M	0, 0, 2	0, 0, 2	0, 1, 2
D	1, 0, 2	1, 0, 2	1, 1, 2

Z

图 9

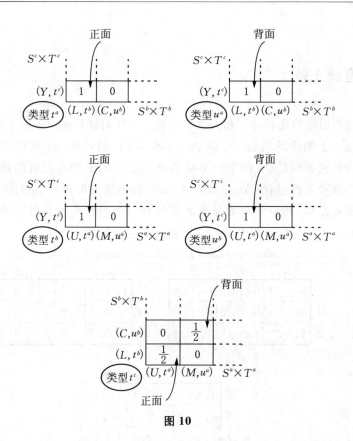

图 10

Ann 有两个类型 t^a 和 u^a，Bob 有两个类型 t^b 和 u^b，Charlie 有一个类型 t^c。Ann 的类型 t^a 设定(L, t^b, Y, t^c, 正面)的概率为 1，同时她的类型 u^a 设定(L, t^b, Y, t^c, 背面)的概率为 1；类似的，Bob 的类型 t^b 和 u^b，如图 9 所示。Charlie 的(唯一的)类型 t^c 设定(U, t^a, L, t^b, 正面)的概率为 $\frac{1}{2}$ 和(D, u^a, R, u^b, 背面)的概率为 $\frac{1}{2}$。注意到每个类型只设定正概率于对其他参与者的理性的策略类型对(strategy-type pairs)。所以，根据归纳法，理性和理性的共同信念(RCBR)能保持在一些状态下，比如(U, t^a, L, t^b, Y, t^c, 正面)。

这个构造定义于一个有掷硬币过程的博弈时同样满足条件性独立(CI)。Ann 的类型 t^a 和 u^a 对于她不确定的情况施加了不同的信念层次——即所选择的策略和掷硬币的结果。Bob 的类型 t^b 和 u^b 也类似。所以，当 Charlie 在 Ann 和 Bob(关于策略和掷硬币的)信念层次上进行条件限制时，她将得到一个关于他们策略的退化（边际的）测度——(U, L) 概率为 1 或者 (M, C) 概率为 1。这样即可满足条件性独立（CI）。类似地，定义于一个有掷硬币过程的博弈时，也很容易查验，满足充分性（SUFF）。

结论是在一个有掷硬币过程的博弈中，Charlie 可以在理性和理性的共同信念（RCBR）、条件性独立（CI）、充分性（SUFF）的条件下选择 Y——这与我们在 4.6 节的结果不同。这个构造是普遍性的：起始于任何博弈，如果我们在博弈中加入一个（非退化）掷硬币过程，那么可以构造一个类型结构，其中：(i) 每一个类型满足条件性独立（CI）和充分性（SUFF）；且 (ii) 对于每个相关的可理性化组合，将有一个状态是满足理性和理性的共同信念（RCBR）且该组合被选择。[7]

当然，有不同结论的原因是我们加入了掷硬币（或者其他外在的信号），也就是我们改变了博弈。我们不再是分析原有的博弈了。内在相关性不允许这一行为。

博弈中内在和外在变量的不同在关于"过渡可理性化"的文献中讨论过（可参见 Battigalli and Siniscalchi，2003；Ely and Peski，2006；Dekel、Fridenberg and Morris，2007）。在这些文献中，一个问题是过多的类型的出现或缺失——比如，两个或更多参与者的类型被施加于同一个信念层次（Mertens and Zamir，1985，定义 2.4）。理论上，在一个局部状态空间进行分析会产生过多的类型——在此，我们将假设博弈中有给定的外在信号（Liu［2004］对于贝叶斯均衡中的信号给出了一个公式化的处理）。

我们定义并研究了内在路径。信号将通过参与者对所选策略的信念层次来影响我们的分析。回到 4.5 节中条件性独立（CI）和充分性（SUFF）的陈述，且注意到条件限制是在层次上而不是在类型上。

4.8 公式化呈现

我们现在开始讨论公式化处理。给定一个波兰空间 Ω，标示 $\mathcal{B}(\Omega)$ 为在 Ω 上的博雷尔 σ-代数。同时，标示 $\mathcal{M}(\Omega)$ 为所有在 Ω 上的博雷尔概率测度的空间，其中 $\mathcal{M}(\Omega)$ 携有弱收敛（weak convergence）（也就是波兰空间）。

给定集合 X^1，…，X^n，标示 $X = \prod_{i=1}^{n} X^i$，$X^{-i} = \prod_{j \neq i} X^j$ 和 $X^{-i-j} =$

$\prod_{k \neq i, j} X^k$（我们始终运用以下惯例，如果 X 是一个积集合且 $X^j = \varnothing$，那么对于所有 i，$X^i = \varnothing$）。$G = \langle S^1, \cdots, S_n; \pi^1, \cdots, \pi^n \rangle$ 为一个 n 个参与者策略形式的博弈，其中 S^i 是参与者 i 的有限策略集，且 $\pi^i: S \to \mathbb{R}$ 是 i 的收益函数。以同样的方式来扩展 π^i 到 $\mathcal{M}(S)$。

定义 8.1 给定一个 n 个参与者策略形式的博弈 G。一个以 $(S^1, \cdots, S^n)$ 为基础的类型结构是一个如下结构：

$$\Phi = \langle S^1, \cdots, S^n; T^1, \cdots, T^n; \lambda^1, \cdots, \lambda^n \rangle$$

其中每个 T^i 都是波兰空间，且每个 $\lambda^i: T^i \to \mathcal{M}(S^{-i} \times T^{-i})$ 是连续的。T^i 成员称作参与者 i 的类型（types）。$S \times T$ 成员称作状态（states）。

与一个类型结构 Φ 中每个参与者 i 的每个类型 t^i 所相关的是一个关于所选策略的层次。[⑧]

为了说明这点，归纳性地定义集合 Y_m^i，通过设定 $Y_1^i = S^{-i}$ 和

$$Y_{m+1}^i = Y_m^i \times \prod_{j \neq i} \mathcal{M}(Y_m^j)$$

然后，通过

$$\rho_1^i(s^{-i}, t^{-i}) = s^{-i}$$
$$\rho_{m+1}^i(s^{-i}, t^{-i}) = (\rho_m^i(s^{-i}, t^{-i}), (\delta_m^j(t^j))_{j \neq i})$$

归纳性地定义连续的映射 $\rho_m^i: S^{-i} \times T^{-i} \to Y_m^i$，其中 $\delta_m^j = \varrho_m^j \circ \lambda^j$ 且对于每个 $\mu \in \mathcal{M}(S^{-j} \times T^{-j})$，$\varrho_m^j(\mu)$ 是一个在 ρ_m^j 下的图像测度（附录 B 显示了这些映射的确是连续的，且为良定义）。通过 $\delta^i(t^i) = (\delta_1^i(t^i), \delta_2^i(t^i), \cdots)$ 定义一个连续的映射 $\delta^i: T^i \to \prod_{m=1}^{\infty} \mathcal{M}(Y_m^i)$（同样的，参见附录 B）。也就是说，类型 t^i 施加了（关于策略的）信念层次 $\delta^i(t^i)$。

对于每个参与者 i，通过

$$\delta^{-i}(t^1, \cdots, t^{i-1}, t^{i+1}, \cdots, t^n)$$
$$= (\delta^1(t^1), \cdots, \delta^{i-1}(t^{i-1}), \delta^{i+1}(t^{i+1}), \cdots, \delta^n(t^n))$$

定义一个映射 $\delta^{-i}: T^{-i} \to \prod_{j \neq i} \prod_{m=1}^{\infty} \mathcal{M}(Y_m^j)$，因为每个 δ^j 是连续的，δ^{-i} 是连续的。

之后，我们将用以下定义：

定义 8.2 映射 δ^i 是双可测的（bimeasurable），如果对于每个 T^i 的博雷尔子集 E，图像 $\delta^i(E)$ 是一个 $\prod_{m=1}^{\infty} \mathcal{M}(Y_m^i)$ 的博雷尔子集。类型结构 Φ 是

双可测的,如果对于每个 i,映射 δ^i 是双可测的。

运用一个定理来自 Purves(1966)(也可参见 Mauldin,1981),映射 δ^i 是双可测的,当且仅当集合

$$\{y \in \prod_{m=1}^{\infty} \mathcal{M}(Y_m^i) : (\delta^i)^{-1}(y) \text{ 是不可数的}\}$$

是可数的。

回顾一下,如果类型 t^i,$u^i \in T^i$ 促使了相同的信念层次,也就是 $\delta^i(t^i) = \delta^i(u^i)$,它们便是多余的(Mertens and Zamir,1985,定义 2.4)。所以,一个类型结构是双可测的,当且仅当对于每个参与者 i,存在(最多)一个可数多的非可数冗余(redundancies)。特别是,一个非过多的类型结构是双可测的,比如一个结构其中每个类型促使了一个特有的信念层次。普遍(universal)类型结构的任何信念闭子集是双可测的(Mertens and Zamir,1985,定义 2.15)。

4.9 公式化条件性独立(CI)和充分性(SUFF)

设定一个类型结构 Φ 和一个参与者 $i = 1, \cdots, n$。对于每个 $j \neq i$,通过 $\vec{s}_i^j = \text{proj}_{S^j}$ 和 $\vec{t}_i^j = \text{proj}_{T^j}$ 在 $S^{-i} \times T^{-i}$ 上定义随机变量 $\vec{s}_i^j$ 和 $\vec{t}_i^j$(这里,proj 为投影映射)。设 $\vec{s}_i$ 和 $\vec{t}_i$ 为 $S^{-i} \times T^{-i}$ 上的随机变量,且 $\vec{s}_i = \text{proj}_{S^{-i}}$ 和 $\vec{t}_i = \text{proj}_{T^{-i}}$。同时,定义综合映射 $\eta_i^j = \delta^j \circ \vec{t}_i^j$ 和 $\eta^{-i} = \delta^{-i} \circ \vec{t}_i$。

设 $\sigma(\vec{s}_i^j)$(或 $\sigma(\vec{s}_i)$、$\sigma(\eta_i^j)$、$\sigma(\eta^{-i})$)为在 $S^{-i} \times T^{-i}$ 上由 $\vec{s}_i^j$(或 $\vec{s}_i$、η_i^j、η^{-i})生成的 σ-代数。类似的,设 $\sigma(\vec{s}_i^j : j \neq i)$(或 $\sigma(\eta_i^j : j \neq i)$)为在 $S^{-i} \times T^{-i}$ 上由随机变量 $\vec{s}_i^1, \cdots, \vec{s}_i^{i-1}, \vec{s}_i^{i+1}, \cdots, \vec{s}_i^n$(或 $\eta_i^1, \cdots, \eta_i^{i-1}, \eta_i^{i+1}, \cdots, \eta_i^n$)所生成的 σ-代数。注意到,$\sigma(\vec{s}_i^j : j \neq i) = \sigma(\vec{s}_i)$ 和 $\sigma(\eta_i^j : j \neq i) = \sigma(\eta^{-i})$(参见 Dellacherie and Meyer,1978,p.9)。

设定一个测度 $\lambda^i(t^i) \in \mathcal{M}(S^{-i} \times T^{-i})$,一个事件 $E \in \mathcal{B}(S^{-i} \times T^{-i})$,和一个 $\mathcal{B}(S^{-i} \times T^{-i})$ 的子-σ-代数 S。令 $\lambda^i(t^i)(E \parallel S) : S^{-i} \times T^{-i} \to \mathbb{R}$ 为 E 给定 S 的条件概率的一个版本。

定义 9.1 随机变量 $\vec{s}_i^1, \cdots, \vec{s}_i^{i-1}, \vec{s}_i^{i+1}, \cdots, \vec{s}_i^n$ 是 $\lambda^i(t^i)$-条件性独立给定随机变量 η^{-i},如果对于所有 $j \neq i$ 和 $E^j \in \sigma(\vec{s}_i^j)$,

$$\lambda^i(t^i)(\bigcap_{j \neq i} E^j \parallel \sigma(\eta^{-i})) = \prod_{j \neq i} \lambda^i(t^i)(E^j \parallel \sigma(\eta^{-i})) \text{ 几乎必然}$$

如果给定 η^{-i}，$\vec{s}_i^1$，…，$\vec{s}_i^{i-1}$，$\vec{s}_i^{i+1}$，…，$\vec{s}_i^n$ 是 $\lambda^i(t^i)$-条件性独立，我们称类型 t^i 满足条件性独立（CI）。

定义 9.2 随机变量 η_i^j 是相对随机变量 $\vec{s}_i^j$ 为 $\lambda^i(t^i)$-充分，若对于每个 $j \neq i$ 和 $E^j \in \sigma(\vec{s}_i^j)$，

$$\lambda^i(t^i)(E^j \| \sigma(\eta^{-i})) = \lambda^i(t^i)(E^j \| \sigma(\eta_i^j)) \text{ 几乎必然}$$

如果对于每个 $j \neq i$，η_i^j 是相对于 $\vec{s}_i^j$ 为 $\lambda^i(t^i)$-充分，我们称类型 t^i 满足充分性（SUFF）。

也就是说，定义 9.1 陈述了一个类型 t^i 满足条件性独立（CI），若在条件性限制于知道其他参与者 j 的信念层次时，类型 t^i 对他们策略的评估是独立的。对于充分性（SUFF），假设类型 t^i 知道参与者 j 的信念层次，且了解到其他非 j 参与者的信念层次。若这一新的信息不会改变 t^i 对 j 策略的评估，则类型 t^i 满足充分性（SUFF）。

以下的结果假设类型结构是双可测的（定义 8.2）。就是说在条件性独立（CI）和充分性（SUFF）下，如果一个参与者 i 类型 t^i 对其他参与者的层次的评估为独立的，那么 t^i 独立地评估他们的策略。[9] 相同的，如果 t^i 对于其他参与者的策略作为相关的进行评估，那么 t^i 必将对他们的层次作为相关的进行评估。所以，综上所述，条件性独立（CI）和充分性（SUFF）通过参与者信念层次表达了我们所提出的相关性概念。

命题 9.1 假设类型结构 Φ 是双可测的，且考虑一个满足条件性独立（CI）和充分性（SUFF）的类型 t^i。如果随机变量 η_i^1，…，η_i^{i-1}，η_i^{i+1}，…，η_i^n 是 $\lambda^i(t^i)$-独立的，那么随机变量 $\vec{s}_i^1$，…，$\vec{s}_i^{i-1}$，$\vec{s}_i^{i+1}$，…，$\vec{s}_i^n$ 是 $\lambda^i(t^i)$-独立的。

4.10 公式化理性和理性的共同信念（RCBR）

定义 10.1 我们称 $(s^i, t^i) \in S^i \times T^i$ 是理性的，若对于每个 $r^i \in S^i$

$$\sum_{s^{-i} \in S^{-i}} \pi^i(s^i, s^{-i}) \text{marg}_{S^{-i}} \lambda^i(t^i)(s^{-i})$$

$$\geqslant \sum_{s^{-i} \in S^{-i}} \pi^i(r^i, s^{-i}) \text{marg}_{S^{-i}} \lambda^i(t^i)(s^{-i})$$

设 R_1^i 为所有理性对 (s^i, t^i) 的集合。

定义 10.2 我们称 $E \subseteq S^{-i} \times T^{-i}$ 是在 $\lambda^i(t^i)$ 下被相信,若 E 是博雷尔(Borel)且 $\lambda^i(t^i)(E) = 1$。设

$$B^i(E) = \{t^i \in T^i : E \text{ 在 } \lambda^i(t^i) \text{ 下被相信}\}$$

对于 $m \geqslant 1$,归纳性地定义 R_m^i 如下

$$R_{m+1}^i = R_m^i \bigcap [S^i \times B^i(R_m^{-i})]$$

定义 10.3 如果 $(s^1, t^1, \cdots, s^n, t^n) \in R_{m+1}$,我们称在这个状态存在理性和第 m 级理性信念(RmBR)。如果 $(s^1, t^1, \cdots, s^n, t^n) \in \bigcap_{m=1}^{\infty} R_m$,我们称在这个状态存在理性和理性的共同信念(RCBR)。

接下来,通过 $S_0^i = S^i$,及

$S_{m+1}^i = \{s^i \in S_m^i :$ 存在 $\mu \in \mathcal{M}(S^{-i})$,有 $\mu(S_m^{-i}) = 1$,其中对于每个 $r^i \in S_m^i, \pi(s^i, \mu) \geqslant \pi^i(r^i, \mu)\}$

归纳性地定义集合 S_m^i。

请注意,对于所有的 i 存在一个 M,其中 $\bigcap_{m=0}^{\infty} S_m^i = S_M^i \neq \varnothing$。一个策略 $s^i \in S_M^i$(或策略组 $s \in S_M$)被称为相关可理性化(Brandenburger and Dekel,1987)。

我们将利用以下从 Pearce(1984)改写后的概念:

定义 10.4 设定一个博弈 $G = \langle S^1, \cdots, S^n; \pi^1, \cdots, \pi^n \rangle$ 和子集 $Q^i \subseteq S^i$,其中 $i = 1, \cdots, n$。集合 $\prod_{i=1}^n Q^i$ 是最优回应集合(best-response set,BRS),若对于每个 i 和每个 $s^i \in Q^i$,存在一个 $\mu \in \mathcal{M}(S^{-i})$ 且 $\mu(Q^{-i}) = 1$,其中对于每个 $r^i \in S^i, \pi^i(s^i, \mu) \geqslant \pi^i(r^i, \mu)$。

关于最优回应集合(BRS)的标准事实为:(i)相关可理性化组合的集合 S_M 是一个最优回应集合且(ii)每个最优回应集合是包含在 S_M 中的。

接下来,我们有一个结果的陈述,即 RCBR 的特征是由相关可理性化策略所决定的[⑩]:

命题 10.1 考虑一个博弈 $G = \langle S^1, \cdots, S^n; \pi^1, \cdots, \pi^n \rangle$。

(i) 设定一个类型策略 $\langle S^1, \cdots, S^n; T^1, \cdots, T^n; \lambda^1, \cdots, \lambda^n \rangle$,且假设在状态 $(s^1, t^1, \cdots, s^n, t^n)$ 存在一个理性和理性的共同信念(RCBR)。那么,策略组合 $(s^1, \cdots, s^n)$ 在 G 中是相关可理性化的。

(ii) 存在一个类型结构 $\langle S^1, \cdots, S^n; T^1, \cdots, T^n; \lambda^1, \cdots, \lambda^n \rangle$,其中对于每个相关可理性化的策略组合 $(s^1, \cdots, s^n)$,存在一个状态 $(s^1, t^1, \cdots,$

s^n, t^n),并在该状态上存在一个理性和理性的共同信念(RCBR)。

4.11 主要结果的公式化

这里我们将对 4.6 节中的陈述(i)和(ii)进行一个公式化的处理。

定理 11.1

(i) 存在一个博弈 G 和一个 G 中的相关可理性化策略 s^i,其中以下成立:对于任何类型结构 Φ,不存在一个每个类型都满足条件性独立(CI),理性和理性的共同信念(RCBR)成立,且 s^i 被选择的状态。

(ii) 存在一个博弈 G' 和一个 G' 中的相关可理性化策略 s^i,其中以下成立:对于任何类型结构 Φ,不存在一个每个类型都满足充分性(SUFF),理性和理性的共同信念(RCBR)成立,且 s^i 被选择的状态。

从(i)部分开始。图 5 给予了一个合适的博弈。

引理 11.1 对于博弈 G:

(i) 策略 U(对于 M 相类似)是在 $\mu \in \mathcal{M}(S^b \times S^c)$ 下最优,当且仅当 $\mu(L, Y) = 1$;

(ii) 策略 L(对于 C 相类似)是在 $\mu \in \mathcal{M}(S^a \times S^c)$ 下最优,当且仅当 $\mu(U, Y) = 1$;

(iii) 策略 Y 是在 $\mu \in \mathcal{M}(S^a \times S^b)$ 下最优,当且仅当 $\mu(U, L) = \mu(M, C) = \frac{1}{2}$(此外,这个测度不是独立的)。

证明:(i)和(ii)是显而易见的。

对于(iii),注意到 Y 是在 $\mu \in \mathcal{M}(S^a \times S^b)$ 下最优,当且仅当

$$\mu(U, L) + \mu(M, C) \geqslant \max\{2(1 - \mu(M)), 2(1 - \mu(U))\}$$

其中我们对集合 $\{M\} \times S^b$ 标示为 M,且集合 $\{U\} \times S^b$ 标示为 U。因为 $1 \geqslant \mu(U, L) + \mu(M, C)$,从而有

$$1 \geqslant \max\{2(1 - \mu(M)), 2(1 - \mu(U))\}$$

或者 $\mu(M) \geqslant \frac{1}{2}$ 和 $\mu(U) \geqslant \frac{1}{2}$。因为 M 和 U 没有交集,我们得到 $\mu(M) = \frac{1}{2}$ 和 $\mu(U) = \frac{1}{2}$。由此,$\mu(U, L) + \mu(M, C) = 1$。但是 $\mu(U) \geqslant (U, L)$

和 $\mu(M) \geqslant \mu(M, C)$，所以 $\mu(U, L) = \mu(M, C) = \dfrac{1}{2}$。

最后，请注意 μ 不是独立的，因为 $\dfrac{1}{2} = \mu(U, L) \neq \mu(U) \times \mu(L) = \dfrac{1}{2} \times \dfrac{1}{2}$。 $\square$

推论 11.1 在 G 中的相关可理性化集合是 $\{U, M, D\} \times \{L, C, R\} \times \{X, Y, Z\}$。

证明： 我们刚刚建立了 U, M, L, C 和 Y 的最优。D, R, X 和 Z 的最优很清楚。所以，$S_1 = S$。那么，根据归纳法，对于所有 m，$S_m = S$。 $\square$

接下来特别注意的是，相关可理性化允许 Charlie 选择 Y，且有一个预期收益为 1。根据命题 10.1(ii)，有一个类型结构 Φ 及一个状态，其中存在理性和理性的共同信念（RCBR）且 Charlie 选择 Y。但是，我们将看到以下（推论 11.5）讨论，其中当我们加入条件性独立（CI），以上这点将不能发生。除此之外，Charlie 必须有一个（预期的）收益为 2 而不是 1。

我们来介绍一些符号。设定一个参与者 i。对于 $j \neq i$，我们将对 $S^{-i} \times T^{-i}$ 的子集 $\{s^j\} \times S^{-i-j} \times T^{-i}$ 标示为 $[s^j]$。我们同时对 $S^{-i} \times T^{-i}$ 的子集 $S^{-i} \times \{u^j \in T^j : \delta^j(u^j) = \delta^j(t^j)\} \times T^{-i-j}$ 标示为 $[t^j]$。注意到，$[t^j] = (\eta_i^j)^{-1}(\delta^j(t^j))$，且是可测的。

推论 11.2 设定一个 G 的类型结构 Φ，有 $(Y, t^c) \in R_1^c$。那么，对于任意在 $S^a \times T^a \times S^b \times T^b$ 的事件 E

$$\lambda^c(t^c)(E) = \lambda^c(t^c)([U] \cap [L] \cap E) + \lambda^c(t^c)([M] \cap [C] \cap E)$$

此外，如果 $\lambda^c(t^c)(E) = 1$，那么

$$\lambda^c(t^c)([U] \cap [L] \cap E) = \lambda^c(t^c)([M] \cap [C] \cap E) = \frac{1}{2}$$

证明： 第一部分可以从 $\lambda^c(t^c)([U] \cap [L]) = \lambda^c(t^c)([M] \cap [C]) = \dfrac{1}{2}$（引理 11.1），和 $[U] \cap [M] = \emptyset$ 而立即求得。第二部分由 $[U] \cap [L] \cap E \subseteq [U] \cap [L]$ 和 $[M] \cap [C] \cap E \subseteq [M] \cap [C]$ 求得。 $\square$

引理 11.2 设定一个 G 的类型结构 Φ。假设 $(Y, t^c) \in \bigcap_m R_m^c$，其中 t^c 满足条件性独立（CI）。那么存在 $(t^a, t^b), (u^a, u^b) \in T^a \times T^b$，有 $(U, t^a, L, t^b), (M, u^a, C, u^b) \in \bigcap_m(R_m^a \times R_m^b)$，且 $\delta^a(t^a) \neq \delta^a(u^a)$ 或者 $\delta^b(t^b) \neq$

$\delta^b(u^b)$（或者两者皆有）。

在 4.6 节中我们给过证明的概要（参见图 6 及前后的内容）。

引理 11.2 的证明：设定 Φ 有 $(Y, t^c) \in \bigcap_m R_m^c$。那么，对于所有的 m，$\lambda^c(t^c)(R_m^a \times R_m^b) = 1$，以至于 $\lambda^c(t^c)(\bigcap_m(R_m^a \times R_m^b)) = 1$。而推论 11.2 给予

$$\lambda^c(t^c)([U] \bigcap [L] \bigcap \bigcap_m (R_m^a \times R_m^b))$$

$$= \lambda^c(t^c)([M] \bigcap [C] \bigcap \bigcap_m (R_m^a \times R_m^b)) = \frac{1}{2}$$

假设，对于任何 (U, t^a, L, t^b), $(M, u^a, C, u^b) \in \bigcap_m(R_m^a \times R_m^b)$, $\delta^a(t^a) = \delta^a(u^a)$，且 $\delta^b(t^b) = \delta^b(u^b)$。那么，

$$[U] \bigcap [L] \bigcap \bigcap_m (R_m^a \times R_m^b) \subseteq [U] \bigcap [L] \bigcap [t^a] \bigcap [t^b]$$

$$[M] \bigcap [C] \bigcap \bigcap_m (R_m^a \times R_m^b) \subseteq [M] \bigcap [C] \bigcap [t^a] \bigcap [t^b]$$

所以，$[U] \bigcap [M] = \emptyset$ 蕴涵着 $\lambda^c(t^c)([t^a] \bigcap [t^b]) = 1$。由此，推论 11.2 蕴涵着

$$\lambda^c(t^c)([U] \bigcap [L]) = \lambda^c(t^c)([U]) = \lambda^c(t^c)([L]) = \frac{1}{2}$$

由此，因为 $\lambda^c(t^c)([t^a] \bigcap [t^b]) = 1$，且由于附录 4.E 中的推论 E.2，

$$\lambda^c(t^c)([U] \bigcap [L] \| \sigma(\eta^{-c})) = \frac{1}{2} \text{ 几乎必然}$$

$$\lambda^c(t^c)([U] \| \sigma(\eta^{-c})) = \frac{1}{2} \text{ 几乎必然}$$

$$\lambda^c(t^c)([L] \| \sigma(\eta^{-c})) = \frac{1}{2} \text{ 几乎必然}$$

所以，也就是，

$$\lambda^c(t^c)([U] \| \sigma(\eta^{-c})) \times \lambda^c(t^c)([L] \| \sigma(\eta^{-c})) = \frac{1}{4} \text{ 几乎必然}$$

这样 t^c 不满足条件性独立（CI）。 □

命题 11.1 设定一个博弈 $\langle S^1, \cdots, S^n; \pi^1, \cdots, \pi^n \rangle$ 和一个最优回应集（BRS）$\prod_{i=1}^n Q^i$ 满足以下：对于每个 i 和每个 $s^i \in Q^i$，存在一个独有的 $\mu(s^i) \in \mathcal{M}(S^{-i})$，在此之下 s^i 是最优。同时设定一个类型结构 Φ。那么对

于每个 i 和所有的 m 以下成立：

(i) 如果 (s^{-i}, t^{-i}), $(s^{-i}, u^{-i}) \in R_m^{-i} \bigcap (Q^{-i} \times T^{-i})$，那么 $\rho_m^i(s^{-i}, t^{-i}) = \rho_m^i(s^{-i}, u^{-i})$。

(ii) 如果 (s^i, t^i), $(r^i, u^i) \in R_m^i \bigcap (Q^i \times T^i)$ 且 $\mu(s^i) = \mu(r^i)$，那么对于所有 $n \leqslant m$，$\delta_n^i(t^i) = \delta_n^i(u^i)$。

在 4.6 节中简略证明已给出。

命题 11.1 的证明：在 m 上递归。

由 $m = 1$ 开始：(i)是可以立即由 $\rho_1^i(s^{-i}, t^{-i}) = \rho_1^i(s^{-i}, u^{-i}) = s^{-i}$ 得到的。对于(ii)，设定 (s^i, t^i), $(r^i, u^i) \in R_1^i \bigcap (Q^i \times T^i)$ 且有 $\mu(s^i) = \mu(r^i)$。根据定义，$\rho_1^i(\lambda^i(t^i)) = \mathrm{marg}_{S^{-i}} \lambda^i(t^i)$ 和 $\rho_1^i(\lambda^i(u^i)) = \mathrm{marg}_{S^{-i}} \lambda^i(u^i)$。因为，

$$(s^i, t^i), (r^i, u^i) \in R_1^i$$
$$\mathrm{marg}_{S^{-i}} \lambda^i(t^i) = \mu(s^i) = \mu(r^i) = \mathrm{marg}_{S^{-i}} \lambda^i(u^i)$$

现在假设对于 m 来说引理为真。由(i)开始。假设 (s^{-i}, t^{-i}), $(s^{-i}, u^{-i}) \in R_{m+1}^{-i} \bigcap (Q^{-i} \times T^{-i})$。将归纳假设运用到(i)，得到对每个 $j \neq i$，$\delta_m^j(t^j) = \delta_m^j(u^j)$。由此，$\rho_{m+1}^i(s^{-i}, t^{-i}) = \rho_{m+1}^i(s^{-i}, u^{-i})$，从而对 $(m+1)$ 建立了(i)。

然后考虑(ii)。假设 (s^i, t^i), $(r^i, u^i) \in R_{m+1}^i \bigcap (Q^i \times T^i)$ 和 $\mu(s^i) = \mu(r^i)$。那么 (s^i, t^i), $(r^i, u^i) \in R_m^i \bigcap (Q^i \times T^i)$，且将归纳假设运用到(ii)，得到对于所有 $n \leqslant m$，$\delta_n^i(t^i) = \delta_n^i(u^i)$。所以，这就足够显示 $\delta_{m+1}^i(t^i) = \delta_{m+1}^i(u^i)$。

设定一个在 Y_{m+1}^i 中的事件 E，和一个点 $(s^{-i}, t^{-i}) \in (\rho_{m+1}^i)^{-1}(E) \bigcap \mathrm{Supp}\, \lambda^i(t^i)$。那么，对于每个 $(s^{-i}, u^{-i}) \in \mathrm{Supp}\, \lambda^i(t^i) \bigcup \mathrm{Supp}\, \lambda^i(u^i)$，它必须是 $(s^{-i}, u^{-i}) \in (\rho_{m+1}^i)^{-1}(E)$。为了显示这点，我们要注意到，根据附录 D 里的推论 D.1，$\mathrm{Supp}\, \lambda^i(t^i) \bigcup \mathrm{Supp}\, \lambda^i(u^i) \subseteq R_m^{-i}$。同时要注意，因为 (s^i, t^i), $(r^i, u^i) \in R_1^i$，$\mathrm{marg}_{S^{-i}} \lambda^i(t^i) = \mu(s^i) = \mu(r^i) = \mathrm{marg}_{S^{-i}} \lambda^i(u^i)$。

因为 $\mu(s^i)(Q^{-i}) = 1$，从而得到 $\mathrm{Supp}\, \lambda^i(t^i) \bigcup \mathrm{Supp}\, \lambda^i(u^i) \subseteq Q^{-i} \times T^{-i}$。所以 (s^{-i}, t^{-i}), $(s^{-i}, u^{-i}) \in R_m^{-i} \bigcap (Q^{-i} \times T^{-i})$。根据归纳假设的(i)，$\rho_m^i(s^{-i}, t^{-i}) = \rho_m^i(s^{-i}, u^{-i})$。根据归纳假设的(ii)，对于每个 $j \neq i$，$\delta_m^j(t^j) = \delta_m^j(u^j)$。所以，$\rho_{m+1}^i(s^{-i}, t^{-i}) = \rho_{m+1}^i(s^{-i}, u^{-i})$。由此推出 $(s^{-i}, u^{-i}) \in (\rho_{m+1}^i)^{-1}(E)$，正如所需。

运用这点，我们可以得到

$$\lambda^i(t^i)((\rho^i_{m+1})^{-1}(E))$$

$$= \lambda^i(t^i)((\rho^i_{m+1})^{-1}(E) \bigcap \operatorname{Supp}\lambda^i(t^i))$$

$$= \sum_{s^{-i} \in \operatorname{proj}_{S^{-i}}(\rho^i_{m+1})^{-1}(E)} \lambda^i(t^i)(\{s^{-i}\} \times \{t^{-i} : (s^{-i}, t^{-i}) \in (\rho_{m+1})^{-1}(E) \bigcap \operatorname{Supp}\lambda^i(t^i)\})$$

$$= \sum_{s^{-i} \in \operatorname{proj}_{S^{-i}}(\rho^i_{m+1})^{-1}(E)} \lambda^i(t^i)(\{s^{-i}\} \times \{t^{-i} : (s^{-i}, t^{-i}) \in \operatorname{Supp}\lambda^i(t^i)\})$$

$$= \sum_{s^{-i} \in \operatorname{proj}_{S^{-i}}(\rho^i_{m+1})^{-1}(E)} \operatorname{marg}_{S^{-i}}\lambda^i(t^i)(s^{-i})$$

一个相对应的论据显示

$$\lambda^i(u^i)((\rho^i_{m+1})^{-1}(E)) = \sum_{s^{-i} \in \operatorname{proj}_{S^{-i}}(\rho^i_{m+1})^{-1}(E)} \operatorname{marg}_{S^{-i}}\lambda^i(u^i)(s^{-i})$$

现在,注意到

$$\operatorname{marg}_{S^{-i}}\lambda^i(t^i) = \mu(s^i) = \mu(r^i) = \operatorname{marg}_{S^{-i}}\lambda^i(u^i)$$

建立了 $\delta^i_{m+1}(t^i) = \delta^i_{m+1}(u^i)$,正如所需。 □

推论 11.3 设定一个博弈 $\langle S^1, \cdots, S^n; \pi^1 \cdots, \pi^n \rangle$ 和一个最优回应集 (BRS) $\prod_{i=1}^n Q^i \subseteq S$ 满足以下:对于每个 i 和每个 $s^i \in Q^i$,存在一个特有的 $\mu(s^i) \in \mathcal{M}(S^{-i})$,在其之下 s^i 是最优的。同时设定一个类型结构 Φ。如果 $(s^i, t^i), (r^i, u^i) \in \bigcap_m R^i_m \bigcap (Q^i \times T^i)$ 和 $\mu(s^i) = \mu(r^i)$,那么 $\delta^i(t^i) = \delta^i(u^i)$。

证明: 假设代替 $\delta^i(t^i) \neq \delta^i(u^i)$。那么存在一个 m 且 $\delta^i_m(t^i) \neq \delta^i_m(u^i)$。因为 $(s^i, t^i), (r^i, u^i) \in R^i_m$,与命题 11.1 相矛盾。 □

推论 11.4 设在博弈 G 中,$Q^a = \{U, M\}$,$Q^b = \{L, C\}$,$Q^c = \{Y\}$。设定一个类型结构 Φ。对于每个 i,如果 $(s^i, t^i), (r^i, u^i) \in \bigcap_m R^i_m \bigcap (Q^i \times T^i)$,那么 $\delta^i(t^i) = \delta^i(u^i)$。

证明: 由推论 11.1 和推论 11.3 可以直接得到。 □

定理 11.1(i)的证明: 设定一个 G 的类型结构 Φ。推论 11.4 蕴涵着如果 $(U, t^a), (M, u^a) \in \bigcap_m R^a_m$,那么 $\delta^a(t^a) = \delta^a(u^a)$。相类似的,如果 $(L, t^b), (C, u^b) \in \bigcap_m R^b_m$,那么 $\delta^b(t^b) = \delta^b(u^b)$。由此,引理 11.2 蕴涵着,如果 $(Y, t^c) \in \bigcap_m R^c_m$,那么 t^c 不能满足条件性独立(CI)。但是根据引理 11.1,Y 是一个相关可理性化策略。设定 $s^i = Y$ 可得到该定理。 □

推论 11.5 设定一个 G 的类型结构 Φ 和一个具有理性和理性的共同信念(RCBR)的状态 $(s^a, t^a, s^b, t^b, s^c, t^c)$。如果 t^c 满足条件性独立(CI),那么 $s^a = D$,$s^b = R$ 且 $s^c = X$ 或 Z。

为了证明定理 11.1 的(ii)部分,我们用图 7 中的博弈 G'。

推论 11.6 设在博弈 G' 中 $Q^a = \{U, M\}$, $Q^b = \{L, C\}$, $Q^c = \{Y\}$。对于 $i = a, c$, 如果 $(s^i, t^i), (r^i, u^i) \in \bigcap_m R^i_m \bigcap (Q^i \times T^i)$, 那么 $\delta^i(t^i) = \delta^i(u^i)$。对于 $i = b$, 如果 $(s^i, t^i), (r^i, u^i) \in \bigcap_m R^i_m \bigcap (Q^i \times T^i)$, 那么 $\delta^i(t^i) = \delta^i(u^i)$ 仅当 $s^i = r^i$。

证明: 如同推论 11.4,除了 L 是在设定 (U, Y) 概率为 1 的测度下最优,现在 C 是在设定 (M, Y) 概率为 1 的测度下最优。所以如果 $(L, t^b), (C, u^b) \in \bigcap_m R^b_m$, 那么 $t^b \neq u^b$。 □

定理 11.1(ii) 的证明: 设定一个在 G' 中的类型结构 Φ。假设 $(Y, t^c) \in \bigcap_m R^c_m$。那么,$\lambda^c(t^c)(\bigcap_m (R^a_m \times R^b_m)) = 1$,根据推论 11.2 可以得出

$$\lambda^c(t^c)([U] \bigcap [L] \bigcap \bigcap_m (R^a_m \times R^b_m))$$

$$= \lambda^c(t^c)([M] \bigcap [C] \bigcap \bigcap_m (R^a_m \times R^b_m)) = \frac{1}{2}$$

运用推论 11.6,存在 t^a, t^b, u^b, 有 $\delta^b(t^b) \neq \delta^b(u^b)$, 以至于

$$[U] \bigcap [L] \bigcap \bigcap_m (R^a_m \times R^b_m) \subseteq [U] \bigcap [L] \bigcap [t^a] \bigcap [t^b]$$

$$[M] \bigcap [C] \bigcap \bigcap_m (R^a_m \times R^b_m) \subseteq [M] \bigcap [C] \bigcap [t^a] \bigcap [u^b]$$

同时考虑引理 11.2 证明中的论据,我们就有

$$\lambda^c(t^c)([U] \bigcap [L] \bigcap [t^a] \bigcap [t^b]) = \frac{1}{2}$$

$$\lambda^c(t^c)([M] \bigcap [C] \bigcap [t^a] \bigcap [u^b]) = \frac{1}{2}$$

因为 $[U] \bigcap [M] = \emptyset$。同时考虑推论 11.2,我们得到,对于任何一个事件 E,

$$\lambda^c(t^c)(E) = \lambda^c(t^c)([U] \bigcap [L] \bigcap [t^a] \bigcap [t^b] \bigcap E)$$
$$+ \lambda^c(t^c)([M] \bigcap [C] \bigcap [t^a] \bigcap [u^b] \bigcap E)$$

设定 $E = [t^a]$, $[U] \bigcap [t^a]$, $[U] \bigcap [t^a] \bigcap [t^b]$ 以及 $[t^a] \bigcap [t^b]$, 得到

$$\lambda^c(t^c)([t^a]) = 1$$

$$\lambda^c(t^c)([U] \bigcap [t^a]) = \frac{1}{2}$$

$$\lambda^c(t^c)([U] \bigcap (t^a) \bigcap [t^b]) = \frac{1}{2}$$

$$\lambda^c(t^c)([t^a] \bigcap [t^b]) = \frac{1}{2}$$

根据附录 E 中的推论 E.1,对于任何 $(s^a, v^a, s^b, v^b) \in [t^a]$,

$$\lambda^c(t^c)([U] \parallel \sigma(\eta_c^a))(s^a, v^a, s^b, v^b) = \frac{\lambda^c(t^c)([U] \bigcap [t^a])}{\lambda^c(t^c)([t^a])} = \frac{1}{2}$$

同时,对于任何 $(s^a, v^a, s^b, v^b) \in [t^a] \bigcap [t^b]$,

$$\lambda^c(t^c)([U] \parallel \sigma(\eta^c))(s^a, v^a, s^b, v^b) = \frac{\lambda^c(t^c)([U] \bigcap [t^a] \bigcap [t^b])}{\lambda^c(t^c)([t^a] \bigcap [t^b])} = 1$$

因为,$[t^a] \bigcap [t^b] \subseteq [t^a]$ 和 $\lambda^c(t^c)([t^a] \bigcap [t^b]) > 0$,这说明 t^c 不满足充分性(SUFF)。 □

附录 F 解释了一个可以立即运用本节结果的例子,结合了参与者只理智到某个有限层次的情况。[11]

4.12 结论

我们讨论了三个通往博弈相关性的路径——独立可理性化(无相关性!)、内在相关性(我们的路径)以及相关可理性化(外在路径)。但是还存在另一条路径——与实体相关性有关。

回到图 5 的博弈。假设 Charlie 是坐在她自己的"隔间"(这个称谓来自于 Kohlberg-Mertens,1986,p.1005)。Charlie 可能仍旧会选择 Y,因为她认为 Ann 和 Bob 协调了他们的策略选择——他们一起选择 (U, L) 或者一起选择 (M, C)。当 Charlie 在她自己的隔间里做选择时,她不认为 Ann 和 Bob 也会如此选择。

从一个分析员的角度,这个选 Y 的理由是非对称的。分析者认为每个参与者是一个坐在自己隔间分别做决定的参与者。但是同时,分析者允许每个参与者认为其他人是配合的。

内在路径避免了这个非对称性。在这条路径,我们可以在没有实体相关性的情况下进行非合作博弈,通过设定参与者的(策略)信念层次并针对其进行分析。正如我们之前所提到的,这将自然指向关于在此分析下可被选择的策略特征的问题。我们对此问题保持开放态度。

附录

附录 A 继续条件性独立(CI)和充分性(SUFF)

以下两个例子将说明我们的条件性独立(CI)和充分性(SUFF)的条件。[12]特别是,他们显示了这些条件是独立的,且都不能在命题 9.1 中被摒弃。

示例 A.1 这里,Charlie 的类型 t^c 满足了条件性独立(CI)且评估 Ann 和 Bob 的层次为独立的,但是不评估他们的策略是独立的。设类型空间为 $T^a = \{t^a\}$, $T^b = \{t^b, u^b\}$, $T^c = \{t^c\}$。假设 t^b 和 u^b 为 Bob 促使了不同的信念层次(我们不需要具体指定这些层次)。图 A.1 描绘了与 Charlie 的类型 t^c 相关的测度。我们得到,

$$\lambda^c(t^c)([U] \cap [L] \mid [t^a] \cap [t^b])$$
$$= 1 = 1 \times 1 = \lambda^c(t^c)([U] \mid [t^a] \cap [t^b]) \times \lambda^c(t^c)([L] \mid [t^a] \cap [t^b])$$

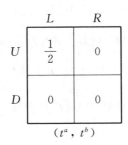

图 A.1

与之相关的等式对于每个 $\lambda^c(t^c)([D] \cap [L] \mid [t^a] \cap [t^b])$, $\lambda^c(t^c)([U] \cap [R] \mid [t^a] \cap [t^b])$ 成立,且 $\lambda^c(t^c)([D] \cap [R] \mid [t^a] \cap [t^b])$,同时对于 $\lambda^c(t^c)([\cdot] \cap [\cdot] \mid [t^a] \cap [u^b])$,所以条件性独立(CI)成立。

因为 $\lambda^c(t^c)([t^a]) = 1$,层次上的独立是直接可以得到的,所以

$$\lambda^c(t^c)([t^a] \cap [t^b]) = \lambda^c(t^c)([t^a]) \times \lambda^c(t^c)([t^b])$$
$$\lambda^c(t^c)([t^a] \cap [u^b]) = \lambda^c(t^c)([t^a]) \times \lambda^c(t^c)([u^b])$$

同时也有

$$\lambda^c(t^c)([U] \bigcap [L]) = \frac{1}{2} \neq \frac{1}{2} \times \frac{1}{2} = \lambda^c(t^c)([U]) \times \lambda^c(t^c)([L])$$

因而违背了策略独立性（也很容易查验违背了充分性[SUFF]）。

示例 A.2　这里，Charlie 的类型 t^c 满足充分性（SUFF）且再次评估 Ann和 Bob 的层次为独立的，但是再次评估他们的策略不为独立的。设 $T^a = \{t^a\}$，$T^b = \{t^b, u^b\}$，$T^c = \{t^c\}$。再次假设 t^b 和 u^b 为 Bob 促使了不同的信念层次。图 A.2 描绘了与 Charlie 类型 t^c 相关的测度。

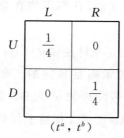 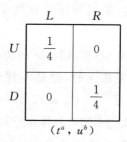

图 A.2

注意到

$$\lambda^c(t^c)([U] \mid [t^a] \bigcap [t^b]) = \lambda^c(t^c)([U] \mid [t^a] \bigcap [u^b])$$
$$= \frac{1}{2} = \lambda^c(t^c)([U] \mid [t^a])$$
$$\lambda^c(t^c)([D] \mid [t^a] \bigcap [t^b]) = \lambda^c(t^c)([D] \mid [t^a] \bigcap [u^b])$$
$$= \frac{1}{2} = \lambda^c(t^c)([D] \mid [t^a])$$

与 Bob 相关的等式是可以直接得到的，因为 $\lambda^c(t^c)([t^a]) = 1$。这便建立了充分性（SUFF）。

层次上的独立性是可以直接得到的，正如示例 A.1，因为 $\lambda^c(t^c)([t^a]) = 1$。但是我们还有

$$\lambda^c(t^c)([U] \bigcap [L]) = \frac{1}{2} \neq \frac{1}{2} \times \frac{1}{2} = \lambda^c(t^c)([U]) \times \lambda^c(t^c)([L])$$

因而违背了策略独立性（可以立即查验违背了条件性独立[CI]）。

附录 B　4.8 节的证明

引理 B.1　设定波兰空间 A、B，以及连续的映射 $f: A \to B$。对每个

$\mu \in \mathcal{M}(A)$，$g(\mu) = \mu \circ f^{-1}$，故设 $g : \mathcal{M}(A) \to \mathcal{M}(B)$。那么，$g$ 是连续的。

证明： 我们需要证明在 $\mathcal{M}(B)$ 中的每个闭集合的反转图像（inverse image）在 $\mathcal{M}(A)$ 中同样是闭集合。设 E 为 $\mathcal{M}(B)$ 中的一个闭集合，然后我们希望：设定一个在 $g^{-1}(E)$ 中测度 μ_n 的序列，其中 μ_n 弱收敛至 μ（在 $\mathcal{M}(A)$ 中）。然后，$\mu \in g^{-1}(E)$。为了证明这点，可以证明 $g(\mu_n)$ 弱收敛至 $g(\mu)$（在 $\mathcal{M}(B)$ 中）。若如此，$g(\mu) \in E$ 且 $\mu \in g^{-1}(E)$。

所以：设定一个在 B 中的开集 U。那么，$f^{-1}(U)$ 在 A 中是开的。根据 Portmanteau 定理，$\liminf \mu_n(f^{-1}(U)) \geqslant \mu(f^{-1}(U))$。但这只能说明了 $\liminf g(\mu_n)(U) \geqslant g(\mu)(U)$，因此再次根据 Portmanteau 定理，$g(\mu_n)$ 弱收敛至 $g(\mu)$。 $\square$

命题 B.1 映射 $\rho_m^i : S^{-i} \times T^{-i} \to Y_m^i$ 和 $\delta_m^i : T^i \to \mathcal{M}(Y_m^i)$ 是连续的。

证明： 首先注意到 $\rho_1^i = \mathrm{proj}_{S^{-i}}$ 且肯定是连续的。所以 ρ_1^i 是连续的，根据引理 B.1，所以 δ_1^i 是连续的。

假设对于所有的 i，ρ_m^i 和 δ_m^i 是连续的。设定一个长方形的开集 $U \times \prod_{j \neq i} V^j \subseteq Y_{m+1}^i = Y_m^i \times \prod_{j \neq i} \mathcal{M}(Y_m^j)$。注意到

$$(\rho_{m+1}^i)^{-1}\left(U \times \prod_{j \neq i} V^j\right) = (\rho_m^i)^{-1}(U) \bigcap \bigcap_{j \neq i} \left[S^{-i} \times (\delta_m^j)^{-1}(V^j)\right]$$

因此，$(\rho_{m+1}^i)^{-1}(U \times \prod_{j \neq i} V^j)$ 是开集，因为每个右边的集合都是开集。因为长方形集合形成了一个基础，这说明 ρ_{m+1}^i 是连续的。再则，根据引理 B.1，对于每个 i，ρ_{m+1}^i 是连续的，所以每个 δ_{m+1}^i 是连续的。 $\square$

因为每个 δ_{m+1}^i 是连续的，由此可得映射 δ^i 是连续的（可参见 Munkres，1975，定理 8.5）。

附录 C 4.9 节的证明

设 $X^1, \cdots, X^m$ 为有限集合，$Y^1, \cdots, Y^m$，$Z^1, \cdots, Z^m$ 为波兰空间，以及集合

$$\Omega = \prod_j X^j \times \prod_j Y^j$$

对于每个 j，通过 $f^j = \mathrm{proj}_{X^j}$ 和 $g^j = \mathrm{proj}_{Y^j}$，定义一个可测的映射 $f^j : \Omega \to X^j$ 和 $g^j : \Omega \to Y^j$。同时，对于每个 j，设 $h^j : Y^j \to Z^j$ 为一个可测的映射。通过 $g(\omega) = ((g^1 \omega), \cdots, g^m(\omega))$ 和 $h(y) = (h^1(y^1), \cdots, h^m(y^m))$。定义积映射 $g : \Omega \to \prod_j Y^j$ 和 $h : \prod_j Y^j \to \prod_j Z^j$。注意到这些映射是可测的。

设定一个在 Ω 上的概率测度 μ，一个在 Ω 里的事件 E，和在 Ω 上的一个子 σ-代数 S。标示 $\mu(E \| S): \Omega \to \mathbb{R}$ 为限制在 S 上的 E 的条件概率（的一种版本）。

称随机变量 $f^1, \cdots, f^m$ 是给定 $h \circ g$ μ-条件性独立，如果对于所有 $j = 1, \cdots, m$ 和 $E^j \in \sigma(f^j)$，

$$\mu(\bigcap_j E^j \| \sigma(h \circ g)) = \prod_j \mu(E^j \| \sigma(h \circ g)) \text{ 几乎必然} \tag{C.1}$$

如果对于每个 $E^j \in \sigma(f^j)$，称对于 f^j 随机变量 $h^j \circ g^j$ 是 μ-充分的，

$$\mu(E^j \| \sigma(h \circ g)) = \mu(E^j \| \sigma(h^j \circ g^j)) \text{ 几乎必然} \tag{C.2}$$

命题 C.1 设定双可测的映射 $h^1, \cdots, h^m$。假设给定 $h \circ g$ 随机变量 $f^1, \cdots, f^m$ 是 μ-条件性独立，且对于每个 $j = 1, \cdots, m$，相对 f^j 随机变量 $h^j \circ g^j$ 是 μ-充分的。如果 $h^1 \circ g^1, \cdots, h^m \circ g^m$ 是 μ-独立的，那么 $f^1, \cdots, f^m$ 是 μ-独立的。

对于证明，我们设 $v = \mu \circ (h \circ g)^{-1}$（或 $v^j = \mu \circ (h^j \circ g^j)^{-1}$）为在 $h \circ g$（或 $h^j \circ g^j$）下 μ 的图像测度。

引理 C.1 对于所有 j，设定在 Z_j 里的事件 F^j。那么，

$$(h \circ g)^{-1}(\prod_j F^j) = \bigcap_j (h^j \circ g^j)^{-1}(F^j)$$

证明： 如果 $\omega \in (h \circ g)^{-1}(\prod_j F^j)$，那么 $h(g(\omega)) \in \prod_j F^j$，也就是对于所有 j，$h_j(g^j(\omega)) \in F^j$。因此，$\omega \in \bigcap_j (h^j \circ g^j)^{-1}(F^j)$。相反的，如果 $\omega \in \bigcap_j (h^j \circ g^j)^{-1}(F^j)$，那么，对于所有的 j，$h^j(g^j(\omega)) \in F^j$，也就是 $h(g(\omega)) \in \prod_j F^j$。所以，$\omega \in (h \circ g)^{-1}(\prod_j F_j)$。 $\square$

引理 C.2 如果 $h^1 \circ g^1, \cdots, h^m \circ g^m$ 是 μ-独立的，那么 v 是一个积测度。

证明： 对于所有的 j，设定在 Z^j 里的事件 F^j。那么

$$\begin{aligned}
v(\prod_j F^j) &= \mu((h \circ g)^{-1}(\prod_j F^j)) \\
&= \mu(\bigcap_j (h^j \circ g^j)^{-1}(F^j)) \\
&= \prod_j \mu((h^j \circ g^j)^{-1}(F^j)) \\
&= \prod_j \mu((h \circ g)^{-1}(F^j \times \prod_{k \neq j} Z^k)) \\
&= \prod_j v(F^j \times \prod_{k \neq j} Z^k)
\end{aligned}$$

其中第一和第五行是来自于 v 的定义，第二和第四行来自于引理 C.1，而第

三行来自于 $h^1 \circ g^1$，$\cdots$，$h^m \circ g^m$ 是 μ-独立的事实。 $\square$

引理 C.3 $v^j = \mathrm{marg}_{Z^j} v$。

证明： 设定在 Z^j 里的事件 F^j。那么，

$$v^j(F^j) = \mu((h^j \circ g^j)^{-1}(F^j))$$
$$= \mu((h \circ g)^{-1}(F^j \times \prod_{k \neq j} Z^k)) = v(F^j \times \prod_{k \neq j} Z^k)$$

其中第二行来自引理 C.1。 $\square$

因而，有时我们可以写作 $\phi^j = \mu(E \parallel \sigma(h^j \circ g^j))$。

引理 C.4 设定一个在 Ω 里的事件 E，且 $\omega, \tilde{\omega} \in \Omega$。如果 $\mathrm{proj}_Y \omega = \mathrm{proj}_Y \tilde{\omega}$，那么

$$\mu(E \parallel \sigma(h^j \circ g^j))\omega = \mu(E \parallel \sigma(h^j \circ g^j))\tilde{\omega}$$

证明： 因为 ϕ^j 是 $\sigma(h^j \circ g^j)$-可测的，对于任何数字 r，存在包含在 $\sigma(h^j \circ g^j)$ 中的 $(\phi^j)^{-1}(\{r\})$。 所以，存在一些在 Z^j 中的事件 G，有 $(h^j \circ g^j)^{-1}(G) = (\phi^j)^{-1}(\{r\})$（Aliprantis and Border，1999，引理 4.22）。通过构建，对于一些在 Y^j 中的事件 F^j，有 $(h^j \circ g^j)^{-1}(G) = \prod_k X^k \times F^j \times \prod_{k \neq j} Y^k$。 $\square$

引理 C.5 设定 $j = 1, \cdots, m$ 且一些 $E^j \in \sigma(f^j)$。如果 h^j 是一个双可测的映射，那么存在一个可测的映射 $\psi^j : Z^j \to \mathbb{R}$，有 $\psi^j \circ h^j \circ g^j = \mu(E^j \parallel \sigma(h^j \circ g^j))$。

证明： 根据 Kechris（1995，定理 12.2），显示存在一个可测的映射 $\psi^j : h^j(Y^j) \to \mathbb{R}$，有 $\psi^j \circ h^j \circ g^j = \phi^j$ 已足够。根据引理 C.4，如此的映射是良定义的。我们将证明它是可测的。

设定一个在 $\mathbb{R}$ 中的事件 G。那么，$(\phi^j)^{-1}(G)$ 是在 $\prod_k X^k \times \prod_k Y^k$ 中可测的。顺着引理 C.4 证明中的论据，对于某些在 Y^j 中的事件 F^j，$(\phi^j)^{-1}(G)$ 必须以 $\prod_k X^k \times F^j \times \prod_{k \neq j} Y^k$ 的形式存在。那么，$g^j((\phi^j)^{-1}(G)) = F^j$ 是可测的。现在，$h^j(F^j)$ 是在 Z^j 中可测的，因为 h^j 是双可测的。因为 $h^j(F^j) \subseteq h^j(Y^j)$，在 $h^j(Y^j)$ 中 $h^j(F^j)$ 是博雷尔（Aliprantis and Border，1999，引理 4.19）。现在注意到 $h^j(F^j) = (\psi^j)^{-1}(G^j)$，所以在 $h^j(Y^j)$ 中 $(\psi^j)^{-1}(G^j)$ 的确是博雷尔。 $\square$

命题 C.1 的证明： 假设 $h^1 \circ g^1$，$\cdots$，$h^m \circ g^m$ 是 μ-独立。根据引理 C.2，v 是一个积测度。我们将在下面运用到这点。

对于每个 $j = 1, \cdots, m$，设定 $E^j \in \sigma(f^j)$。那么，根据条件概率的定义，

$$\mu(\bigcap_j E^j) = \int_\Omega \mu(\bigcap_j E^j \parallel \sigma(h \circ g))_\omega \mathrm{d}\mu(\omega)$$

运用条件性独立（CI）（等式 C.1）和充分性（SUFF）（等式 C.2），得到

$$\mu(\bigcap_j E^j) = \int_\Omega \prod_j \mu(E^j \parallel \sigma(h^j \circ g^j)) \omega \mathrm{d}\mu(\omega) \tag{C.3}$$

对于每个 $j = 1, \cdots, m$，运用引理 C.5 去定义一个可测映射 $\psi^j : Z^j \to \mathbb{R}$，有 $\psi^j \circ h^j \circ g^j = \mu(E^j \parallel \sigma(h^j \circ g^j))$。同时通过 $\psi(z^1, \cdots, z^m) = \prod_j \psi^j(z^j)$ 定义 $\psi : \prod_j Z^j \to \mathbb{R}$，其亦是可测的。注意到，$\psi \circ h \circ g = \prod_j \phi^j$。

运用以上特征，

$$\mu(\bigcap_j E^j) = \int_\Omega \prod_j \mu(E^j \parallel \sigma(g^j)) \omega \mathrm{d}\mu(\omega)$$
$$= \int_{Z^1 \times \cdots \times Z^m} \prod_j \psi^j(z^j) \mathrm{d}\nu(z^1, \cdots, z^m)$$

其中第一行是等式（C.3）及第二行是一个变量的改变（Aliprantis and Border，1999，定理 12.46）。现在运用 υ 是一个积测度的事实以及富比尼定理（Fubini's Theorem），得到

$$\mu(\bigcap_j E^j) = \int_{Z^1 \times \cdots \times Z^m} \prod_j \psi^j(z^j) \mathrm{d}\nu(z^1, \cdots, z^m)$$
$$= \prod_j \int_{Z^j} \psi^j(z^j) \mathrm{d} \operatorname{marg}_{Z^j} \nu(z^1, \cdots, z^m)$$

运用以上及引理 C.3，

$$\mu(\bigcap_j E^j) = \prod_j \int_{Z^j} \psi^j(z^j) \mathrm{d}\nu^j(z^j) \tag{C.4}$$

现在注意到，根据条件概率的定义，我们还可以得到，对于每个 $j = 1, \cdots, m$，

$$\mu(E^j) = \int_\Omega \mu(E^j \parallel \sigma(h^j \circ g^j))_\omega \mathrm{d}\mu(\omega)$$

运用这点及另一个变量的改变，

$$\mu(E^j) = \int_\Omega \mu(E^j \parallel \sigma(h^j \circ g^j))_\omega \mathrm{d}\mu(\omega) = \int_{Z^j} \psi^j(z^j) \mathrm{d}\nu^j(z^j) \tag{C.5}$$

所以,根据等式(C.4)和(C.5),

可得
$$\mu(\bigcap_j E^j) = \prod_j \mu(E^j)$$
□

命题 9.1 是命题 C.1 的一个直接推论。设 $X^j = S^j$,$Y^j = T^j$ 和 $Z^j = \prod_{m=1}^{\infty} \mathcal{M}(Y^i_m)$,$f^j = \vec{s}^j_i$,$g^j = \vec{t}^j_i$,以及 $h^j = \delta^j$。

附录 D 4.10 节的证明

引理 D.1 设 E 为一个波兰空间 X 的闭子集,且 $\mathcal{M}(X; E)$ 为有 $\mu(E) = 1$ 的 $\mu \in \mathcal{M}(X)$ 集合。那么 $\mathcal{M}(X; E)$ 为闭集合。

证明: 取在 $\mathcal{M}(X; E)$ 中测度的一个序列 μ_n,有 $\mu_n \to \mu$。它来自 Portmanteau 定理,其中 $\limsup \mu_n(E) \leqslant \mu(E)$。因为对于所有的 n,$\mu(E) = 1$,$\limsup \mu_n(E) = 1$,所以正如所需 $\mu \in \mathcal{M}(X; E)$。   □

引理 D.2 对于每个 i 和 m,R^i_m 是闭集合。

证明: 在 m 上进行递归。

$m = 1$:设 $E(s^i)$ 为 $\mu \in \mathcal{M}(S^{-i} \times T^{-i})$ 的集合,其中在 μ 当中 s^i 为最优。显示 $E(s^i)$ 是闭集合已足够支持证明。如果这样,由于 λ^i 是连续的,$(\lambda^i)^{-1}(E(s^i))$ 为闭集合。集合 R^i_1 是对于所有 $\{s^i\} \times (\lambda^i)^{-1}(E(s^i))$ 集合的(有限)集合;所以,R^i_1 是闭集合。

首先,注意到对于每个 $s^{-i} \in S^{-i}$,集合 $\{s^{-i}\} \times T^{-i}$ 是开集合。由此

$$\text{cl}(\{s^{-i}\} \times T^{-i}) \backslash \text{int}(\{s^{-i}\} \times T^{-i}) = (\{s^{-i}\} \times T^{-i}) \backslash (\{s^{-i}\} \times T^{-i}) = \emptyset$$

因此,对于每个 $\mu \in \mathcal{M}(S^{-i} \times T^{-i})$,$\text{cl}(\{s^{-i}\} \times T^{-i}) \backslash \text{int}(\{s^{-i}\} \times T^{-i})$ 是 μ-空值。

现在,取一个在 $E(s^i)$ 中测度的序列 μ_n,有 $\mu_n \to \mu$。Portmanteau 定理与每个 $\text{cl}(\{s^{-i}\} \times T^{-i}) \backslash \text{int}(\{s^{-i}\} \times T^{-i})$ 是 μ-空值的事实,蕴涵着 $\mu_n(\{s^{-i}\} \times T^{-i}) \to \mu(\{s^{-i}\} \times T^{-i})$。

对于每个 $r^i \in S^i$ 和整数 n,定义

$$x_n(r^i) = \sum_{s^{-i} \in S^{-i}} [\pi^i(s^i, s^{-i}) - \pi^i(r^i, s^{-i})] \text{marg}_{S^{-i}} \mu_n(s^{-i})$$

注意到 $x_n(r^i) \geqslant 0$,且 $x_n(r^i) \to x(r^i)$,其中

$$x(r^i) = \sum_{s^{-i} \in S^{-i}} [\pi^i(s^i, s^{-i}) - \pi^i(r^i, s^{-i})] \text{marg}_{S^{-i}} \mu(s^{-i})$$

因为每个 $x_n(r^i) \geqslant 0$,$x(r^i) \geqslant 0$。因而正如所需 $\mu \in E(s^i)$。

$m \geqslant 2$:假设引理对与 m 成立。然后,运用递归假设,来显示 $S^i \times$

$B^i(R_m^{-i})$ 是闭集合，即 $B^i(R_m^{-i})$ 是闭集合。递归假设给予 R_m^{-i} 是闭集合。所以，根据引理 D.1，在 $\mathcal{M}(S^{-i} \times T^{-i})$ 中，$\mathcal{M}(S^{-i} \times T^{-i}; R_m^{-i})$ 是闭集合。因为 λ^i 是连续的，$B^i(R_m^{-i})$ 是闭集合。 □

我们注意到以下：

推论 D.1 如果 $t^i \in B^i(R_m^{-i})$，那么 $\mathrm{Supp}\,\lambda^i(t^i) \subseteq R_m^{-i}$。类似的，如果 $t^i \in B^i(\bigcap_m R_m^{-i})$，那么 $\mathrm{Supp}\,\lambda^i(t^i) \subseteq \bigcap_m R_m^{-i}$。

命题 10.1 的证明： 从(i)部分开始，且设定一个类型结构。我们将证明集合 $\mathrm{proj}_S \bigcap_m R_m$ 是一个最优回应集（BRS）。由此得到，对于每个 $(s^1, t^1, \cdots, s^n, t^n) \in \bigcap_m R_m$，$(s^1, \cdots, s^n)$ 是相关可理性化的。为了证明 $\mathrm{proj}_S \bigcap_m R_m$ 是一个最优回应集，设定 $(s^i, t^i) \in \bigcap_m R_m^i$。当然，$s^i$ 是在 $\mathrm{marg}_{S^{-i}} \lambda^i(t^i)$ 下最优，因为 $(s^i, t^i) \in R_1^i$。同时，对于所有的 m，$\lambda^i(t^i)(R_m^{-i}) = 1$，所以，$\lambda^i(t^i)(\bigcap_m R_m^{-i}) = 1$。由此，$\lambda^i(t^i)(\mathrm{proj}_{S^{-i}}(\bigcap_m R_m^{-i}) \times T^{-i}) = 1$ 或 $\mathrm{marg}_{S^{-i}} \lambda^i(t^i)(\mathrm{proj}_{S^{-i}} \bigcap_m R_m^{-i}) = 1$。

正如所需。

现在讨论(ii)部分。构造一个类型结构如下。对于每个 i 和 $s^i \in S_M^i$，有一个测度 $\mu(s^i) \in \mathcal{M}(S^{-i})$，在其下 s^i 是最优，有 $\mu(s^i)(S_M^{-i}) = 1$。设定如此一个测度 $\mu(s^i)$ 并定义一个在 S_M^i 上的等价关系 $\sim^i$，其中 $r^i \sim^i s^i$ 当且仅当 $\mu(r^i) = \mu(s^i)$。设 $T^i = S_M^i / \sim^i$（商空间）。对于 $t^i \in T^i$，构造在 $S^{-i} \times T^{-i}$ 上的测度 $\lambda^i(t)$ 如下。选择一个 $s^i \in t^i$ 和集合

$$\lambda^i(t^i)(s^{-i}, t^{-i}) = \begin{cases} \mu(s^i)(s^{-i}), \text{如果 } s^j \in t^j \text{ 对于所有 } j \neq i \\ 0, \text{其他} \end{cases}$$

（该定义显然是独立于我们所选的 $s^i \in t^i$。）图 D.1 描绘了 $\lambda^i(t^i)$ 的构造。

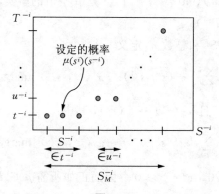

图 D.1

我们将证明 $S_M \subseteq \text{proj}_S \bigcap_m R_m$。根据构造,对于每个 $t^i \in T^i$,$\lambda(t^i)(\{(s^{-i}, t^{-i}) : s^{-i} \in S_M^{-i} \text{ 和 } s^{-i} \in t^{-i}\}) = 1$。所以,足以说明对于所有的 i 和所有的 m,如果 $s^i \in S_M^i$ 和 $s^i \in t^i$,那么 $(s^i, t^i) \in R_m^i$。对于 $m = 1$,这一点是可以直接得到的。假设这对于 m 为真。那么对于所有 $t^i \in T^i$,肯定有 $\lambda^i(t^i)(R_m^{-i}) = 1$。所以,当 $s^i \in S_M^i$ 和 $s^i \in t^i$,$(s^i, t^i) \in R_{m+1}^i$,正如所需。 $\square$

附录 E 4.11 节的证明

设定一个概率空间 $(\Omega, \mathcal{F}, \mu)$ 和一个测度 $(X, \mathcal{B}(X))$。其中 X 是波兰空间。注意到每个单例(singleton)是包含在 $\mathcal{B}(X)$ 中的。设 $f : \Omega \to X$ 为一个随机变量。同时,设定 $E \in \mathcal{F}$,并设 $g : \Omega \to \mathbb{R}$ 为给定 $\sigma(f)$,E 的条件概率的一个版本。

引理 E.1 如果 $\omega, \omega' \in f^{-1}(\{x\})$,那么 $g(\omega) = g(\omega')$。

证明: 设定 $\omega \in f^{-1}(\{x\})$。因为 $\{g(\omega)\}$ 是闭集合,且 g 是 $\sigma(f)$-可测的,$g^{-1}(\{g(\omega)\}) \in \sigma(f)$。同时注意到 $\omega \in f^{-1}(\{x\}) \bigcap g^{-1}(\{g(\omega)\})$。由此,有 $x \in G$ 和 $f^{-1}(G) = g^{-1}(\{g(\omega)\})$ 存在一个事件 $G \in \mathcal{B}(X)$(Aliprantis and Border, 1999, 引理 4.22)。通过这点,$\omega \in f^{-1}(\{x\}) \bigcap f^{-1}(G)$,然后有 $x \in G$。所以,正如所需 $f^{-1}(\{x\}) \subseteq f^{-1}(G) = g^{-1}(\{g(\omega)\})$。 $\square$

设 $\bar{g}$ 为在 $f^{-1}(\{x\})$ 上 g 的常量。

推论 E.1 $\mu(E \bigcap f^{-1}(\{x\})) = \bar{g} \times \mu(f^{-1}(\{x\}))$。

证明: 运用引理 E.1 我们有

$$\mu(E \bigcap f^{-1}(\{x\})) = \int_{f^{-1}(\{x\})} g(\omega) \, d\mu(\omega) = \bar{g} \times \mu(f^{-1}(\{x\}))$$

正如所需。 $\square$

推论 E.2 如果 $\mu(f^{-1}(\{x\})) = 1$,那么 $g = \mu(E)$ 几乎必然。

证明: 根据推论 E.1 我们得到 $\mu(E) = \bar{g}$,其中 $\bar{g}$ 是在概率-1 集合 $f^{-1}(\{x\})$ 上 g 的值。 $\square$

附录 F 一个有限层次的结果

假设给定以下:参与者 i 只能理性到 m 层次。在这种情况下,相关的与参与者 i 有关的变量是他直至 m 阶的信念层次。

为了公式化这点,首先要注意到,如果 $\delta_m^i(t^i) = \delta_m^i(u^i)$,那么对于所有 $n \leqslant m$,$\delta_n^i(t^i) = \delta_n^i(u^i)$。定义复合映射为 $\eta_{i,m}^i = \delta_m^i \circ \bar{t}_i^i$ 和 $\eta_m^{-i} = \delta_m^{-i} \circ \bar{t}_i^{-i}$。

定义 F.1 随机变量 $\vec{s}_i^1$, $\cdots$, $\vec{s}_i^{i-1}$, $\vec{s}_i^{i+1}$, $\cdots$, $\vec{s}_i^n$ 是 $\lambda^i(t^i)$-条件性独立，当给定随机变量 η_m^{-i}，如果对于所有 $j \neq i$ 和 $E^j \in \sigma(\vec{s}_i^j)$，

$$\lambda^i(t^i)(\bigcap_{j \neq i} E^j \parallel \sigma(\eta_m^{-i})) = \prod_{j \neq i} \lambda^i(t^i)(E^j \parallel \sigma(\eta_m^{-i})) \text{ 几乎必然}$$

如果 $\vec{s}_i^1$, $\cdots \vec{s}_i^{i-1}$, $\vec{s}_i^{i+1}$, $\cdots$, $\vec{s}_i^n$ 是 $\lambda^i(t^i)$-条件性独立，当给定 η_m^{-i}，我们称类型 t^i 满足 m-条件性独立(m-CI)。

定义 F.2 随机变量 $\eta_{i,m}^j$ 是对于随机变量 $\vec{s}_i^j$, $\lambda^i(t^i)$-充分的，如果对于每个 $j \neq i$ 和 $E^j \in \sigma(\vec{s}_i^j)$，

$$\lambda^i(t^i)(E^j \parallel \sigma(\eta_m^{-i})) = \lambda^i(t^i)(E^j \parallel \sigma(\eta_{i,m}^j)) \text{ 几乎必然}$$

如果对于每个 $j \neq i$, $\eta_{i,m}^j$ 是对于随机变量 $\vec{s}_i^j$, $\lambda^i(t^i)$-充分的，我们称类型 t^i 满足 m-充分(m-SUFF)。

我们接着得到以下定理 11.1 的推论：

推论 F.1 设定 $m \geqslant 1$。

(i) 存在一个博弈 G，在 G 中的一个参与者 i，及 i 的一个相关可理性化策略 s^i，其中以下成立：对于任何类型结构 Φ，不存在 $t^i \in T^i$，以至于 $(s^i, t^i) \in R_{m+1}^i$ 和 t^i 满足 m-CI。

(ii) 存在一个博弈 G'，在 G' 中的一个参与者 i，及 i 的一个相关可理性化策略 s^i，其中以下成立：对于任何类型结构 Φ，不存在 $t^i \in T^i$ 以至于 $(s^i, t^i) \in R_{m+1}^i$ 和 t^i 满足 m-SUFF。

这点来自于图 5 或图 7 中的博弈，把 Charlie 作为参与者 i，策略 s^i 即为她的选择 Y，且重复定理 11.1 中的步骤。

附录 G 独立性可理性化

这里我们将给一个关于 4.2 节中关系的证明，且重复如下。

命题 G.1 设定一个博弈 $G = \langle S^1, \cdots, S^n; \pi^1, \cdots, \pi^n \rangle$。存在一个相关类型结构 $\langle S^1, \cdots, S^n; T^1, \cdots, T^n; \lambda^1, \cdots, \lambda^n \rangle$，其中每个类型满足条件性独立(CI)和充分性(SUFF)，且对于每个独立可理性化策略组合 $(s^1, \cdots, s^n)$，存在一个状态 $(s^1, t^1, \cdots, s^n, t^n)$，在此状态中理性和理性的共同信念(RCBR)成立。

首先我们来看一个定义：如果对于每个 i 和每个 $s^i \in Q^i$，存在一个 $\mu \in \prod_{j \neq i} M(S^j)$ 有 $\mu(Q^{-i}) = 1$，其中 s^i 是最优，那么一个集合是一个独立最优

回应集合（independent best-response set，IBRS）（参见 Pearce，1984）。众所周知，独立可理性化组合的集合是一个独立最优回应集合（IBRS），且每个 IBRS 是包含在独立可理性化集合里的。

为了证明命题 G.1，我们完全按照附录 D 中的命题 10.1(ii) 的证明。在证明过程中，我们用参与者 i 的独立可理性化策略来取代参与者 i 的相关可理性化策略。此外，我们需要显示其中所构造的类型结构 Φ 满足条件性独立（CI）和充分性（SUFF）。

运用 IBRS 的特性，对于每个独立可理性化的策略 s^i，存在一个在 S^{-i} 上的积测度 $\mu(s^i)$，其设定概率 1 至参与者 $j \neq i$ 的独立可理性化策略，且其中 s^i 为最优。对于 $s^i \in t^i$，像之前一样构造一个测度 $\lambda^i(t^i)$。

对于为什么条件性独立（CI）和充分性（SUFF）成立，现在我们将先给一个直观的说明，然后给出一个公式化的证明。对于每个 $j \neq i$，为参与者 j 设定一个独立可理性化策略 s^j。注意到对于 $s^j \in t^j$ 的测度 $\lambda^j(t^j)$ 可推出对于 j 的信念层次。条件性独立（CI）要求在 $\lambda^i(t^i)$ 上的条件，其限制在事件上的每个参与者 $j \neq i$ 有一个由 $\lambda^j(t^j)$ 可推出的层次，为积测度。但是这个条件来自 $\mu(s^i)$，对于参与者 $j \neq i$ 的以策略的某个矩形子集 $\mu(s^i)$ 为条件。（对于每个 $j \neq i$，注意到参与者 j 的其他策略 r^j，有 $\mu(r^j) = \mu(s^j)$。取这些子集的积。）因为 $\mu(s^i)$ 是一个积测度，所以它对任何矩形子集有条件限制。我们可用相同的论据建立充分性（SUFF）。

回顾到 $[t^j]$ 是 $S^{-i} \times T^{-i}$ 中 $S^{-i} \times \{u^j \in T^j : \delta^j(u^j) = \delta^j(t^j)\} \times T^{-i-j}$ 的子集。

命题 G.1 的证明：遵循在附录 D 中命题 10.1(ii) 的证明。在证明过程中，我们以 i 的独立可理性化策略集取代 S_M^i。那么 $S_M^i \subseteq \text{proj}_{S^i} \bigcap_m R_m^i$。此外，我们需要显示，每个 $t^i \in T^i$ 满足条件性独立（CI）和充分性（SUFF）。

为了达到这点，我们将利用构造可满足的特性。就是，对于每个 $t^i \in T^i$，仅当 $t^i = u^i$，$\delta^i(t^i) = \delta^i(u^i)$。为了证明这点，设定 $t^i \neq u^i$，$s^i \in t^i$ 且 $r^i \in u^i$。注意到 $\text{margs}_{-i}\lambda^i(t^i) = \mu(s^i)$ 且 $\text{margs}_{-i}\lambda^i(u^i) = \mu(r^i)$（等式右边完全独立于被选择的 $s^i \in t^i$ 和 $r^i \in u^i$）。如果 $\delta_1^i(t^i) = \delta_1^i(u^i)$，那么 $\mu(s^i) = \mu(r^i)$。由此，正如所需，$t^i = u^i$。

设定 $t^i \in T^i$ 且同时 $(s^{-i}, t^{-i}) \in S^{-i} \times T^{-i}$。如果对于某个 j，$s^j \notin t^j$，那么立即得到 t^i 满足条件性独立（CI）和充分性（SUFF），因为

$$\lambda^i(t^i)(\bigcap_{k\neq i}[s^k]\mid\bigcap_{k\neq i}[t^k]) = 0 = \prod_{j\neq i}\lambda^i(t^i)([s^j]\mid\bigcap_{k\neq i}[t^k])$$

$$\lambda^i(t^i)([s^j]\mid[t^j]) = 0 = \lambda^i(t^i)([s^j]\mid\bigcap_{k\neq i}[t^k])$$

所以,对于所有的 j,假设 $s^j\in t^j$。首先注意到

$$\lambda^i(t^i)(\bigcap_{k\neq i}[s^k]\bigcap\bigcap_{k\neq i}[t^k])$$
$$= \mu(s^i)(s^{-i}) = \prod_{k\neq i}\mu(s^i)(\{s^k\}\times S^{-i-k}) \tag{G.1}$$

其中第二个等式运用了 μ 是积测度的事实。用 E^j 来标示所有 $s^j\in t^j$ 的集合,同时回顾仅当 $u^j=t^j$,$\delta^j(u^j)=\delta^j(t^j)$。再次运用 μ 是积测度的事实,我们得到

$$\lambda^i(t^i)([s^j]\bigcap\bigcap_{k\neq i}[t^k]) = \sum_{r^i\in t^i}\mu(s^i)(\{s^j\}\times\prod_{k\neq i,j}E^k)$$
$$= \mu(s^i)(\{s^j\}\times S^{-i-j})$$
$$\times\prod_{k\neq i,j}\mu(s^i)(E^k\times S^{-i-k}) \tag{G.2}$$

其中第一行是构造的,而第二行遵循 μ 是积测度的事实。类似的,

$$\lambda^i(s^i)(\bigcap_{k\neq i}[t^k]) = \mu(s^i)(\prod_{k\neq i}E^k) = \prod_{k\neq i}\mu(s^i)(E^k\times S^{-i-k}) \tag{G.3}$$

接下来,

$$\prod_{j\neq i}\lambda^i(s^i)([s^j]\mid\bigcap_{k\neq i}[t^k])$$
$$= \prod_{j\neq i}\frac{\mu(s^i)(\{s^j\}\times S^{-i-j})\times\prod_{k\neq i,j}\mu(s^i)(E^k\times S^{-i-k})}{\mu(s^i)(E^j\times S^{-i-j})\prod_{k\neq i,j}\mu(s^i)(E^k\times S^{-i-k})}$$
$$= \lambda^i(s^i)(\bigcap_{k\neq i}[s^k]\mid\bigcap_{k\neq i}[t^k])$$

其中第一行来自等式(G.2)—(G.3),第二行来自等式(G.1)—(G.3)。这样就建立了条件性独立(CI)。

最后,对于每个 j,

$$\lambda^i(s^i)([t^j]) = \mu(s^i)(E^j\times S^{-i-j}) \tag{G.4}$$

所以将这个等式和(G.2)—(G.3)放一起,我们得到

$$\lambda^i(s^i)([s^j]\mid[t^j]) = \frac{\mu(s^i)(\{s^j\}\times S^{-i-j})}{\mu(s^i)(E^j\times S^{-i-j})}$$
$$= \lambda^i(s^i)([s^j]\mid\bigcap_{k\neq i}[t^k])$$

便建立了充分性（SUFF）。　　　　　　　　　　　　　　　　□

备注 G.1　在命题 G.1 的证明里，对于每个 i，随机变量 η_i^1，$\cdots$，η_i^{i-1}，η_i^{i+1}，$\cdots$，η_i^n 都是独立的。

证明：这点可以立即由（G.3）—（G.4）及引理 C.2 的反相（可以从证明的正向得到）所得到。　　　　　　　　　　　　　　　　　　□

推论 G.1　考虑一个博弈 $G=\langle S^1,\cdots,S^n;\pi^1,\cdots,\pi^n\rangle$。

(i) 设定一个双可测的类型结构 $\langle S^1,\cdots,S^n;T^1,\cdots,T^n;\lambda^1,\cdots,\lambda^n\rangle$，其中每个类型满足条件性独立（CI）和充分性（SUFF），且有一个对于其他参与者信念层次的独立评估。假设理性和理性的共同信念（RCBR）在状态 $(s^1,t^1,\cdots,s^n,t^n)$ 中成立。那么策略组合 $(s^1,\cdots,s^n)$ 在 G 中是独立可理性化的。

(ii) 存在一个类型结构 $\langle S^1,\cdots,S^n;T^1,\cdots,T^n;\lambda^1,\cdots,\lambda^n\rangle$，其中每个类型满足条件性独立（CI）和充分性（SUFF），且有一个对于其他参与者信念层次的独立评估，且对于每个独立可理性化组合 $(s^1,\cdots,s^n)$，存在一个状态 $(s^1,t^1,\cdots,s^n,t^n)$，其中理性和理性的共同信念（RCBR）成立。

证明：对于(i)，可重复命题 10.1(i) 的证明。注意到根据命题 9.1，集合 $\mathrm{proj}_S\bigcap_m R_m$ 是一个独立最优回应集（IBRS）。(ii)部分可以由命题 G.1 和备注 G.1 立即得到。　　　　　　　　　　　　　　□

我们应该区分命题 G.1 和以下陈述：设定一个博弈 G 和相关类型结构 Φ。假设对于每个参与者 i 和类型 t^i，测度 $\lambda^i(t^i)$ 在 S^{-i} 上的边际（the marginal）是独立的。那么(i)如果状态 $(s^1,t^1,\cdots,s^n,t^n)$ 上存在理性和理性的共同信念，策略组合 $(s^1,\cdots,s^n)$ 在 G 中是独立可理性化的；而且(ii)类型 $t^1,\cdots,t^n$ 满足条件性独立。当然(i)为真（只需遵循命题 10.1(i) 的证明，请注意，因为每个 $\mathrm{marg}_{S^{-i}}\lambda^i(t^i)$ 是一个积测度，集合 $\mathrm{proj}_S\bigcap_m R_m$ 是一个独立最优回应集（IBRS））。但是(ii)可能为假，如示例 G.1 所示。原因是在一个给定的类型结构的范围内，独立性并不蕴涵着条件性独立（CI）（当然，在概率理论中独立性不蕴涵着条件性独立是众所周知的）。

示例 G.1　设 $S^a=\{U,D\}$，$S^b=\{L,R\}$ 且 $S^c=\{Y\}$。类型空间是 $T^a=\{t^a,u^a\}$，$T^b=\{t^b,u^b\}$ 且 $T^c=\{t^c\}$，其中：

$\lambda^a(t^a)$ 设定 (L,t^b,Y,t^c) 的概率为 1；

$\lambda^a(u^a)$ 设定 (R,u^b,Y,t^c) 的概率为 1；

$\lambda^b(t^b)$ 设定 (U,t^a,Y,t^c) 的概率为 1；

$\lambda^b(u^b)$ 设定 (D, u^a, Y, t^c) 的概率为 1；

$\lambda^c(t^c)$ 设定 (U, t^a, L, t^b)，(D, t^a, R, t^b)，(D, u^a, L, u^b)，(U, u^a, R, u^b) 的概率各为 $\frac{1}{4}$。

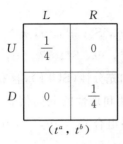

图 G.1

注意到 $\delta^a(t^a) \neq \delta^a(u^a)$ 和 $\delta^b(t^b) \neq \delta^b(u^b)$。图 G.1 描绘了测度 $\lambda^c(t^c)$。明显的是，每个类型测度的策略集的边际是独立的。但是违反了条件性独立(CI)。比如：

$$\frac{1}{2} = \lambda^c(t^c)([U] \cap [L] \mid [t^a] \cap [t^b])$$

$$\neq \lambda^c(t^c)([U] \mid [t^a] \cap [t^b]) \times \lambda^c(t^c)([L] \mid [t^a] \cap [t^b])$$

$$= \frac{1}{2} \times \frac{1}{2}$$

(注意到满足充分性。对于理性和理性的共同信念[RCBR]，我们可以轻易地为参与者增加收益——可设他们都为 0——所以在每个状态中，理性和理性的共同信念[RCBR]都成立。)

附录 H　单射性和普遍性

我们从构造一个满足条件性独立和充分性的测度的方法开始。设定有限集合 $X^1, \cdots, X^m$ 和一个在 $\prod_{i=1}^m X^i$ 上的测度。假设我们可以找到额外变量的相关有限集合 $Y^1, \cdots, Y^m$，且对于每个 i，一个单射函数由 X^i 到 Y^i。那么存在一个自然的方法来构造一个在 $\prod_{i=1}^m (X^i \times Y^i)$ 上的测度，其与 $\prod_{i=1}^m X^i$ 上原有的测度一致，且其满足由额外变量所定义的条件性独立和充分性。

一些标示：设 $[x^i] = \{x^i\} \times X^{\neg i} \times Y$，类似地定义 $[y^i]$。

命题 H.1 设 $X^1, \cdots, X^m, Y^1, \cdots, Y^m$ 为有限集合,且对于每个 $i=1, \cdots, m$, 设 $f^i: X^i \to Y^i$ 为一个单射函数。那么给予一个测度 $\mu \in \mathcal{M}(\prod_{i=1}^m X^i)$, 存在一个测度 $\nu \in \mathcal{M}(\prod_{i=1}^m (X^i \times Y^i))$ 有:

(i) $\mathrm{marg}\prod_{i=1}^m X^i \nu = \mu$;

(ii) 每当 $\nu(\bigcap_{i=1}^m [y^i]) > 0$, $\nu(\bigcap_{i=1}^m [x^i] \mid \bigcap_{i=1}^m [y^i]) = \prod_{i=1}^m \nu([x^i] \mid \bigcap_{i=1}^m [y^i])$;

(iii) 每当 $\nu(\bigcap_{j=1}^m [y^i]) > 0$, 对于每个 $i = 1, \cdots, m$, $\nu([x^i] \mid \bigcap_{j=1}^m [y^j]) = \nu([x^i] \mid [y^i])$。

图 H.1 描绘了 $m=2$ 的情形。因为 f^1 和 f^2 是单射的,测度 ν 将在每个 (y^1, y^2)-面对最多一个点设其概率为正概率(我们将给予其概率 $\mu((f^1)^{-1}(y^1), (f^2)^{-1}(y^2)))$。然后条件(i)—(ii)便很清楚了。

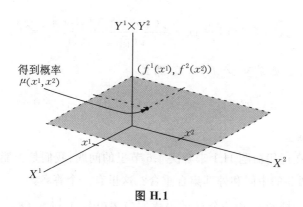

图 H.1

命题 H.1 的证明: 根据

$$\nu(x^1, y^1, \cdots, x^m, y^m)$$
$$= \begin{cases} \mu(x^1, \cdots, x^m), & \text{如果对于每个 } i = 1, \cdots, m, f^i(x^i) = y^i \\ 0, & \text{其他} \end{cases}$$

定义 $\nu \in \mathcal{M}(\prod_{i=1}^m (X^i \times y^i))$。

显而易见的是 $\mathrm{marg}\prod_{i=1}^m X^i \nu = \mu$, 建立了条件(i)。

(ii)和(iii)的证明重复利用单射性。对于(ii),首先对于所有 i, 假设 $y^i = f^i(x^i)$。然后,

$$\nu\Big(\bigcap_{i=1}^{m}[x^i]\mid\bigcap_{i=1}^{m}[y^i]\Big)=\frac{\nu(x^1,f^1(x^1),\cdots,x^m,f^m(x^m))}{\nu(\bigcap_{i=1}^{m}[f^i(x^i)])}=1$$

同时,对于每个 i,

$$\nu\Big([x^i]\mid\bigcap_{j=1}^{m}[y^j]\Big)=\frac{\nu([x^i]\cap\bigcap_{j=1}^{m}[f^j(x^j)])}{\nu(\bigcap_{j=1}^{m}[f^j(x^j)])}=1$$

所以(ii)成立。接下来注意到如果对于某个 i,$y^i\neq f^i(x^i)$,那么

$$\nu\Big(\bigcap_{j=1}^{m}[x^j]\mid\bigcap_{j=1}^{m}[y^j]\Big)=\nu\Big([x^i]\mid\bigcap_{j=1}^{m}[y^j]\Big)=0$$

(ii)再次成立。

转到(iii),如果 $y^i=f^i(x^i)$,那么

$$\nu([x^i]\mid[y^i])=\frac{\nu([x^i]\cap[f^i(x^i)])}{\nu([f^i(x^i)])}=1$$

且

$$\nu\Big([x^i]\mid\bigcap_{j=1}^{m}[y^j]\Big)=\frac{\nu([x^i]\cap\bigcap_{j=1}^{m}[y^j])}{\nu(\bigcap_{j=1}^{m}[y^j])}=1$$

所以(iii)成立。如果 $y^i\neq f^i(x^i)$,那么

$$\nu\Big([x^i]\mid\bigcap_{j=1}^{m}[y^j]\Big)=\nu([x^i]\mid[y^i])=0$$

且(iii)再次成立。 □

我们现在运用命题 H.1 来解决 4.6 节里的问题:我们是否能定义一类博弈,在其中图 3 的中间和外部集合重合? 这里有一个答案。

设定一个博弈 G 和一个 G 的最优回应集(BRS)$\prod_{i=1}^{n}Q^i$。那么对于每个 i 和每个 $s^i\in Q^i$,存在一个 $\mu(s^i)\in\mathcal{M}(S^{-i})$ 和 $\mu(s^i)(Q^{-i})=1$,在其中 s^i 为最优。如果测度 $\mu(s^i)$ 可以被选择,从而对于 r^i,$s^i\in Q^i$,如果 $r^i\neq s^i$,$\mu(r^i)\neq\mu(s^i)$,我们称最优回应集(BRS)满足单射性条件。也就是,对于每个参与者 i,在 i 的最优回应集(BRS)中元素的每个策略可以被给予一个不同的支持测度。

命题 H.2 设定一个博弈 $G=\langle S^1,\cdots,S^n;\pi^1,\cdots,\pi^n\rangle$ 和一个 G 的最优回应集(BRS)$\prod_{i=1}^{n}Q^i$ 其满足单射性条件。那么存在一个类型结构 $\langle S^1,\cdots,S^n;T^1,\cdots,T^n;\lambda^1,\cdots,\lambda^n\rangle$,从而每个类型满足条件性独立(CI)和充分性(SUFF),且对于每个策略组合 $(s^1,\cdots,s^n)\in\prod_{i=1}^{n}Q^i$,存在一个状态 $(s^1,$

t^1，…，s^n，t^n)，在其中有理性和理性的共同信念（RCBR）。

证明：对于每个 i，设 T^i 为集合 Q^i 的复制集。我们现在运用命题 H.1。设定一个参与者 i。对于每个 $j \neq i$，集合 $X^j = Q^j$ 且 $Y^j = T^j$。标识映射（The identity map）给予单射函数 f^j 由 X^j 至 Y^j。

对于 $t^i = s^i \in Q^i$，我们由 $\mu(s^i)$ 来构造 $\lambda^i(t^i) \in \mathcal{M}(S^{-i} \times T^{-i})$，如同 ν 在命题 H.1 中由 μ 被构造的方法（对此，确认一个在上的 $\mathcal{M}(S^{-i} \times T^{-i})$ 测度有包含在 $Q^{-i} \times T^{-i}$ 中的支持，同时有一个在 $\mathcal{M}(Q^{-i} \times T^{-i})$ 上的测度）。

请注意如果 $t^j \neq u^j$，那么 $\mathrm{marg}_{S^{-j}} \lambda^j(t^j) \neq \mathrm{marg}_{S^{-j}} \lambda^j(u^j)$。由此可得，对于任何 $t^j \neq u^j$，$\delta^j(t^j) \neq \delta^j(u^j)$。也就是说，$[t^j] = S^{-i} \times \{u^j \in T^j : \delta^j(u^j) = \delta^j(t^j)\} \times T^{-i-j} = S^{-i} \times \{t^j\} \times T^{-i-j}$。

所以，根据命题 H.1，t^i 满足条件性独立（CI）和充分性（SUFF）。

剩下来就是证明 $\prod_{i=1}^{n} Q^i \subseteq \mathrm{pros}_S \bigcap_m R_m$。设定 $s^i \in T^i = Q^i$。根据构造，$\mathrm{marg}_{S^{-i}} \lambda(s^i) = \mu(s^i)$，且 $\lambda(s^i)(\{(s^{-i}, s^{-i}) : s^{-i} \in Q^{-i}\}) = 1$。当然，如果 $s^i \in Q^i$，那么 $(s^i, s^i) \in R_1^i$。由归纳法，假设对于所有的 j，$(s^j, s^j) \in R_m^j$。那么，当然有 $\lambda^i(s^i)(R_m^{-i}) = 1$，所以 $(s^i, s^i) \in R_{m+1}^i$。因此，建立了我们所需的结果 $(s^i, s^i) \in \bigcap_m R_m^i$。 $\square$

回顾到相关可理性化集合 $\prod_{i=1}^{n} S_M^i$ 是一个最优回应集（BRS）。所以，命题 H.2 告诉我们如果相关可理性化集合满足了单射性条件，存在一个类型结构，其中每个类型满足条件性独立（CI）和充分性（SUFF），且对于每个相关可理性化组合 $(s^1, \cdots, s^n)$ 存在一个状态 $(s^1, t^1, \cdots, s^n, t^n)$，在其中理性和理性的共同信念（RCBR）成立。我们得出结论，如果相关可理性化集合满足单射性条件，那么在图 3 中的中间和外部集合重合。

接下来，我们显示（在矩阵中）这个条件存在的普遍性。设定一个有 n 个参与者的策略博弈形式 $\langle S^1, \cdots, S^n \rangle$。一个特定的博弈可以被一个点 $(\pi^1, \cdots, \pi^n) \in \mathbb{R}^{n \times |S|}$ 识别。遵循 Battigalli-Siniscalchi（2003），如果对于每一个 $s^i \in S_M^i$，存在 $\mu \in \mathcal{M}(S^{-i})$ 有 $\mu(S_M^{-i}) = 1$，从而 s^i 是 μ 下唯一的最优策略，那么，我们称博弈 $(\pi^1, \cdots, \pi^n)$ 满足严格最优回应特性。注意到，如果一个博弈 $(\pi^1, \cdots, \pi^n)$ 满足严格最优回应特性，那么，相关可理性化集合满足单射性条件（反之则反是）。

命题 H.3 设 Γ 为博弈集合，其中策略与理性和理性的共同信念（RCBR）、条件性独立（CI）和充分性（SUFF）一致，并且 Γ 包含在相关可理性

化策略中。集合 Γ 在 $\mathbb{R}^{n \times |S|}$ 中是无处稠密的（nowhere dense）。

证明：根据命题 H.2 和以上的注释，Γ 是包含在一个违反严格最优回应特性的博弈集合中。Battigalli-Siniscalchni（2003）的命题 4.4 显示，对于 $n = 2$，一个违反严格最优回应特性的博弈集合是无处稠密的。根据我们的结果，他们的论据可以延伸至 $n > 2$。 □

当然，在矩阵里的普遍性通常被看作一个强条件：通常我们认为很多有运用性的博弈是非普遍的（即使是在博弈树中）（参见 Merten，1989，p.582；Marx-Swinkels，1997，pp.224—225 的讨论）。由于这个原因，我们相信更主要的是对一个博弈在特定的陈述下确认结构条件——比如图 3 中中间和外部集合的等价关系成立。单射性是一个如此的条件。毫无疑问，我们还对其他一些条件感兴趣。

附录 I 继续外在相关性

在这里我们添加了一个参与者（自然），它不会有收益或类型，且不会影响其他参与者的收益。首先来定义一个如此的扩展博弈：一组有限的 n 个参与者的策略形式博弈，有一个（与收益无关的）选择来自自然，是一个结构 $G = \langle S^0, S^1, \cdots, S^n; \pi^1, \cdots, \pi^n \rangle$，其中 S^0 是自然的策略集。

定义 I.1 设定一个博弈 $G = \langle S^1, \cdots, S^n; \pi^1, \cdots, \pi^n \rangle$，及有一个来自自然选择的博弈，即为 $\bar{G} = \langle S^0, \bar{S}^1, \cdots, \bar{S}^n; \bar{\pi}^1, \cdots, \bar{\pi}^n \rangle$。称 $\bar{G}$ 是 G 的一个扩充，如果对于每个 $i = 1, \cdots, n$，$\bar{S}^i = S^i$，且对于所有 $(s^0, s^1, \cdots, s^n) \in \prod_{j=0}^{n} S^j$，$\bar{\pi}^i(s^0, s^1, \cdots, s^n) = \pi^i(s^1, \cdots, s^n)$。

对于一个有自然的选择的博弈，集合 $S = \prod_{i=1}^{n} S^i$，且对于 $i = 1, \cdots, n$，$S^{-i} = \prod_{j \neq i, j = 1, \cdots, n} S^j$。根据 $S_0^i = S^i$ 归纳地定义集合 S_m^i，且 $S_{m+1}^i = \{s^i \in S_m^i :$ 存在 $\mu \in \mathcal{M}(S^0 \times S^{-i})$，有 $\mu(S^0 \times S_m^{-i}) = 1$，其中对于每个 $r^i \in S_m^i$，$\pi^i(s^i, \mu) \geqslant \pi^i(r^i, \mu)\}$。

请注意与 4.10 节的相似性。如同在那节里，对于每个 i，我们以 S_M^i 标识为参与者 i 的相关可理性化策略集。我们同时定义与 4.10 节中理性和 RCBR（理性和理性的共同信念）相类似的定义。下面的引理 I.1 非常简单直接，所以我们省略了证明。

引理 I.1 设定一个博弈 G 和一个 G 的扩展 $\bar{G}$。在 G 中的相关可理性化策略与在 $\bar{G}$ 中的相关可理性策略相同。

现在,我们证明在一个博弈中有一个来自自然的非平凡选择,相关可理性化策略显示了条件性独立(CI),充分性(SUFF),及理性和理性的共同信念(RCBR)的特性。对于条件性独立(CI)和充分性(SUFF)的定义,我们重新定义4.9节中随机变量 $\vec{s}^i$,$\vec{t}^i$,$\vec{s}_i$ 和 $\vec{t}_i$,从而它们是完全状态空间(full state space)(也就是 $S^0 \times S^{-i} \times T^{-i}$)的映射,且重新定义 δ^i,δ^{-i},使它们成为 $S^0 \times S^{-i}$(也就是以 $Y_1^i = S^0 \times S^{-i}$)上层次的映射。通过这种修改,定义9.1和定义9.2便适用于分析扩展后的博弈。

命题 I.1 设定一个博弈 $G = \langle S^0, S^1, \cdots, S^n; \pi^1, \cdots, \pi^n \rangle$,有 $|S^0| \geqslant 2$。存在一个 G 的类型结构,其中(i)每个类型满足条件性独立(CI)和充分性(SUFF);且(ii)对于每个在 G 中的相关可理性化策略组合 $(s^1, \cdots, s^n)$ 存在一个状态 $(s^0, s^1, t^1, \cdots, s^n, t^n)$,在其中有理性和理性的共同信念(RCBR)。

这实质上是命题 H.2 的一个推论:设定 G 的相关可理性化集合。对于每个 $s^i \in S_M^i$,存在一个有 $\mu(s^i)(S^0 \times S_M^{-i}) = 1$ 的测度 $\mu(s^i) \in \mathcal{M}(S^0 \times S^{-i})$,在其下 s^i 为最优。因为 $|S^0| \geqslant 2$,我们可以选择对于 r^i,$s^i \in s_M^i$,如果 $r^i \neq s^i$,$\mu(r^i) \neq (s^i)$ 时成立的测度。

但是,为了运用命题 H.2,我们必须修改命题 H.1 和 H.2 的证明至一个拥有自然的行为的博弈。

设定有限集合 X^0,X^1,$\cdots$,X^m,Y^1,$\cdots$,Y^m。设 $[x^i] = X^0 \times \{x^i\} \times X^{-i} \times Y$,且以类似的方法定义 $[y^i]$(我们现在设 $X^{-i} = \prod_{j \neq i; j=1, \cdots, n} X^j$)。命题 H.1 能被修改为:

命题 I.2 设 X^0,X^1,$\cdots$,X^m,Y^1,$\cdots$,Y^m 为有限集合,且对于每个 $i = 1, \cdots, m$,设 $f^i: X^i \to Y^i$ 为一个单射函数。那么,给定一个测度 $\mu \in \mathcal{M}(\prod_{i=0}^m X^i)$,存在一个测度 $\nu \in \mathcal{M}(X^0 \times \prod_{i=1}^m (X^i \times Y^i))$,有:

(i) $\operatorname{marg} \prod_{i=0}^m X^i \nu = \mu$;

(ii) 每当 $\nu(\bigcap_{i=1}^m [y^i]) > 0$,$\nu(\bigcap_{i=1}^m [x^i] \mid \bigcap_{i=1}^m [y^i]) = \prod_{i=1}^m \nu([x^i] \mid \bigcap_{i=1}^m [y^i])$;

(iii) 对于每个 $i = 1, \cdots, m$,每当 $\nu(\bigcap_{j=1}^m [y^j]) > 0$,$\nu([x^i] \mid \bigcap_{j=1}^m [y^j]) = \nu([x^i] \mid [y^i])$。

证明: 根据

$$\nu(x^0,\ x^1,\ y^1,\ \cdots,\ x^m,\ y^m)$$

$$=\begin{cases}\mu(x^0,\ x^1,\ \cdots,\ x^m),\text{如果对于每个 } i=1,\cdots,m,\ f^i(x^i)=y^i,\\ 0,\text{其他}\end{cases}$$

定义 $\nu\in\mathcal{M}(X^0\times\prod_{i=1}^{m}(X^i\times Y^i))$。其证明过程逐行遵循命题 H.1 的证明。 □

根据这个命题,命题 H.2 的证明就可以修改了。我们现在已经证明:

推论 I.1 设定一个博弈 G 和一个 G 的扩展形式 $\bar{G}=\langle S^0,\ S^1,\ \cdots,\ S^n;$ $\pi^1,\ \cdots,\ \bar{\pi}^n\rangle$,有 $|S^0|\geqslant 2$。对于 $\bar{G}$ 存在一个类型结构,其中:(i)每个类型满足条件性独立(CI)和充分性(SUFF);且(ii)对于每个在 G 中的相关可理性化策略组合 $(s^1,\ \cdots,\ s^n)$,存在对于 $\bar{G}$ 的类型结构的一个状态 $(s^0,\ s^1,\ t^1,\ \cdots,\ s^n,\ t^n)$,在其中有理性和理性的共同信念(RCBR)。

接下来,我们简要地评论一下其他两个外在相关性的来源:(i)收益不确定性;(ii)虚拟的参与者。我们觉得两个扩展都很有意思。注意到两条路径都涉及分析一个给定博弈 G,通过先把 G 改变为一个新的博弈后再分析这个新的博弈。所以这些路径的确涉及外在相关性而不是内在相关性。

(i)收益不确定性:至此,我们处理了对于策略上的不确定性。收益上的不确定性是另一个相关性的潜在来源。在文中,博弈被给定为无任何收益函数 $\pi^1,\ \cdots,\ \pi^n$ 上的不确定性。现在引入一些收益函数上的不确定性。特别是,假设对于一些(小的)$\varepsilon>0$,收益函数是公共 $(1-\varepsilon)$-信念(Monderer and Samet,1989)(简而言之,称一个博弈 G 本身是公共 $(1-\varepsilon)$-信念)。

回到图 5 的博弈和图 10 的相关类型结构(但是去除掷硬币)。现在的想法是,Ann 的两个类型 t^a 和 u^a 都设概率 ε 至事件:Bob 拥有一个不同于给定收益函数的收益函数,且这两个类型不同于如何设定 Bob 的替代收益函数。所以 t^a 和 u^a 将促使不同的(策略和收益函数的)信念层次。我们对 Bob 进行一个类似的构造,这样条件性独立(CI)和充分性(SUFF)都在新结构中成立。我们在网上的附录中给出了一个大致的构造。[13]

但是,这不是一个来理解原有博弈中相关可理性化策略的路径。在引入收益不确定性时,我们改变了原有收益函数是给定的博弈。

即使我们允许改变原有博弈,还存在另一个困难。如果引入收益不确定性,我们失去了一个完整的相关可理性化特性。在网上的附录中,我们证明了给定 $\varepsilon>0$,可以找到一个博弈 G,其中理性和理性的共同信念(RCBR)、条件性独立(CI)以及充分性(SUFF)的条件(都在收益不确定性下被重新定义了)和 G 的公共（1－ε）-信念，允许一个其不是在 G 中的相关可理性化的策略。[14]我们可以得出结论，虽然收益均衡可以使命题 10.1 的逆向命题（即（ii）部分）成立，但却使命题 10.1 的正向命题（即（i）部分）不成立。

(ii) 虚拟的参与者：这里主要是在博弈中加入另一个参与者。在图 5 的博弈中，我们加入了第四个参与者（"虚拟的"），其有一个单例的策略集。Ann 的类型 t^a 和 u^a 不同于他们考虑虚拟参与者考虑所选择的策略。对于 Bob 也是相类似的，我们再次得到条件性独立（CI）和充分性（SUFF）。网上的附录给出了一个大致的构造。

这里也产生了相同的问题。加入一个虚拟的参与者是改变了原有博弈。一个基本的问题仍旧存在：在原有博弈中，什么样的相关性可以被理解呢？

注　释

① 让 p 为 U 上的概率，q 为 L 上的概率。显而易见的是 $\max\{3p, 3(1-p)\} > 2pq + 2(1-p)(1-q)$。

② 本章中 Charlie 为女性。

③ 所以，作为一个副产品，我们还能得到独立性可理性化的新的认知条件。已有的方法（比如 Tan and Werlang, 1988）是直接假设每个参与者评估其他参与者的选择是独立的。我们的结果证明这点可以从信念层次中更基本的条件得到。公式化的陈述请参见本章附录中的推论 G.1。

④ 我们要感谢一个期刊的评审人清楚地指出与 Savage(1954)文章之间的联系。

⑤ 图 4 中的类型结构证明了 4.2 节中的声明，就是 Y 可以在内在相关性下被选择。所有的类型满足条件性独立和充分性（以上我们查验了 Charlie 的类型 t^c。而对 Ann 的类型 t^a 和 u^a，及 Bob 的类型 t^b 和 u^b 的查验结果是直接可以得到的，因为这些类型中每一个都和一个退化测度相连）。对于 Ann，策略类型对 (U, t^a) 和 (D, u^a) 是理性的；策略 U（或 D）在与 t^a（或 u^a）相连的测度的 $S^b \times S^c$ 上的边际之下最大化她的预期收益。类似的，(L, t^b) 和 (R, u^b) 对于 Bob 来说是理性的；且 (Y, t^c) 对于 Charlie 来说是理性的。同时，对于每个参与者的每个类型只对其他参与者的理性策略类型对设定了正概率。也就是，每个参与者相信其他参与者是理性的。通过归纳法，每个这类的策略类型对是与理性和理性的共同信念（RCBC）相一致的。特别是，Charlie 可以选择 Y。

⑥ 如果能找到图 3 中内圈集合和中间集合的重合部分，那将很有意思。不过我们目前还没有这一结果。

⑦ 相关证明和关于其他外在相关性源头的讨论，请参见附录4.1。

⑧ 以下的公式形式是紧密地根据 Mertens-Zamir(1985,第2节)和 Battigalli-Siniscalchi(1999,第3节)而来。

⑨ 对于文中未给的证明请参见本章附录。

⑩ Brandenburger-Dekel(1987)和 Tan-Werlang(1988)显示了相关的结果。在 Brandenburger-Dekel(1987)中的命题2.1展示了一个在理性的公共知识和相关可理性化之间的等价关系。在 Tan-Werlang(1988)中的定理5.1展示了(在一个普遍[universal]结构)RmBR 生成了在($m+1$)轮的相关可理性化所幸存的策略组合(Tan-Werlang[1988]也陈述了一个相反的观点(定理5.3),相关证明可查询未发表的论文版本)。

⑪ 我们要感谢 Yossi Feinberg,他提示我们要研究这个例子。

⑫ 我们要感谢 Pierpaolo Battigalli 简化了这些例子之前的版本。

⑬ 在下列网页中可有效使用：http://adambrandenburger.com/。

⑭ 请注意,我们先设定 ε 和相对于这个 ε 的共同($1-ε$)-信念。然后我们找到一个博弈,其中我们的条件允许一个不是相关可理性的策略。这个顺序是重要的。认知条件必须在独立于一个特定的博弈的情况下被陈述。如果条件允许其依赖于该博弈,那么条件将可以被简化成一个我们所感兴趣而选择的策略组合。这将无益于我们的认知分析。

参考文献

Aliprantis, C and K Border(1999). *Infinite Dimensional Analysis：A Hitchhiker's Guide*. Berlin：Springer.

Aumann，R(1974). Subjectivity and correlation in randomized strategies. *Journal of mathematical Economics*, 1, 76—96.

Aumann，R(1987). Correlated equilibrium as an expression of Bayesian rationality. *Econometrica*, 55, 1—18.

Battigalli，P and M Siniscalchi(1999). Hierarchies of conditional beliefs and interactive epistemology in dynamic games. *Journal of Economic Theory*, 88, 188—230.

Battigalli，P and M Siniscalchi(2003). Rationalization and incomplete information. *Advances in Theoretical Economics*, 3, 1—46.

Bernheim，D(1984). Rationalizable strategic behavior. *Econometrica*, 52, 1007—1028.

Brandenburger, A and E Dekel(1987). Rationalizability and correlated equilibria. *Econometrica*, 55, 1391—1402.

Dekel，E，D Fudenberg，and S Morris(2007). Interim correlated rationalizability. *Theoretical Economics*，2，15—40.

Dellacherie，C and P-A Meyer(1978). *Probabilities and Potential*. Mathematics Studies 29. Amsterdam：North-Holland.

Ely，J and M Peski(2006). Hierarchies of belief and interim rationalizability. *Theoretical Economics*，1，19—65.

Kechris，A(1995). *Classical Descriptive Set Theory*. Berlin：Springer.

Kohlberg，E and J-F Mertens(1986). On the strategic stability of equilibria. *Econometrica*，54，1003—1038.

Liu，Q(2004). Representation of belief hierarchies in games with incomplete information.

Marx，L and J Swinkels (1997). Order independence for iterated weak dominance，*Games and Economic Behavior*，18，219—245.

Mauldin，R(1981). Bimeasurable functions. *Proceedings of the American Mathematical Society*，83，369—370.

Mertens，J-F(1989). Stable equilibria—A reformulation. Part 1. Definition and basic properties. *Mathematics of Operations Research*，14，575—624.

Mertens，J-F and S Zamir(1985). Formulation of Bayesian analysis for games with incomplete information. *International Journal of Game Theory*，14，1—29.

Monderer，D and D Samet(1989). Approximating common knowledge with common beliefs. *Games and Economic Behavior*，1，170—190.

Munkres，J(1975). *Topology：A First Course*. Englewood Cliffs，NJ：Prentice Hall.

Pearce，D(1984). Rationalizable strategic behavior and the problem of perfection. *Econometrica*，52，1029—1050.

Purves，R (1966). Bimeasurable functions. *Fundamenta Mathematica*，58，149—157.

Savage，L(1954). *The Foundations of Statistics*. New York，NY：Wiley.

Tan，T and S Werlang(1988). The Bayesian foundations of solution concepts of games. *Journal of Economic Theory*，45，370—391.

纳什均衡的认知条件[*]

罗伯特·奥曼和亚当·布兰登勃格
(Robert Aumann and Adam Brandenberger)

在一个 n 个参与者的博弈中,纳什均衡的充分条件在于参与者知道什么和相信什么——关于博弈,和关于其他每个人的理性、行为、知识和信念。混合策略不被视为有意识的随机过程,而被视为其他参与者对一个参与者行为的推测。相比之前所提出的,公共知识在这里对于描述纳什均衡的特性中扮演了一个小角色。当 $n = 2$,对于收益函数、理性及推测的相互知识(mutual knowledge)蕴涵着这些推测,形成了一个纳什均衡。当 $n \geqslant 3$ 且存在一个公共先验,对收益函数和理性的相互知识以及对于这些推测的公共知识,蕴涵着这些推测形成了一个纳什均衡。示例将显示这些结果是紧的。

* 原文出版于 *Econometrica*,第 63 卷,第 1161—1180 页。

关键词:博弈论;策略性博弈;均衡;纳什均衡;策略均衡;知识;公共知识;相互知识;理性;信念;信念系统;互动信念系统(interactive belief systems);公共先验;认知条件;推测;混合策略。

致谢:我们要感谢 Kenneth Arrow, John Geanakoplos 和 Ben Polak 给予了有益的讨论,以及一位编辑和一位审稿人为我们提供有用的编辑建议。

5.1 引言

在近些年,涌现出一批从决策理论的角度探索非合作博弈理论的文献。这批文献分析了博弈中参与者的理性[①]及他们的认知状态:他们对博弈以及彼此的理性、行为、知识和信念的了解或信念。从纳什基本的策略均衡概念的角度考虑,整个画面是不完全的[②];至于什么样的认知条件导向纳什均衡,这一点并不清楚。这里我们将填补这一空白。特别是我们将寻找纳什均衡中充分的认知条件,且从一个补充的角度找。

我们将由以下初步的观察来建立基础:假设每个参与者是理性的,知道他自己的收益函数,并且知道其他参与者的策略选择。那么,参与者的选择在博弈中构成了一个纳什均衡。[③]

的确,因为每个参与者知道其他人的选择,且选择是理性的,他的选择在给予他们的选择下必须为最优的;所以根据定义[④],我们达到一个纳什均衡。

虽然简单,但是这一观察还是值得讨论的。注意到它需要策略选择的相互知识——即为每个参与者知道其他人的选择,且不需要其他人知道他知道(或任何高阶知识)。它不需要公共知识,其要求所有人知道,所有人也知道所有人知道,依此类推,这样无限重复延伸(ad infinitum)(Lewis,1969)。对于理性和收益函数,甚至不需要相互知识;只需要参与者是理性的,并且每个人知道他自己的收益函数。[⑤]

这个观察可运用到纯策略中——此后将称为行为。在传统观点中的有意识随机化之下,它也可以运用到混合行为;在这个情况下,相互认识必须是混合行为,而不是他们的纯意识。

在近些年,涌现出一个不同的观点。[⑥]根据这个观点,参与者不会随机选择;每个参与者选择某个明确的行为。但是其他参与者不需要知道是哪一个,且混合性代表了他们的不确定性,他们对他的选择的推测。这是我们主要结果的背景,其中提供了构成纳什均衡的一个推测组合的充分条件。[⑦]

首先考虑有两个参与者的例子。这里每个人的推测是一个对其他人行为的概率分布——公式化来说,是其他人的一个混合行为。我们接着有如下陈述(定理 A):假设在进行的博弈(即为双方的收益函数)、参与者的理性以及他们的推测都是互相知道的。那么推测构成一个纳什均衡。[8]

在定理 A 中，如同在初步的观察中，公共知识不扮演任何角色。值得注意的是，有人已建议：纳什均衡和关于博弈本身，参与者的理性，其信念和/或其选择的公共知识之间有密切的关系。[9]从表面上看，这样的关系似乎是难以置信的。有人可能认为每个参与者承担履行着他自己在均衡中的部分"因为"其他人也这么做。反之，他这么做是"因为"第一个参与者这么做。以此类推，无穷延伸。这类无限回归(infinite regress)的确像是和公共知识有关；但是，如果有任何的关系，也是模糊的。[10]是因为有可能，定理 A 显示在两个参与者博弈中，不涉及共同知识的认知条件已经蕴涵着纳什均衡。

当参与者的数量超过 2，一个参与者 i 的推测不是另一个参与者的混合行为，而是一个对于所有其他参与者的 $(n-1)$-元组的行为的概率分布。尽管 i 的推测本身并不是混合行为[11]，但 i 的推测的确促使了除 i 以外每个参与者 j 的一个混合行为；我们称此为 i 对 j 的推测。但是，与 j 不同的参与者可能对 j 有不同的推测。因为 j 对于假设均衡的部分是为了表示其他参与者 i 对于 j 的推测，且这些推测对于不同的 i 可能是不同的，如何定义 j 的部分并不是显而易见的。

接着，我们需要另一个定义。如果所有概率评估的不同来自于他们所有信息的不同，那么参与者被称为有一个公共先验[12]；更精确点，如果一个人可以认为整个情况是在参与者拥有一样的信息和概率评估的背景下产生，并且之后获得了不同的信息。

在定理 B 中，我们在 n 个参与者下的结果如下：在一个 n 个参与者的博弈中，假设参与者有一个公共先验，其中他们的收益函数和他们的理性都是相互知道的，且他们的推测也是公共知识。那么对于每个参与者 j，所有其他参与者 i 对于 j 有一个相同的推测 σ_j；且所产生的混合行为的组合 $(\sigma_1, \cdots, \sigma_n)$ 是一个纳什均衡。

所以，最终公共知识还是进入我们的讨论，但这是一个意外的方式，且是在至少有三个参与者的情况下。即使如此，我们需要参与者推测的公共知识，而不是博弈本身，或者参与者的理性。

定理 A 和定理 B 在 5.4 节会被公式化陈述并证明。

在该观察以及两个结果里，条件是充分的，而不是必要的。对于参与者来说，总有可能是"意外地"错误进入纳什均衡，且无人知道更多。尽管如此，在参与者不能提高的角度来说，陈述是"紧的"；没有一个条件可以被去除,甚至减弱。在 5.5 节中这点将被一系列的案例所解释,同时洞悉认知条件所扮演的角色。

有人可能假设,相比定理 A,在定理 B 中我们需要更强的假定(hypotheses),仅由于当 $n \geqslant 3$,两个参与者对于第三个参与者的推测可能不一致。但是并非如此。在 5.5 节中的一个示例显示,即使公然假设了必要的协议,类似定理 A 的条件对于 $n \geqslant 3$ 时的纳什均衡是不充分的。

总而言之:有两个参与者的情况时,对于博弈的相互知识,对于参与者的理性以及对于他们的推测蕴涵着推测构成了一个纳什均衡。为了在至少有三个参与者时达到一致的结论,我们必须还要假设一个公共先验和一个推测的公共知识。

以上的表述,虽然是正确的,但是是非公式化的,且有时比较含糊。为了取得一个不含糊的表述,我们需要一个公式化的框架来讨论在博弈中的认知问题;举例来说,我们可以描述一个情形,在其中每个参与者都相对其他人的选择进行最大化,所有人都知道这点,但不是所有人都知道所有人知道这点。在 5.2 节我们将描述这种框架,它称为一个互动信念系统(interactive belief system);在 5.3 节中我们将对其进行说明。5.6 节定义无限信念系统,并展示我们如何将结果运用到这个情形中。

5.7 节将对本章作出结论,其中我们将讨论概念性的问题和相关研究。

读者若希望了解主要的思想,应该阅读 5.1 和 5.5 节,然后浏览 5.2 节和 5.3 节。

5.2 互动信念系统

让我们给定一个策略性博弈形式;也就是无限集合 $\{1, \cdots, n\}$(参与者),同时对于每个参与者 i 有一个行为集合 A_i。集合 $A := A_1 \times \cdots \times A_n$。一个对于这个博弈形式的互动信念系统(或简称信念系统)被如下定义:

对于每个参与者 i,一个集合 S_i(i 的类型)和对于每个类型 i 中的 s_i,
(2.1)

一个在集合 S^{-i} 上关于其他参与者(s_i 的理论)的 $(n-1)$ 元组类型的概率分布,
(2.2)

i 的一个行为 a_i(s_i 的行为),且
(2.3)

一个函数 $g_i:A \rightarrow \mathbf{R}(s_i$ 的收益函数)。 (2.4)

行为集合 A_i 是被假设为有限集。也可能认为类型空间 S_i 在整章中被假设为有限集;那么这个概念将会更清晰。对于一个普通的定义,其中 S_i 是可测空间,且理论是概率测度,可参见 5.6 节。

集合 $S: = S_1 \times \cdots \times S_n$。称成员 $s = (s_1, \cdots, s_n)$ 为世界在 S 状态,或者简单地称为状态。一个事件是 S 的一个子集 E。根据式(2.2),s_i 的理论的域为 S^{-i};定义一个对于 S 理论的扩充 $p(\cdot; s_i)$,成为 i 在 S 上 s_i 中的概率分布,如下:如果 E 是一个事件,定义 $p(E; s_i)$ 为 s_i 的理论设定到 $\{s^{-i} \in S^{-i}:(s_i, s^{-i}) \in E\}$ 上的概率。稍微误用一下我们的术语,我们将称一个有 S 和 $p(\cdot; s_i)$ 的系统为"信念系统";这不会造成混淆。⑬

一个状态是一个对于参与者行为、收益函数和信念的公式化的描述——这里的信念是关于每个其他人的行为和收益函数的信念,关于这些信念的信念,以此类推。特别是,一个类型 s_i 的理论,表示 s_i 归因于其他参与者类型设定的概率,也是对于他们的行为收益函数和理论的概率。由此,一个参与者的类型决定了他对其他人的行为、收益函数的信念,他们对于这些事宜的信念,关于他们对其他人对于这些事宜的信念的信念,以此类推,无穷延伸。整个信念关于信念关于信念……的无限层次,关于相关的变量是包含在信念系统中的。⑭

一个函数 $g:A \rightarrow \mathbf{R}^n$(一个 n 元组收益函数)是被称为一个博弈。

集合 $A^{-i}: = A_1 \times \cdots \times A_{i-1} \times A_{i+1} \times \cdots \times A_n$;对于在 A 中的 a,集合 $a^{-i}: = (a_1, \cdots, a_{i-1}, a_{i+1}, \cdots, a_n)$。当提及一个参与者 i,词组"在 s"意为"在 s_i"。因此,"i 在 s 的行为"意为 s_i 的行为(参见式(2.3));我们标示为 $\mathbf{a}_i(s)$,且标示 $\mathbf{a}(s)$ 为在 s 的行为的 n 元组 $(\mathbf{a}_1(s), \cdots, \mathbf{a}_n(s))$。相类似的,"$s$ 中 i 的收益函数"意为 s_i 的收益函数(参见式(2.4));我们标示它为 $\mathbf{g}_i(s)$,且用 $\mathbf{g}(s)$ 为在 s 的收益函数⑮的 n 元组 $(\mathbf{g}_1(s), \cdots, \mathbf{g}_n(s))$。它被视为一个 a 的函数,我们称 $\mathbf{g}(s)$"在 s 被进行的博弈",或者简单地说"在 s 上的博弈"。

在 S 上定义的函数(比如 $\mathbf{a}_i$、$\mathbf{a}$、$\mathbf{g}_i$ 和 $\mathbf{g}$)可以被看作是在概率理论中的随机变量。因此,如果 $\mathbf{x}$ 是如此的一个函数且 x 是其中的一个值,那么 $[\mathbf{x} = x]$,或简单地显示为 $[x]$,标示事件为 $\{s \in S:\mathbf{x}(s) = x\}$。比如,$[a_i]$ 标示为以下事件:i 选择行为 a_i;$[g]$ 标示为以下事件:博弈 g 正在进行;且 $[s_i]$ 标示为以下事件:i 的类型是 s_i。

一个 i 的推测 ϕ^i 是在 A^{-i} 上的概率分布。对于 $j \neq i$,在 A_j 上 ϕ^i 的边

际称为由 ϕ^i 促使的 i 关于 j 推测。在一个状态 s 上 i 的理论产生一个推测 $\phi^i(s)$，称为 i 在 s 上的推测，给定 $\phi^i(s)(a^{-i}) := p([a^{-i}]; s_i)$。我们标示在 s 的 n 元组 $(\phi^1(s), \cdots, \phi^n(s))$ 推测为 $\phi(s)$。

参与者 i 被称为在 s 上理性的，当给定他的信息（即他的类型 s_i），他在 s 上的行为最大化预期收益；公式化地来说，设 $g_i := \mathbf{g}_i(s)$ 和 $a_i := \mathbf{a}_i(s)$，这蕴涵着对于所有的在 A_i 中的 b_i，有 $\exp(g_i(a_i, \mathbf{a}^{-i}); s_i) \geqslant \exp(g_i(b_i, \mathbf{a}^{-i}); s_i)$。另一个描述方式是：$i$ 的实际选择 a_i 最大化了他的实际收益 g_i，当其他参与者的行为是根据他的实际推测 $\phi^i(s)$ 所分配的。

如果参与者 i 在 s 中设定 E 的概率为 1，他被称为在 s 中知道一个事件 E。定义 $K_i E$ 为所有那些 i 知道 E 的 s 的集合。集合 $K^1 E := K_1 \bigcap \cdots \bigcap K_n E$；因此，$K^1 E$ 是所有参与者知道 E 的事件。如果 $s \in K^1 E$，称在 s 中 E 是被相互知道的。集合 $CKE := K^1 E \bigcap K^1 K^1 E \bigcap K^1 K^1 K^1 E \bigcap \cdots$；如果 $s \in CKE$，称在 s 中 E 是被公共知道的。

如果对于所有参与者 i 和他们所有的类型 s_i，一个在 S 上的概率分布称为公共先验，给定 s_i 时 P 的条件分布为 $p(\cdot; s_i)$；这蕴涵着对于所有的 i，所有的事件 E 和 F，及所有的数字 π，

对于所有的 $s_i \in S_i$，如果 $p(E; s_i) = \pi p(F; s_i)$，那么 $P(E) = \pi P(F)$

$$(2.5)$$

也就是说，式 (2.5) 阐述了对于每个参与者 i，如果给定任何 s_i，两个事件具有成比例的概率，那么它们有成比例的先验概率（proportional prior probabilities）。[16]

信念系统为陈述认知条件提供了一个公式化的语言。当我们称一个参与者知道某个事件 E，或者说是理性的，或有某个推测 ϕ^i 与收益函数 g_i，我们指该情况是在世界的某个特定的状态 s。这些内容一部分在 5.3 节中进行说明。

我们将以一个后文所要用到的引理 2.6 来结束本节内容。

引理 2.6 参与者 i 知道他定性一个事件 E 的概率为 π，当且仅当他的确定性 E 的概率为 π。

证明：必要条件：设 F 为参与者 i 定性 E 概率为 π 的事件；也就是 $F := \{t \in S : p(E; t_i) = \pi\}$。因此，$s \in F$，当且仅当 $p(E; s_i) = \pi$。所以，如果 $s \in F$，那么所有 $u_i = s_i$ 的状态 u 是在 F 中，且得到 $p(F; s_i) = 1$；也就是，在 s 上 i 知道 F。

充分条件:假设 i 定性 E 的概率为 $\rho \neq \pi$。根据证明中"必要条件"的部分,他必须知道这点,和他知道他定性 E 的概率为 π 相矛盾。 □

5.3　举例说明

考虑一个信念系统,其中某个参与者 i 的所有类型都有相同的收益函数 g_i,正如图 1 所描述的那样。因此,正在进行的博弈是被公共知道的。称行和列的参与者(参与者 1 和参与者 2)分别为"Rowena"和"Colin"。图 2 描述了各个理论;这里 C_1 为 Rowena 的一个类型,其行为是 C,而 D_1 和 D_2 为 Rowena 的两个不同类型,其行为是 D。对于 Colin 也相类似。某个格子标示一个状态,即为一对状态。在每一个格子中的两个数字为 Rowena 和 Colin 在这一状态中所相应的类型。比如,Colin 的类型 d_2 定性 Rowena 的类型为 D_1 或 D_2 两种情况的概率为 $\frac{1}{2} - \frac{1}{2}$。所以在状态 (D_2, d_2),他知道 Rowena 会选择行为 D。类似的,Rowena 知道在状态 (D_2, d_2) 中,Colin 会选择 d。因为 d 和 D 是相对最优,两个参与者在情况 (D_2, d_2) 和 (D, d) 下都是理性的是一个纳什均衡。

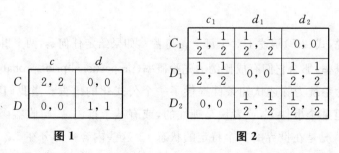

	c	d
C	2, 2	0, 0
D	0, 0	1, 1

图 1

	c_1	d_1	d_2
C_1	$\frac{1}{2}, \frac{1}{2}$	$\frac{1}{2}, \frac{1}{2}$	0, 0
D_1	$\frac{1}{2}, \frac{1}{2}$	0, 0	$\frac{1}{2}, \frac{1}{2}$
D_2	0, 0	$\frac{1}{2}, \frac{1}{2}$	$\frac{1}{2}, \frac{1}{2}$

图 2

在这里我们给予了初步观察的一个典型的例子。在 (D_2, d_2) 中,存在关于行为 D 和 d 的相互知识,且两个参与者都的确是理性的。但是行为不是公共知识。尽管 Colin 知道 Rowena 将选择 D,她不知道他知道这点;的确,她定性事件"他定性她选择 C 的概率为 $\frac{1}{2}$"的概率为 $\frac{1}{2}$。此外,尽管两个参与者在 (D_2, d_2) 上都是理性的,但却连理性的相互知识都不存在。比如,Colin 的类型 d_1 选择 d,有一个预期收益为 $\frac{1}{2}$,而不是有一个预期收益为 1

的 C；因此，这个类型是非理性的。在 (D_2, d_2) 中，Rowena 对 Colin 是这类非理性类型的情况定性其概率为 $\frac{1}{2}$。

请注意，参与者们有一个公共先验，其设定某个不含 0 的单元格的概率为 1/6。但是，这点与上述讨论无关。

5.4 结果的公式化陈述及证明

我们现在来公式化阐述和证明定理 A 和定理 B。对于更清晰的公式，可参见 5.1 节。作为记录，我们同时提供一个精确的初步观察的非模糊公式。

初步观察（Preliminary Observation）：设 a 为行为的 n 元组。假设在某个状态 s，所有的参与者都是理性的，且相互知道 $\mathbf{a} = a$。那么 a 是一个纳什均衡。

定理 A：有 $n = 2$（两个参与者），设 g 为一个博弈，ϕ 为一对推测。假设在某个状态，$\mathbf{g} = g$，且参与者是理性的，以及 $\boldsymbol{\phi} = \phi$ 是被相互知道的。那么 (ϕ^2, ϕ^1) 是 g 的一个纳什均衡。

定理 A 的证明使用了两个引理。

引理 4.1 设 ϕ 为推测的一个 n 元组。假设在某个状态 s，$\boldsymbol{\phi} = \phi$ 是相互知道的。那么 $\boldsymbol{\phi}(s) = \phi$（也就是说，如果推测为 ϕ 是相互知道的，那么它们的确是 ϕ）。

证明：遵循引理 2.6。 □

引理 4.2 设 g 为一个博弈，ϕ 为推测的一个 n 元组。假设在某个状态 s，$\mathbf{g} = g$，参与者是理性的，$\boldsymbol{\phi} = \phi$ 是被相互知道的。设 a_j 为一个参与者 j 的一个行为，其中另一个参与者 i 的推测被设定为正概率。那么相对[17] ϕ_j，a_j 将最大化 g_j。

证明：根据引理 4.1，i 在 s 上的推测是 ϕ^i。所以 i 在 s 定性 $[a_j]$ 概率为正概率。同时，i 在 s 上分别对 $[j$ 是理性的$]$，$[\phi^j]$，和 $[g_j]$ 定性其概率为 1。当以上四个事件中有一个具有正概率，其他三个概率为 1，那么它们的交集是非空的。所以存在一个状态 t，在其中可得到所有四个事件：j 是理性的，他选择 a_j，他的推测是 ϕ^j，且他的收益函数是 g_j。所以 a_j 相对于 ϕ^j 最大化 g_j。 □

定理 A 的证明：根据引理 4.2，每个在 ϕ^2 中有正概率的行为 a_1 是在 g 中相对 ϕ^1 为最优，且每个在 ϕ^1 中有正概率的行为 a_2 是在 g 中相对 ϕ^2 为最优。这蕴涵着 (ϕ^2, ϕ^1) 是 g 的一个纳什均衡。 $\square$

定理 B：设 g 为一个博弈，ϕ 为推测的一个 n 元组。假设参与者有公共先验，其设定正概率至以下事件：$\mathbf{g} = g$ 和所有参与者是理性的，是被相互知道的，$\boldsymbol{\phi} = \phi$ 是被公共知道的。那么对于每个 j，非 j 的参与者 i 的所有推测 ϕ^i 将促进关于 j 的有一致的推测 σ_j，且 $(\sigma_1, \cdots, \sigma_n)$ 是 g 的一个纳什均衡。

证明还需要几个引理。当"知识"蕴涵着绝对的确定性时，其中一些是标准化的，但是在这里的"知识"蕴涵着概率为 1 的信念，这点并不为人熟知。

引理 4.3　$K_i(E_1 \bigcap E_2 \bigcap \cdots) = K_i E_1 \bigcap K_i E_2 \bigcap \cdots$（当且仅当一个参与者知道所有事件都可获知时，他才知道每一件事件）。

证明：在 s 中，当且仅当参与者 i 定性每一个 $E_1, E_2, \cdots$ 的概率为 1，则定性 $E_1 \bigcap E_2 \bigcap \cdots$ 的概率为 1。 $\square$

引理 4.4　$CKE \subset K_i CKE$（如果一些事件是被公共知道的，那么每个参与者都知道它是被公共知道的）。

证明：因为对于所有的 F，$K_i K^1 F \supset K^1 K^1 F$，引理 4.3 产生 $K_i CKE = K_i(K^1 E \bigcap K^1 K^1 E \bigcap \cdots) = K_i K^1 E \bigcap K_i K^1 K^1 E \bigcap \cdots \supset K^1 K^1 E \bigcap K^1 K^1 K^1 E \bigcap \cdots \supset CKE$。 $\square$

引理 4.5　假设 P 是一个公共先验，$K_i H \supset H$，且对于所有 $s \in \mathbf{H}$，$p(E; s_i) = \pi$。那么，$P(E \bigcap H) = \pi P(H)$。

证明：设 H_i 为 H 在 S_i 上的投影。由 $K_i H \supset H$ 根据 s_i 是否[18]在 H_i 中得到 $p(H; s_i) = 1$ 或者 0。所以当 $s_i \in H_i$，那么 $p(E \bigcap H; s_i) = p(E; s_i) = \pi = \pi p(H; s_i)$；且当 $s_i \notin H_i$，那么 $p(E \bigcap H; s_i) = 0 = \pi p(H; s_i)$。该引理现在可以遵循式 (2.5) 的过程。 $\square$

引理 4.6　设 Q 为一个在 A 上的概率分布对所有在 A 里的 a 和所有的 i，有[19]$Q(a) = Q(a_i)Q(a^{-i})$。那么，对于所有的 a，$Q(a) = Q(a_1) \cdots Q(a_n)$。

证明：根据归纳法。对于 $n = 1$ 和 $n = 2$ 结果是马上可以得到的。假设其对于 $n - 1$ 亦为真。由 $Q(a) = Q(a_1)Q(a^{-1})$，通过 a_n 上求和，我们得到 $Q(a^{-n}) = Q(a_1)Q(a_2, \cdots, a_{n-1})$。相类似的，每当 $i < n$，$Q(a^{-n}) = Q(a_i)Q(a_1, \cdots, a_{i-1}, a_{i+1}, \cdots, a_{n-1})$。所以，归纳假设产生 $Q(a^{-n}) = Q(a_1)Q(a_2) \cdots Q(a_{n-1})$。于是，$Q(a) = Q(a^{-n})Q(a_n) = Q(a_1)Q(a_2) \cdots Q(a_n)$。 $\square$

定理 B 的证明：设 $F := CK[\phi]$，且设 P 为公共先验。根据假设，$P(F) > 0$。设 $Q(a) := P([a] \mid F)$。我们显示对于所有的 a 和 i，

$$Q(a) = Q(a_i)Q(a^{-i}) \tag{4.7}$$

设 $H := [a_i] \bigcap F$。根据引理 4.3 和引理 4.4，$K_i H \supset H$，因为 i 知道他自己的行为。如果 $s \in H$，在 s 中，$\boldsymbol{\phi} = \phi$ 是被公共且相互知道的；所以根据引理 4.1，$\phi(s) = \phi$，也就是说，$p([a^{-i}]; s_i) = \phi^i(a^{-i})$。所以根据引理 4.5（及 $E = [a^{-i}]$），可得 $P([a] \bigcap F) = P([a^{-i}] \bigcap H) = \phi^i(a^{-i})P(H) = \phi^i(a^{-i})P([a_i] \bigcap F)$。除以 $P(F)$，得到 $Q(a) = \phi^i(a^{-i})Q(a_i)$；然后通过 a_i 求和，我们得到

$$Q(a^{-i}) = \phi^i(a^{-i}) \tag{4.8}$$

因此，得到 $Q(a) = Q(a^{-i})Q(a_i)$，即式（4.7）。

对于每个 j，根据 $\sigma_j(a_j) := Q(a_j)$ 定义一个在 A_j 上的概率分布 σ_j。那么，由式（4.8）可得，对于 $j \neq i$，$\phi^i(a_j) = Q(a_j) = \sigma_j(a_j)$。因此，对于所有的 i，由 ϕ^i 促成的关于 j 的推测是 σ_j，其不依赖于 i。然后由引理 4.6 中的式（4.7）和式（4.8），可得

$$\phi^i(a^{-i}) = \sigma_1(a_1) \cdots \sigma_{i-1}(a_{i-1})\sigma_{i+1}(a_{i+1}) \cdots \sigma_n(a_n) \tag{4.9}$$

也就是说，分布 ϕ^i 是在 $j \neq i$ 下分布 σ_j 的积。

因为公共知识蕴涵着相互知识，定理的假设蕴涵着存在一个状态，其中 $\mathbf{g} = g$，参与者都是理性的，且 $\boldsymbol{\phi} = \phi$ 是被相互知道的。所以根据引理 4.2，对于某些 $j \neq i$，每个行为 a_j 有 $\phi^i(a_j) > 0$，相对 ϕ^j 最大化 g_i。根据式（4.9），这些 a_j 正是那些在 σ_j 中有正概率的。再次运用式（4.9），我们总结到每个在 σ_j 中有正概率的行为对于有 $k \neq j$ 的分布 σ_k 最大化 g_j。这蕴涵着 $(\sigma_1, \cdots, \sigma_n)$ 是 g 的一个纳什均衡。

5.5 结果的紧密度

本节将探讨在定理 B 上的可能的变量。为了简化过程，设 $n = 3$（即有三个参与者）。每个参与者的"总体"推测是一个在其他两个参与者的行为对上的分布；所以三个推测形成一个行为对的三重概率混合。此外，一个均衡

是三重混合行为。我们的讨论取决于这两类对象之间的关系。

首先,因为真正的关注点是行为的混合而不是行为对,我们能不能公式化一些直接处理每个参与者"个人"推测的条件——他关于其他每一个参与者的推测——而不是他总体的推测? 比如,有人可能希望假设每个参与者个体推测的公共知识就足够了。

示例 5.1 显示这个希望是徒劳的,即使当存在一个公共先验,且理性和收益函数是被公共知道的。总体推测的确扮演了一个必要的角色。

尽管如此,总体推测的公共知识好像是一个比较强的假设。我们能不能减弱一些? 比如,有总体推测的相互知识,或者一个高阶的相互知识?[20]

答案再一次是否定的。回顾拥有一个公共先验但不同信息的人们可能不同于某个事件 E 的后验概率,即使这些后验是在一个任意高阶层次上被相互知道的(Geanakoplos and Polemarchakis,1982)。利用这点,我们可以构造一个具有整体推测的任意高阶相互知识、理性和收益函数的共同知识以及一个共同先验的案例,其中不同的参与者关于特定的参与者 j 有不同的个体推测。因此,不存在一个清晰的纳什均衡候选(candidate)。[21]

仍旧存在的问题是,当参与者恰巧有一致的推测,(在足够高的层次)对于总体推测的相互知识是否蕴涵着个体推测的纳什均衡。那么我们是否得到纳什均衡? 答案再一次是否定的;示例 5.2 将显示这点。

最后,示例 5.3 显示公共先验的假设的确是需要的:理性、收益函数和总体推测是被公共知道的,且个体推测一致;但是不存在公共先验,并且相一致的个体推测并不形成一个纳什均衡。

总而言之,我们必须考虑总体推测;且必须有这些推测的公共知识和一个公共先验。

同时,一个参与者可以构造如定理 A 和定理 B 中的例子,理性的相互知识不能被理性的简单事实所取代,且知道他自己的收益函数并不够——所有的收益函数必须是被相互知道的。

除了在示例 5.3 里,本节中的信念系统有公共先验,且这些先验是用来描述这些系统的。在所有的示例中,正在进行的博弈(如同在 5.3 节里)在信念系统里是固定的,且是被公共知道的。每个示例有三个参与者,Rowena、Colin 和 Matt,分别选择行、列和矩阵(西或东)。如 5.3 节里,每个类型是被注释与其行为一样的字母,且有一个下标字母或数字。

示例 5.1 这里个体推测是被公共知道的,且被同意,理性是被公共知道的，且存在一个公共先验，但是我们并不能得到纳什均衡。[22]考虑一个如图 5.3 的博弈，有图 5.4 中公共先验所促进的理论。在每个状态，Colin 和 Matt 对 Rowena 的一致推测为 $\frac{1}{2}U + \frac{1}{2}D$，且这点是被公共知道的。类似的，Rowena 和 Matt 对 Colin 的一致推测为 $\frac{1}{2}L + \frac{1}{2}R$，且 Rowena 和 Colin 对 Matt 一致推测为 $\frac{1}{2}W + \frac{1}{2}E$，这些也都是公共知道的。所有的参与者在所有的状态都是理性的，所以理性在所有状态是公共知识。但是，$\left(\frac{1}{2}U + \frac{1}{2}D, \frac{1}{2}L + \frac{1}{2}R, \frac{1}{2}W + \frac{1}{2}E\right)$ 不是一个纳什均衡，因为如果这些是独立混合策略，Rowena 会通过移至 D 而获利。

注意到总体推测在任何状态不是被公共知道的（连相互知道也不是）。比如，在 (U_1, L_1, W_1) 中，Rowena 的推测是 $\left(\frac{1}{2}LW + \frac{1}{2}RE\right)$，但是没有其他人知道那是她的推测。

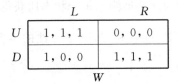

	L	R
U	1, 1, 1	0, 0, 0
D	1, 0, 0	1, 1, 1

W

	L	R
U	0, 0, 0	1, 1, 1
D	1, 1, 1	0, 0, 0

E

图 3

	L_1	R_1
U_1	$\frac{1}{4}$	0
D_1	0	$\frac{1}{4}$

W_1

	L_1	R_1
U_1	0	$\frac{1}{4}$
D_1	$\frac{1}{4}$	0

W_1

图 4

示例 5.2　这里我们有总体推测的相互知识、个体推测的一致性、理性的公共知识和一个公共先验，但是个体推测并不形成一个纳什均衡。考虑图 5 的博弈。对于 Rowena 和 Colin，这是简单的"硬币配对"；他们的收益不受 Matt 选择的影响。所以在一个纳什均衡中,他们必须分别选择 $\frac{1}{2}H + \frac{1}{2}T$ 和 $\frac{1}{2}h + \frac{1}{2}t$。因此,Matt 对 W 的预期收益为 $\frac{3}{2}$,对 E 的预期收益为 2;所以他必须选 E。因此,$\left(\frac{1}{2}H + \frac{1}{2}T,\ \frac{1}{2}h + \frac{1}{2}t,\ E\right)$ 是这个博弈里唯一的纳什均衡。

	h	t
H	1, 0, 3	0, 1, 0
T	0, 1, 0	1, 0, 3

W

	h	t
H	1, 0, 2	0, 1, 2
T	0, 1, 2	1, 0, 2

E

图 5

现在我们考虑由图 6 中的公共先验所促成的理论。Rowena 和 Colin 知道哪三个大的单元格有真(true)状态,且这点其实是被两个人公共知道的。在每个单元格中,Rowena 和 Colin"以最优方式进行硬币配对";他们关于彼此的推测是 $\frac{1}{2}H + \frac{1}{2}T$ 和 $\frac{1}{2}h + \frac{1}{2}t$。因为这些推测在每个状态所获得的,他们是被(三个参与者)公共知道的;所以 Rowena 和 Colin 是理性的事实也是被公共知道的。

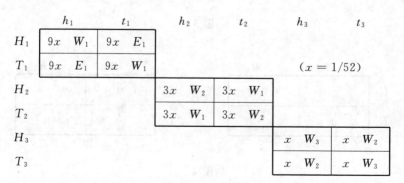

图 6

对于 Matt,首先假设他是类型 W_1 或 W_2。在图 6 中每一个类型都与两个相邻的格子相交。它由左侧单元格中斜对面的状态和右侧单元格中非斜对面的状态组成。在左侧格子的斜对面的状态具有一样的概率,如同右侧反向斜对面的状态;但是左侧是右侧的三倍。所以 Matt 设定反向斜对面的状态三倍的概率至斜对面的状态;即为,他的推测是 $\frac{3}{8}Hh + \frac{3}{8}Tt + \frac{1}{8}Th + \frac{1}{8}Ht$。所以,他选 W 的预期收益是 $\frac{3}{8}\cdot 3 + \frac{3}{8}\cdot 3 + \frac{1}{8}\cdot 0 + \frac{1}{8}\cdot 0 = 2\frac{1}{4}$,而选 E 的收益只有 2(如同他所有在右侧的收益为 2)。所以,W 的确是这些状态下的最优行为;所以它们是理性的。我们也可得到 E_1 和 W_3 是理性的。因此,所有参与者的理性是在所有状态下被公共知道的。

现在考虑状态 $s := (H_2, h_2, W_2)$(在中间单元格的左上角)。Rowena 和 Colin 知道在 s 中也就是在中间的格子,所以他们知道 Matt 的类型是 W_1 或 W_2。我们刚刚看到这两个类型有相同的推测,由此得到 Matt 的推测在 s 中是被相互知道的。Rowena 和 Colin 的推测在 s 中也是被相互知道的(Rowena 的是 $\frac{1}{2}hW + \frac{1}{2}tW$,Colin 的是 $\frac{1}{2}HW + \frac{1}{2}TW$)。

最后,由 Matt 的总体推测 $\frac{3}{8}Hh + \frac{3}{8}Tt + \frac{1}{8}Th + \frac{1}{8}Ht$ 所获得的对 Rowena 的个体推测是 $\frac{1}{2}H + \frac{1}{2}T$,对 Colin 的个体推测则是 $\frac{1}{2}h + \frac{1}{2}t$。这与 Rowena 和 Colin 对彼此间的推测是一样的。因为 Matt 在中间的单元格始终选择 W,Rowena 和 Colin 都在那里推测 Colin 为 W。因此,在中间格子中,个体推测始终是一致的。

总结如下:存在一个公共先验;在所有的状态中,博弈是被公共知道的,且所有的参与者的理性是被公共知道的。在中间单元格的左上角所有参与者的总体推测是被相互知道的,且个体推测是一致的:$\sigma_R = \frac{1}{2}H + \frac{1}{2}T$,$\sigma_C = \frac{1}{2}h + \frac{1}{2}t$,$\sigma_M = W$。但是 $(\sigma_R, \sigma_C, \sigma_M)$ 不是一个纳什均衡。

我们可以构造类似的示例,其中推测的相互知识是在任意高的层次,只需简单地增加单元格;可以得到与前文所述一样的结果。

示例 5.3 这里显示了我们不能在定理 B 中免除公共先验。再次考虑图 5 中的博弈,用以图 7 中描述的理论(以图 2 的风格所呈现的)。在每个状态存在理性的、总体推测(和前一个示例相同)的以及博弈的公共知识。如同之前,个体推测是一致的。并且,个体推测 $\left(\frac{1}{2}H + \frac{1}{2}T, \frac{1}{2}h + \frac{1}{2}t, W\right)$ 不构成一个纳什均衡。

5.6 普遍(无限)信念系统

对于一个信念系统的普遍定义,其中允许它为无限的[23],我们特定类型空间 S_i 为可测空间。如之前所述,一个理论是一个在 $S^{-i} = \times_{j \neq i} S_j$ 上的概率测度,现在被赋予以标准的积结构。[24]一个状态空间 $S = \times_j S_j$,也是被赋予一个积结构。一个事件现在是 S 的一个可测子集。"行为函数"$\mathbf{a}_i$(式(2.3))被假设为可测的;同时收益函数 $\mathbf{g}_i$(式(2.4))也被如此假设,同时每个行为 n-元组 a 的收益函数 g_i(式 2.4))也被如此假设,其为 S_i 的函数。还有"理论函数"(式(2.2))也被假设为可测的,也就是说,对于每个事件 E 和参与者 i,概率 $p(E; s_i)$ 作为类型 s_i 的函数是可测的。由此,推测 ϕ^i 作为 s_i 的函数也是可测的。

根据这些定义,结果的阐述是有意义的,证明也是正确的,而不需要任何改动。

	h_1		t_1
H_1	$\frac{1}{2}, \frac{1}{2}, \frac{3}{8}$		$\frac{1}{2}, \frac{1}{2}, \frac{1}{8}$
T_1	$\frac{1}{2}, \frac{1}{2}, \frac{1}{8}$		$\frac{1}{2}, \frac{1}{2}, \frac{3}{8}$

$$W_1$$

图 7

5.7 探讨

a. 信念系统(Belief Systems)。一个互动信念系统不是一个说明性的模型;它不给予参与者任何行为上的建议。而它是一个公式化的结构——一个为了能讨论行为、收益和信念的语言。比如,它让我们能够阐述一个给定参与者是否在一个给定的状态采取了理性的行为,这点是否被另一个参与者所知等等。但是它不对理性进行说明甚至建议;参与者可实施任何行为。就像一个个人电脑里的磁盘操作系统一样,信念系统只是简单地组织事物,这样我们就可以一致性地讨论它们的所为。

尽管完全合适,运用"世界状态"来包含参与者的行为可能产生了一个困惑。在 Savage(1954)的研究中,做决定者不能影响状态;他只能对其做反应。虽然在 Savage 的单人情形下是方便的,这点将不适合于互动情形,多人的世界将在这里被研究。为了陈述如此的世界状态,同时考虑所有参与者是合适的;然后因为每个参与者必须考虑其他参与者的行为,行为必须包括在状态的阐述中。同时"世界状态"的日常含义也包含一个人的行为:我们的行为塑造着我们的世界。

有人反对以下的陈述:因为参与者的行为是由状态决定的,他们没有选择的自由。但这是一个误解。每个参与者可以做任何他想要做的。简单来说,无论他做什么都是状态陈述的一部分。如果他希望做其他的,我们热烈欢迎他这么做;但是这个状态将是不同的。

尽管在状态中包含一个人的行为不是一个新的主意㉕,它仍旧可能让一些读者感到不适。这种不适可能主要源自以下观点:行为应该是解决方案的一部分,而若将他们的行为包含在状态里可能暗示其为问题的一部分。

在博弈论中,这个"问题—解决"方案的观点是比较过时和陈旧的方式。这里的观点与此不同——它是描述性的。不是关于参与者为什么做他们所做的,不是关于他们应该做什么;只是他们做了什么,他们相信什么。他们是理性还是非理性的呢?他们的行为或信念是否是均衡的呢?不是"为什么",不是"应该",只是什么(what)。不是 i 因为相信 b 而做了 a;而是简单的,他做了 a 且相信 b。

信念系统的观点来自 John Harsanyi(1967—1968),他介绍了 I-博弈的概念使博弈形成一个连贯的形式,其中参与者不需要知道彼此的收益函数。I-博弈就像信念系统一样,除了在 I-博弈中参与者的类型不决定他的行为(只决定他的收益函数)这一点。

正如所述,信念系统主要是一个便利的架构使我们——分析员——可以讨论一些我们想讨论的事宜:行为、收益、信念、理性、均衡等等。对于参与者自己,他们是否需要关心模型的结构这点并不清楚。但是如果他们也想以我们的方式来讨论这些事宜,那也可以;这对他们来说也是一个便利的架构。我们要注意到与此相关的是信念系统本身总是能考虑参与者之间的公共知识。公式化来说，它遵循 Merten 和 Zamir(1985)的研究；关于一个非公式化的讨论，可参见 Aumann(1987a，p.9)。

b. 知识和信念(Knowledge and Belief)：在本章里，"知道"意为"将概率定为1"。这有时候称为"相信"，而"知道"是保留给绝对确定且没有任何错误的概率。因为我们的条件是充分的，有概率为1的结果比绝对确定性时的结果更强。如果有概率为1的对某件事件的知识蕴涵着 σ 是一个纳什均衡，那么更不用说当对这些事件是绝对确定的时候。

c. 某人对自己类型的知识(Knowledge of One's Own Type)：在我们的设置包含了每个参与者 i 知道自己的类型 s_i——也就是，他知道他的理论，他的收益函数 g_i 及他的行为 a_i。

一个人的理论知识不是一个实质性的限制；这个理论由信念组成，且一个人知道他自己的什么信念是永真的(引理 2.6 是一个公式化的表达)。

对于一个人收益函数的知识是更微妙的事情。表面上看起来，是有可能让一个参与者的收益取决于一些其他人知道而他不自知的情况。在我们的设置下，这一情况可以被表示为一个参与者的收益可能取决于其他参与者的类型，也同时取决于他自己的类型。为了避免这点，我们可以把 $g_i(a)$ 解释为 i 所表达的期望收益 a，而不是他实际得到的。既然一个人总是知道自己的预期，他也可能构造一个系统，因而他自己收益的知识是永真的。

我们最后来探讨一个人对自己行为的知识。如果一个人认为行为是有意识的选择，如同我们在这里所假设的，这是很自然的——一个人可能几乎说这是永真的。参与者意识到("知道")他们自己的有意识的选择是隐含在"有意识"这个词汇中的。

当然，如果明确的随机化是允许的，那么参与者不需要意识到他们自己的纯行为。即使如此，他们还是意识到自己的混合选择；所以比较这两者，我们的分析是运用到混合行为上的。5.1节中对这个情况有一段简要的讨论；这不是主要的，我们视 i 的混合行为为表达其他参与者对 i 将怎么做的信念。

d. 推测的知识(Knowledge of Conjectures)：我们的两个定理都假设了对于参与者推测的某种知识形式(相互的或公共的)。尽管对于其他人会怎么做的知识是一个毫无疑问的强假设，我们可以想象这一假设能获得的情况。

但是一个人能知道其他人的想法吗？如果可以,那么是否能在经济利益的背景下产生?

其实,它可能在几种情况下发生。一种是当参与者都是明确定义的经济人口的成员,比如保险公司和客户,或者一般的卖家和买家。例如,有人在买一辆车。她知道推销员有关于客户议价行为的统计信息,她甚至知道这些统计信息是什么。所以她知道推销员关于她的推测。这个推测很可能被两个参与者共同知道。但是更可能的是,尽管客户知道推销员关于她的推测,她不知道他知道她知道,且的确可能他不知道;那么推销员的推测知识就只是被相互知道。

毫无疑问,这个情形有利有弊;我们不想过度讨论它。它只是被用来显示在经济利益的驱使下,一个参与者可能对另一个参与者的推测很了解。

e. 对于均衡的知识(Knowledge of Equilibrium):我们的结果陈述了一个指定的(混合)策略 n-元组 σ 是一个均衡;结果并没有陈述参与者知道它是一个均衡,或者说这是被公共知道的。在定理 A 和定理 B 中,尽管 σ 是一个纳什均衡的事实是在一阶层次上的相互知识,但并不一定延伸至更高的层次。在初步观察中,σ 是一个纳什均衡的事实并不需要为一阶相互知识;但是当在我们已设立的假设之上再假设收益函数的相互知识,它会成为一阶相互知识。

f. 模型的公共知识(Common Knowledge of the Model):Binmore 和 Brandenburger(1990, p.119)写到"在博弈论里,博弈的结构通常是被理解……是公共知识。"在同样的风格下,Aumann(1987b, p.473) 写到"所有的博弈论和大部分经济学里都有公共知识的假设。无论是什么样的模型在被讨论,……模型本身必须是公共知识;否则模型是没有被充分说明,且分析是不连贯的。"这点在写的时候好像是合理的,但是在近来的发展下——包括我们现在的研究㉖——它就显得不合理了。固然,我们的确用了一个事实上被公共知道的信念系统。但是信念系统不是一个外界给予的"模型";它只是一个用来讨论情况的语言(参见 5.7 节 a 部分)。在参与者中,现实世界里没有什么是必须被他们公共知道的。当我们写下以上内容时,我们曾经以为有些实际的外在构架必须被公共知道的;现在看来,似乎没有必要了。

g. 独立的推测(Independent Conjectures):定理 B 的证明蕴涵着每个参与者 i 对于其他参与者 j 的个体推测是独立的。或者也可以假设为如下独立性:

注释 7.1 设 σ 为一个 n-元组的混合策略。假设在某个状态,以下都是被相互知道的:参与者都是理性的,博弈 g 正在进行,每个参与者 i 对于其他每个参与者 j 的推测是 σ_j,且是独立于 i 对所有其他参与者的推测。那么,σ 是一个在 g 中的纳什均衡。

这里,我们假设推测的是相互知识而不是公共知识,且不假设一个公共先验。在另一方面,我们直接假设个体推测都是一致的,且每个参与者对于其他人的推测是独立的。我们认为这个结果在本章的背景下不是最重要的;两个假设都没有我们要找的认知意味。此外,在目前的主观背景下,我们觉得独立性性作为一个假设是值得怀疑的(尽管并不一定是一个结论)。可参见 Aumann(1987a, p.16)。

h. 逆命题:我们已经提到(在 5.1 节的最后)我们设的条件并不是必须的,特别是即使这些条件没有达到也有可能得到一个纳什均衡。但是,逆命题也有可能成立:给定一个在博弈 g 中的纳什均衡,可以构造一个信念系统,其中这些条件可以满足。对于初步观察,这点是马上可以得到的:选择一个信念系统,在其中每个参与者 i 只有一个类型,该类型的行为是均衡中 i 的部分,且其收益函数是 g_i。对于定理 A 和定理 B,我们可能假设正如混合策略中的传统解释,每个参与者通过一个根据他在给定均衡 σ 中自己的部分 σ_i,而独立有意识的随机过程来选择一个行为。每个参与者的类型有相应的不同随机结果;每个类型选择一个不同的行为。参与者 i 的所有类型有一个相同的理论,就是其他 $n-1$ 个参与者在 σ 中的混合策略的积,以及相同的收益函数,也就是 g_i。然后,定理 A 和定理 B 的条件是否达到,这是可以被证实的。

这些"逆命题"显示了我们定理中纳什均衡的充足条件并不是很强,也就是它们不蕴涵着比纳什均衡更多的结果;每个纳什均衡是可以通过这些条件得到的。从另一个角度考虑这些条件也不是很强——这些条件不能取消或者明显地被减弱——这点在 5.5 节中讨论过。

i. 相关研究(Related Work):本章结合了日渐增长的在非合作博弈的认知研究。对于两人博弈,Tan 和 Werlang(1988)中显示了如果参与者的收益函数、推测和理性都是被公共知道的话,那么推测构成一个纳什均衡。[20] Brandenburger 和 Dekel(1989)做了进一步的研究。他们问到"什么时候纳什均衡等同于理性的公共知识?什么时候这两个基本概念,一个从博弈论角度,而另一个从决策论角度出发而重合呢?"他们提供的答案是当两人博弈,一个对此的充分条件是收益函数和推测是被公共知道的。[28]也就是说,如果收益函数和推测是被公共知道的,那么当且仅当推测构成一个纳什均衡时,理性是被公共知道的。"充分"条件部分正是上述 Tan-Werlang 的结果。[29][30]

我们的定理 A 改进了 Tan-Werlang 的结果,其中在他们假设公共知识的地方,我们只需假设相互知识。

Aumann(1987a)也是认知文献的一部分,但是它所提出的问题和本章大相径庭。它提出关于行为组合的分布问题,当所有的参与者在世界中所有状态中被假设为理性的且有一个公共先验,该组合覆盖整个状态空间。答案是它代表了一个相关(非纳什)均衡。从概念上说,那篇文章选择了一个普遍(global)的视角;它的结果是关乎行为组合作为一个整体的分布。相关均衡本身实质上是一个普遍概念;它没有自然的局部公式化。与之相反,本章的视角是在局部。它关乎在世界中某个特定状态中参与者的信息;且它询问参与者的行为或者推测是否在那个状态中构成一个纳什均衡。如知识是否是相互的而不是公共的,或者理性的参与者对一个参与者定性为非理性这些事,都不是 Aumann(1987a)范围中讨论的。

Brandenburger 和 Dekel(1987,命题 4.1)由独立性假设导出 n 个人博弈的纳什均衡,如我们在命题 7.1 中所呈现的。[31]如同我们已提及的(参见 5.7 节 g 部分),如此假设缺乏我们这里所感兴趣的认知风格。

简而言之:本章的目的是为了认定纳什均衡的充分认知条件是越简单越好;以便隔离参与者为了对彼此的推测能构成一个纳什均衡所必须知道。对于两人博弈,我们的定理 A 远远超出了已有文献对该话题的研究。对于 n 个人博弈,之前还没有太多研究。

注 释

① 如果一个参与者根据自己的信念最大化了他的效用,我们称他是理性的。

② 参见 5.7 节 i 部分。

③ 关于公式化的陈述,请参见 5.4 节。

④ 回顾到纳什均衡是一个策略组合,其中给定其他人的策略,每个参与者的策略是对其最优的。

⑤ 对于一个人自己的收益函数的知识可以认为是重言式的(tautologous)。参见 5.2 节。

⑥ 可参见 Harsanyi(1973), Armbruster 和 Böge(1979)、Aumann(1978a),

Tan 和 Werlang（1988），Brandenburger 和 Dekel（1989），以及其他相关论著。

⑦ 初步观察也可以被解释为在推测而非行动中达到均衡。当每个参与者知道其他人的行为，那么推测和行为一致：人们所做的与别人相信他们所做的是一致的。所以，推测和行为都在均衡中。

⑧ 证明的想法并不复杂。我们设参与者为"Rowena"和"Colin"；让他们的推测和收益函数分别为 ϕ，g 和 ψ，h。设 a 为 Rowena 的行为，对其 Colin 的推测设定了正概率 ψ。因为 Colin 知道 Rowena 是理性的，他知道 a 是对于她的推测的最优行为，且他知道给定她的收益函数 g，其推测为 ϕ。相类似的，给定 Colin 的收益函数 h，对于任何被 ϕ 设以正概率行为 b，是相对 ψ 最优的。所以在一个被 (g,h) 定义的博弈中，(ψ,ϕ) 是一个纳什均衡。

⑨ 因此，Kreps 和 Wilson（1982，p.885）："一个纳什意义上的均衡假设策略是参与者所拥有的'公共知识'。"或者如 Geanakoplos，Pearce 和 Stacchetti（1989，p.62）所言："在传统的均衡分析中，均衡策略组合被认为是公共知识。"或者如 Milgrom 和 Roberts（1991，p.82）所言："均衡分析主导着策略博弈的研究，但是……很多……都被以下假设所困扰：参与者……确定并参与某一个均衡策略中的向量，也就是，……均衡是公共知识。"同时可参考其他文献，如 Arrow（1986，p.S392）；Binmore 和 Dasgupta（1986，pp.2—5）；Fudenberg 和 Kreps（1988，p.2）；Tan 和 Werlang（1988，pp.381—385），Fudenberg 和 Tirole（1989，p.267），Werlang（1989，p.82），Binmore（1990，p.51、61、210），Rubinstein（1991，p.915），Binmore（1992，p.484），和 Reny（1992，p.628）。

我们自己也在这一方向上发表过一些文章（Aumann，1987b，p.473）以及 Binmore 和 Brandenburger[1990，p.119]）；还可参见本章5.7节 f 部分的相关论述。

⑩ Brandenburger 和 Dekel（1989）陈述了公共知识和纳什均衡在两个参与者博弈中的关系，但是和这里所建立的充分条件很不一样。可参见5.7节 i 部分。

⑪ i 对 j 行为的所有推测的边际。

⑫ Aumann（1987a）；关于公式化的定义，请参见5.2节。Harsanyi（1967—1968）使用"一贯性"（consistency）术语来描述这个情况。

⑬ 扩充 $p(\,\cdot\,;s_i)$ 是唯一取决于以下两个条件：首先，其在 S^{-i} 上 s_i 理论的边际；再则，它设定概率1至事件 i 是类型 s_i。相关讨论，参见5.7节 c 部分。

⑭ 相反的，也可以显示如此层次满足某个最低的可能在某个信念系统里的一致性（coherency）要求（Mertens and Zamir，1985；也可参见 Armbruster and Böge，1979；Böge and Eisele，1979；Brandenburger and Dekel，1993）。

⑮ 因此，i 在状态 s 中的真实收益是 $\mathbf{g}_i(s)(\mathbf{a}(s))$。

⑯ 专业人员请注意：我们不使用"相互绝对的连续性（mutual absolute continuity）"这类术语。

⑰ 也就是，对于在 A_j 中所有的 b_j，当 a^{-j} 是根据 ϕ^j 而被分布的 $\exp g_j(a_j, a^{-j})$ $\geqslant \exp g_j(b_j, a^{-j})$。

⑱ 特别是，i 总是知道 H 是否获得。

⑲ 我们标识为 $Q(a^{-i}) := Q(A_i \times \{a^{-i}\})$，$Q(a_i) := Q(A^{-i} \times \{a_i\})$，以此类推。

⑳ 集合 $K^2E := K^1K^1E$，$K^3E := K^1K^2E$，以此类推。如果 $s \in K^mE$，称 E 是在 s 的 m 阶被相互知道的。

㉑ 这不是示例 5.1 的动力；因为个体推测是被公共知道的，他们必须一致（Aumann, 1976）。

㉒ Aumann（1974）中的示例 2.5、示例 2.6 和示例 2.7 显示了不是纳什均衡的相关均衡，但是它们和示例 5.1 很不一样。首先，背景是普遍的（global）而不是这里所考虑的局部背景（local，可参见 5.7 节 i 部分）。其次，即使假设我们将这些示例改写成在局部背景的，我们发现个体推测也不是被相互知道的，更不用说是否是被公共知道的；且当有两个以上参与者时（示例 2.5 和示例 2.6），个体推测也不是一致的。

㉓ 无限的信念系统对于全面分析而言是必不可少的：一个需要包含一个给定一致信念层次（可参见注释⑭）的信念系统通常是不可数的无限的。

㉔ σ-域的测度集合是最小的 σ-域，它包含所有的"矩形" $\times_{j \neq i} T_j$，其中 T_j 是在 S_j 中可测的。

㉕ 可参见 Aumann（1987a）。

㉖ 具体地说，收益函数的公共知识在我们的定理中不起作用。

㉗ 这是一个在我们与他们不同的公式化和术语下对他们结果的重新陈述。特别是在 Tan 和 Werlang 的角度下，两个参与者"知道彼此"是我们角度下指他们的推测是公共知识。

㉘ 比如，如果有一个被公认的惯例来显示如何在某个情形下行动（比如在右侧驾驶），当且仅当每个人是理性行事的事实是被公共知道的，那么那个惯例构成一个纳什均衡。

㉙ Armbruster 和 Böge（1979）也是如此对待两人博弈的。

㉚ 人们可能会问，我们的定理是否可以延伸到 Brandenburger-Dekel 式的等价关系的结果。答案是肯定的。对于两人博弈，可以显示如下：如果收益函数和推测是被相互知道的，当且仅当推测构成一个纳什均衡，那么理性是被相互知道的；这便延伸了定理 A。定理 B 可以以类似的方式扩展，正如初步观察一样。这些延伸的"充分"部分与本章建立的定理相一致。

这些延伸的"必要"部分是有意思的部分，但可能不如 Brandenburger-Dekel

结果中的"必要"部分：理性的相互知识是弱于公共知识的，这也是一个不那么吸引人的结论。这就是我们没有作这些延伸的原因。

㉛ 但是他们的结果（缩写为 B&D4）有几方面不同于我们的命题 7.1（缩写为 P7）。第一，B&D4 的假设等同于推测的公共知识，而 P7 只针对相互知识。第二，P7 直接假设个体推测的一致性，而 B&D4 没有。最后，B&D4 要求"整合"的先验（比公共先验弱一些的一个形式），而 P7 没有。

参考文献

Armbruster，W and W Böge(1979). Bayesian game theory. In Moeschlin，O and D Pallaschke(Eds.)，*Game Theory and Related Topics*. Amsterdam：North-Holland.

Arrow，K(1986). Rationality of self and others in an economic system. *Journal of Business*，59，S385—S399.

Aumann，R(1974). Subjectivity and correlation in randomized strategies. *Journal of Mathematical Economics*，1，67—96.

Aumann，R(1976). Agreeing to disagree. *Annals of Statistics*，4，1236—1239.

Aumann，R(1987a). Correlated equilibrium as an expression of Bayesian rationality. *Econometrica*，55，1—18.

Aumann，R(1987b). Game theory. In Eatwell，J，M Milgate and P Newman (Eds.)，*The New Palgrave：A Dictionary of Economics*. London，UK：MacMillan.

Binmore，K(1990). *Essays on the Foundations of Game Theory*. Oxford，UK：Basil Blackwell.

Binmore，K(1992). *Fun and Games*. Lexington：D.C. Heath and Company.

Binmore，K and A Brandenburger(1990). Common knowledge and game theory. In Binmore，K(Ed.)，*Essays on the Foundation of Game Theory*，pp.105—150. Oxford，UK：Basil Blackwell.

Binmore，K and P Dasgupta(1986). Game theory：A survey. In Binmore，K and P Dasgupta(Eds.)，*Economic Organizations as Games*，pp.1—45. Oxford，UK：Basil Blackwell.

Böge，W and Th Eisele(1979). On solutions of Bayesian games. *International Journal of Game Theory*，8，193—215.

Brandenburger，A and E Dekel(1987). Rationalizability and correlated equilibria. *Econometrica*，55，1391—1402.

Brandenburger，A and E Dekel(1989). The role of common knowledge assumptions in game theory. In Hahn, F(Ed.), *The Economics of Missing Markets, Information, and Games*, pp.46—61. Oxford, UK: Oxford University Press.

Brandenburger, A and E Dekel(1993). Hierarchies of beliefs and common knowledge. *Journal of Economic Theory*, 59, 189—198.

Fudenberg, D and D Kreps(1988). A theory of learning, experimentation, and equilibrium in games. Unpublished, Graduate School of Business, Stanford University.

Fudenberg, D and J Tirole(1989). Noncooperative game theory for industrial organization: an introduction and overview. In Schmalensee, R and R Willig (Eds.), *Handbook of Industrial Organization*, Vol.1, pp.259—327. Amsterdam: North-Holland.

Geanakoplos, J, D Pearce, and E Stacchetti(1989). Psychological games and sequential rationality. *Games and Economic Behavior*, 1, 60—79.

Geanakoplos, J and H Polemarchakis(1982). We can't disagree forever. *Journal of Economic Theory*, 28, 192—200.

Harsanyi, J(1967—68). Games with incomplete information played by 'Bayesian' players. Parts I—III, *Management Science*, 8, 159—182, 320—334, 486—502.

Harsanyi, J(1973). Games with randomly disturbed payoffs: A new rationale for mixed strategy equilibrium points. *International Journal of Game Theory*, 2, 1—23.

Kreps, D and R Wilson (1982). Sequential equilibria. *Econometrica*, 50, 863—894.

Lewis, D(1969). *Convention: A Philosophical Study*. Cambridge, MA: Harvard University Press.

Mertens, J-F and S Zamir(1985). Formulation of Bayesian analysis for games with incomplete information. *International Journal of Game Theory*, 14, 1—29.

Milgrom, P and J Roberts(1991). Adaptive and sophisticated learning in normal form games. *Games and Economic Behavior*, 3, 82—100.

Nash, J(1951). Non-cooperative games. *Annals of Mathematics*, 54, 286—295.

Reny, P(1992). Backward induction, normal form perfection and explicable equilibria. *Econometrica*, 60, 627—649.

Rubinstein, A(1991). Comments on the interpretation of game theory. *Econometrica*, 59, 909—924.

Savage, L(1954). *The foundations of statistics*. New York, NY: Wiley.

Tan，T and S Werlang(1988). The Bayesian foundations of solution concepts of games. *Journal of Economic Theory*，45，370—391.

Werlang，S(1989). Common knowledge. In Eatwell，J，M Milgate，and P Newman(Eds.)，*The New Palgrave：Game Theory*，pp.74—85. New York，NY：W.W.Norton.

字典式概率及不确定性条件下的选择[*]

劳伦斯·布卢姆、亚当·布兰登勃格和埃迪·戴克
(Lawrence Blume, Adam Brandenburger and Eddie Dekel)

在决策理论里，偏好和在不确定性下选择的表达有两个重要的特性起到重要作用：(i)可允许性(admissibility)，其要求弱劣势的行为(weakly dominated actions)不应该被选择；(ii)良定义(well defined)条件概率的存在，也就是，给定任何事件一个条件概率是集中在该事件上的，且与个人偏好相对应。在传统的贝叶斯不确定性选择理论，主观预期效用(subjective expected utility, SEU)理论，不能满足弱劣势行为可能被选择，且通常的条件概率定义只运用到非零(nonnull)事件这类特性。本章构造了一个非阿基米德版本的主观预期效用，其中决定者有字典式信念；也就是存在(一阶)可能发生的事件以

* 原文出版于 *Econometrica*，Vol.59，pp.61—79。

  关键词：可允许性；弱优势(weak dominance)；条件性概率；字典式概率(lexicographic probability)；非阿基米德偏好(non-Archimedean preferences)；主观预期效用。

  研究经费支持：Harvard Business School Division of Research，Miller Institute for Basic Research in Science，NSF 经费 IRI-8608964 和 SES-8808133。

  致谢：我们要感谢 Bob Anderson、Kenneth Arrow、Mark Bagnoli、John Geanakoplos、Ehud Kalai、Andreu Mas-Colell、Klaus Nehring、Martin Osborne、Ket Richter 和 Bill Zame 给予了有用的建议。我们要特别感谢 David Kreps 和三位审稿人。

及(高阶)事件其可能性是无限化的小但不必是不可能。这个偏好的泛化，从那些有一个主观预期效用的表达到那些用了字典式信念的表达，可以来满足可允许性和良定义的条件概率，同时允许"零"事件。在决策论里经常强调对于有可允许性的预期效用的合成，及提供零事件排行的需求。此外，字典式的信念是适用于对纳什均衡特点的精细表达。在本章里我们将讨论：具字典式信念特点的个体偏好的原理和行为特性；表达的概率性特点；以及与其他贝叶斯主观预期效用理论延伸的关系。

6.1 引言

在不确定性下选择的偏好和表达有两个重要的特性。第一是允许性的标准，就是说，一个决策者不该选择一个弱劣势的行为（Luce and Raiffa，1957，第 13 章）。第二是对于任何事件存在一个条件概率，其是集中在该事件上且代表在给定该事件时决策者的条件性偏好。我们称如此的条件性概率为"良定义"（well defined）。给定任何事件后条件性概率需要一个完全和直观理论的重要性早已在概率理论①和哲学②的背景下讨论过。此外，逆向归纳的标准，其中特指在一个决策树中每个选择节点选择最大化预期效用尊重于该节点的"信念"，且该标准要求在决策树中每个节点使用良定义条件性概率来表达条件性偏好。然而，常规的主观预期效用理论不能满足这些特性。③对于这两个特性，问题的根源是一致的：当受条件限制的事件预计不会发生，主观预期效用理论将导致一个简单的选择问题：所有的行为都是无差异的。

这些目的激励着我们首先且主要与主观预期效用公理的不同点——减弱阿基米德公理。在 6.2 节对主观预期效用回顾后，在 6.3 节中我们将展示一个有弱阿基米德公理的偏好普遍表达定理。这个表达允许事件为"零"，但是仍旧被决策者考虑，同时也包括在萨维奇定义下的零事件。我们接着加强状态独立性公理来排除 Savage-零事件，且在 6.4 节里我们显示这些偏好满足可允许性，并确定良定义条件性概率。6.5 节将讨论一个阿基米德公理，其强度居于标准阿基米德公理和 6.3 节中的阿基米德公理之间。这个中强度的公理引向一个选择的表达，其与条件性概率系统密切相关（Myerson，1986a、b）。在 6.6 节中另一种偏好的表达将运用无穷小数（infinitesimal

number)而不是字典式的向量顺序,该表达等价于 6.3 节中的偏好表达。6.7
节讨论了令人惊讶的微妙问题,来自用字典式概率建立随机独立性的模型。

值得一提的是,字典式信念的概念在一个很自然的情况下产生——作
为满足可允许性的决策理论特质和在所有事件中良定义条件概率的存在
性的结果,同时允许某类零事件。字典式模型一直被用来解决其他决策论
中的问题。一个早期案例是 Chipman(1960;1971a、b),相较于 Friedman
和 Savage(1948),他构造了并运用字典式模型来提供一个不同的方式来
解释彩票和保险购买,以及来讨论投资组合的选择和其他经济应用问题。
Fishburn(1974)提供了一个全面的调查。Kreps 和 Wilson(1982)介绍了一个
字典式方法来更新在序贯均衡(sequential equilibrium)[④]的背景下在博弈树
中的信念。Hausner(1954)和 Richter(1971)为我们目前的研究提供了技术
性基础。

6.2 在有限状态空间上的主观预期效用

对于主观预期效用的理论,有两种不同的方法。在 Savage(1954)中的构
架,个体对于将状态空间映射为后果的行为有自己的偏好。Anscombe 和
Aumann(1963)(也可参见 Chernoff,1954;Suppes,1956;以及 Pratt、Raiffa
and Schlaifer,1964)运用参考客观概率的公理。尽管 Savage(1954)的构架
可能看上去更吸引人,但是因为可追溯性,也因为我们想把结果运用到有限
博弈,所以在 6.3 节我们借用了 Anscombe 和 Aumann 的构架来建立我们的
非阿基米德主观预期效用理论。为了与后面的偏好便于比较,接下来我们
将提供一个 Anscombe 和 Aumann 的主观预期效用理论的简要回顾。

决策人面对一个状态 Ω 的有限集合和一个(纯)后果集合 C。设 $\mathscr{P}$ 为结
果上的简单(即为有限支持的)概率分布的集合。在 $\mathscr{P}$ 里的客观彩票提供了
一个测量结果的效用和状态主观概率的测度。决策人对于行为有自己的偏
好,其为由状态空间 Ω 到 $\mathscr{P}$ 的映射。因此,行为的集合是积空间 $\mathscr{P}^{\Omega}$。行为
x 的第 ω 个坐标标示为 x_ω。行为 x 可以被解释为当它被选择,若状态 ω 发
生对于决策人的结果是取决于彩票 x_ω。集合 $\mathscr{P}^{\Omega}$ 是一个混合空间;特别是
对于 $0 \leqslant \alpha \leqslant 1$ 及 $x, y \in \mathscr{P}^{\Omega}$, $\alpha x + (1-\alpha)y$ 是状态 ω 设定每个 $c \in C$ 的概
率为 $\alpha x_\omega(c) + (1-\alpha)y_\omega(c)$ 时的行为。Ω 的非空子集被称为事件。对于任

何事件 $S \subset \Omega$，x_S 标示为元组 $(x_\omega)_{\omega \in S}$。我们将用 x_{-S} 来标示 $x_{\Omega - S}$。一个恒定的行为将每个状态映射到相同的彩票的后果：对于所有 ω，$\omega' \in \Omega$，$x_\omega = x_{\omega'}$。为了简化符号，我们经常用 ω 来表示事件 $\{\omega\} \subset \Omega$。

决策人的一对行为的弱偏好关系（weak preference relation）标示为 $\geqslant$。严格偏好关系（strict preference）标示为 $>$，以及无差异（indiference）标示为 $\sim$，三者被定义如下：如果 $x \geqslant y$ 且没有 $y \geqslant x$，$x > y$；以及如果 $x \geqslant y$ 且 $y \geqslant x$，$x \sim y$。以下公理显示了那些具有（阿基米德）主观预期效用表达的偏好顺序的特性。

公理 1（顺序）：$\geqslant$ 是一个在 $\mathscr{P}^\Omega$ 上的完整的且具传递性的二元关系。

公理 2（客观独立性）：对于所有的 x，y，$z \in \mathscr{P}^\Omega$ 和 $0 \leqslant \alpha \leqslant 1$，如果 $x >$（对于 $\sim$ 同理）y，那么 $\alpha x + (1 - \alpha)z >$（对于 $\sim$ 同理）$\alpha y + (1 - \alpha)z$。

公理 3（非简单性，Nontriviality）：存在 x，$y \in \mathscr{P}^\Omega$，其中 $x > y$。

公理 4（阿基米德特性）：如果 $x > y > z$，那么存在 $0 < \alpha < \beta < 1$，且 $\beta x + (1 - \beta)z > y > \alpha x + (1 - \alpha)z$。

零事件的定义需要对于每个 $S \subset \Omega$ 条件性偏好 $\geqslant_S$ 的概念，如在 Savage（1954）中。

定义 2.1 如果对于某个 $z \in \mathscr{P}^\Omega$，$x \geqslant_S y$，$(x_S, z_{-S}) \geqslant (y_S, z_{-S})$。

根据公理 1 和公理 2，这个定义是独立于 z 选择（这可以被看作是通过相反的假设：(i) $(x_S, z_{-S}) \geqslant (y_S, z_{-S})$；同时 (ii) $(y_S, \omega_{-S}) > (x_S, \omega_{-S})$。然后取用 (x_S, ω_{-S}) 有 (i) 和 (x_S, z_{-S}) 有 (ii) 的 $\frac{1}{2} : \frac{1}{2}$ 混合，再运用公理 1 和 2 得到一个矛盾）。一个事件 S 是 Savage-零如果它的条件性偏好关系是"简单的（trivial）"。

定义 2.2 对于所有的 x，$y \in \mathscr{P}^\Omega$，如果 $x \sim_S y$，那么事件 $S \subset \Omega$ 是 Savage-零。

公理 5（非零状态独立性）：对于所有状态 ω，$\omega' \in \Omega$，其不为 Savage-零，且对于任意两个恒定行为 x，$y \in \mathscr{P}^\Omega$，当且仅当 $x \geqslant_{\omega'} y$，$x \geqslant_\omega y$。

以下的表达定理可以在 Anscombe 和 Aumann（1963）以及 Fishburn（1982，p.11，定理 9.2）中找到。

定理 2.1 当且仅当存在一个仿射函数（affine function）$u : \mathscr{P} \to \mathbb{R}$ 及一个在 Ω 上的概率测度 p，公理 1—公理 5 成立，使得对于所有 x，$y \in \mathscr{P}^\Omega$，

$$x \geqslant y \Leftrightarrow \sum_{\omega \in \Omega} p(\omega) u(x_\omega) \geqslant \sum_{\omega \in \Omega} p(\omega) u(y_\omega)$$

此外,当且仅当事件 S 是 Savage-零,直至正仿射变换 u 是独有的,p 是独有的,且 $p(S) = 0$。

因为,u 为一个仿射函数,且 x_ω 有有限支持,$u(x_\omega) = \sum_{c \in C} u(\delta_c) x_\omega(c)$,其中 δ_c 意为该测度设定 c 的概率为 1。为了专注于我们主要研究点的主观概率,且为了等式的清晰度,如前所述,我们标注 u 为一个在 $\mathscr{P}$ 之上的仿射函数,而不特别地包含这后面的和。

推论 2.1 如果事件 S 不是 Savage-零,那么对于所有的 $x,y \in \mathscr{P}^\Omega$,

$$x \geqslant_S y \Leftrightarrow \sum_{\omega \in S} p(\omega \mid S) u(x_\omega) \geqslant \sum_{\omega \in S} p(\omega \mid S) u(y_\omega)$$

这个推论是直接由定义 2.1 和定理 2.1 可得,其中 $p(\omega \mid S)$ 是由条件性概率的常规定义所给定的:$p(\omega \mid S) = p(\omega \bigcap S)/p(S)$。推论 2.1 只用于非 Savage-零事件,因为在 Savage-零事件上的条件性偏好是简单的,且条件性预期效用在给定任何 Savage-零事件时不是凹的(is not denned[or "is not concave"])。为了保证可允许性和良定义条件性概率,Savage-零事件必须排除。这点可以由加强非零状态的独立性公理可得。

公理 5′(状态独立性):对于所有状态 ω,$\omega' \in \Omega$,且对于任意两个恒定行为 $x,y \in \mathscr{P}^\Omega$,当且仅当 $x \geqslant_{\omega'} y$,$x \geqslant_\omega y$。

在公理 1—公理 4 和公理 5′ 下,可获得如定理 2.1 中相同的表达,同时有额外的特征:对于所有的 $\omega \in \Omega$,$p(\omega) > 0$。结果是所有的优势比(odd ratios)都是有限的。决策人必须在某一个状态中的效用收益与任意其他状态中的效用收益作权衡。我们的非阿基米德主观预期效用理论的公式化避免了这点。我们会有不是 Savage-零的状态,但也是相对其他状态具无限小的可能性。

6.3 字典式概率系统和非阿基米德性质的主观预期效用理论

在本节中,我们将讨论之前许诺过的阿基米德特性的减弱(公理 4)。减弱这个公理的结果是引入一个其不同于 Savage-零事件的级别的零事件。减弱的阿基米德公理不排除 Savage-零事件;其为加强状态独立性的结果。因此,我们在本节中引入的决策理论,也就是非阿基米德主观预期效用理论,是严格地弱于常规的阿基米德主观预期效用理论的,所以我们的理论可以理性化一个严格的更大的选择集。我们的新公理是对阿基米德特性在以下作限制:对于那些三重行为组 x，y，z，其中对于某个状态 $\omega \in \Omega$，$x_{-\omega} = y_{-\omega} = z_{-\omega}$。

公理 4′（条件性阿基米德特性）：对于每个 $\omega \in \Omega$，如果 $x \succ_\omega y \succ_\omega z$，那么存在 $0 < \alpha < \beta < 1$，使得 $\beta x + (1-\beta)z \succ_\omega y \succ_\omega \alpha x + (1-\alpha)z$。

作为这个减弱公理 4 的结果,偏好的一个数字表达（numerical representation）不一定总是可能的（但是,在 6.6 节中我们将显示如果愿意将"数字的"意为包含无穷小的数的话,一个数字表达是可能的）。这里,我们对每个行为设定一个在欧几里得空间里的预期效用向量,且用字典式顺序给这些向量排序,其中我们标示为 $\geqslant L$。⑤ 预期效用向量是通过用对一个单一效用函数的预期以一个概率分布的字典式层次的角度来计算的。

定义 3.1 一个字典式概率系统（LPS）是一个 K 元组 $\rho = (p_1, \cdots, p_K)$，对于某个整数 K，在 Ω 上的概率分布。

定理 3.1 当且仅当存在一个仿射函数 $u: \mathscr{P} \to \mathbb{R}$ 和一个在 Ω 上的字典式概率系统 $(p_1, \cdots, p_K)$，公理 1—定理 3 以及定理 4′ 和定理 5 成立,使得对于所有 $x, y \in \mathscr{P}^\Omega$，

$$x \geqslant y \Leftrightarrow \left(\sum_{\omega \in \Omega} p_k(\omega)u(x_\omega)\right)_{k=1}^K \geqslant L \left(\sum_{\omega \in \Omega} p_k(\omega)u(y_\omega)\right)_{k=1}^K$$

此外,直至正仿射变换 u 是独有的。存在一个最小的 K，其是小于或等于 Ω 的基数。在字典式概率系统的最小长度 K 中,每个 p_k 是独有的,直至 $p_1, \cdots, p_k$ 的线性组合,其设定正权重至 p_k。最后,当且仅当事件 S 是 Savage-零,对于所有的 k，有 $p_k(S) = 0$。

在附录 7.A 中可以找到定理 3.1 的证明和本章中所有接下来结果的证明。在定理中,对于字典式概率系统的最小长度的独有性限制是为了避免冗余,比如在层次中层级的重复（举例来说,字典式概率系统 $(p_1, p_2, \cdots, p_K)$ 和 $(p_1, p_1, p_2, \cdots, p_K)$ 显然表达了一样的偏好）。在字典式概率系统的最小长度 K 中,一个字典式概率系统 $(q_1, \cdots, q_K)$ 将产生和 $(p_1, \cdots, p_K)$ 一样的偏好,当且仅当每个 $q_k = \sum_{i=1}^k \alpha_i p_i$，其中 α_i 是某些使得 $\sum_{i=1}^k \alpha_i p_i$ 在 Ω 上的一个概率分布且 $\alpha_k > 0$ 的数字。尤其是,p_1 是独有的。

这些偏好包含 $K = 1$ 在阿基米德理论中作为一个特例。以下例子是被

公理 $4'$ 允许而不是被公理 4 允许的非阿基米德行为。决策人将对投掷一个骰子进行下注。她有两个层次的信念,概率分布分别由 p_1 和 p_2 表示。状态空间 Ω 包含骰子的 6 个面,12 条边以及 8 个角。设

$$p_1(\omega) = \begin{cases} 1/6, & \text{如果 } \omega \text{ 是一个面} \\ 0, & \text{除此以外} \end{cases} \qquad p_2(\omega) = \begin{cases} 1/12, & \text{如果 } \omega \text{ 是一条边} \\ 0, & \text{除此以外} \end{cases}$$

现在考虑两个赌注。如果骰子停留在标为 1 的面,下注 x 的回报为 $\$v$,其他情况无回报。如果骰子停留在标为 2 的面或任何边上,下注 y 回报 $\$1$,其他情况为 0。决策人的效用函数是 $u(\omega) = \omega$。 根据这些偏好和字典式信念,每当 $v > 1$,有 $x > y$,且每当 $v \leqslant 1$,有 $y > x$。注意到不存在能使得 $x \sim y$ 的 v。这类行为不能在阿基米德主观预期效用理论中被理性化,因为它明确违反了公理 4。每个面在正一阶概率下产生,且每条边在正二阶概率下产生。但是,骰子停在角上是一个 Savage-零事件,所以被 p_1 和 p_2 都设为概率 0。这个例子的目的是显示尽管落在边上不是一个 Savage-零事件,它是如何成为与停在面上相比是"无限小可能的"。在 6.5 和 6.6 节中这个术语将被精确地定义。

正如我们在 6.2 节中提到的,由公理 5 到公理 $5'$ 来加强状态独立性排除了 Savage-零事件。但是 6.5 节将显示,在更普遍的字典式构架中不是所有形式的零事件是被排除的。

推论 3.1 当且仅当存在一个仿射函数 $u: \mathscr{P} \to \mathbb{R}$ 且有一个在 Ω 上的字典式概率系统 $\rho = (p_1, \cdots, p_k)$ 使得公理 1—公理 3,公理 $4'$ 和公理 $5'$ 成立,对于所有的 $x, y \in \mathscr{P}^\Omega$,

$$x \geqslant y \Longleftrightarrow \Big(\sum_{\omega \in \Omega} p_k(\omega) u(x_\omega)\Big)_{k=1}^{K} \geqslant_L \Big(\sum_{\omega \in \Omega} p_k(\omega) u(y_\omega)\Big)_{k=1}^{K}$$

此外,直至正仿射变换 u 是独有的,字典式概率系统 p 具有和定理 3.1 中相同的独有性特征,且对于每个 ω 存在一个 k,使得 $p_k(\omega) > 0$。

以上所描述的决策人对于下注于掷骰子的偏好不满足公理 $5'$——停在角上的是一个 Savage-零事件。但是现在假设决策人有第三个信念

$$p_3(\omega) = \begin{cases} 1/8, & \text{如果 } s \text{ 是一个角} \\ 0, & \text{除此之外} \end{cases}$$

如前所述,停在面上相对于停在边上无限化更可能的,同时也是相对于落在角上无限化更可能的。但是现在不存在 Savage-零事件了。

6.4 可允许性和条件性概率

可允许性的概念和存在良定义的条件性概率所产生的事宜都是有关条件性偏好的表达。在本节中,我们将研究可允许性并证明一个结果,该结果与推论 2.1 相类似,关于在非阿基米德主观预期效用的条件性偏好的表达。

定义 4.1 设 u 为一个效用函数。如果对于所有的 $\omega \in \Omega$,每当有 $u(x_\omega) \geqslant u(y_\omega)$,偏好关系 $\geqslant$ 是相对于 u 可允许的,并对于至少一个 ω 有严格的不等式,那么 $x \succ y$。

这个定义是关于一个行为的效用函数表达为 $\geqslant$ 的陈述,而不是一个关于条件性偏好的陈述。将该定义与以下定理 4.1 对照是有益的,定理 4.1 只陈述了条件性偏好。所以来考虑以下一类决策问题。设 $\mathscr{P}$ 为 Ω 的划分,且对于每个在 $\mathscr{P}$ 中的 S,设 $X(S) \subset \mathscr{P}^S$ 为当 S 发生时决策人可以在 $\mathscr{P}^S$ 中选择的行为的子集。一个策略是 $X \equiv \Pi_{S \in \mathscr{P}} X(S) \subset \mathscr{P}^\Omega$ 的一个元素,且偏好 $\geqslant$ 是在策略集合上定义的。

定理 4.1 假设 $\geqslant$ 满足公理 1 和公理 2。(i)对于 x,$y \in X$,如果对于所有的 $S \in \mathscr{P}$,有 $x \geqslant_S y$,且对于某些 $S \in \mathscr{P}$,有 $x \succ_S y$,那么 $x \succ y$。 (ii)对于 $x \in X$,如果对于所有的 $y \in X$,有 $x \geqslant y$,那么对于所有的 z,使得 $z_S \in X(S)$,有 $x \geqslant_S z$。

定理 4.1(i)通常是指"确定事件原则(sure thing principle)"。它陈述了如果在给定任何在 $\mathscr{P}$ 中的信息格,一个行为 x 是条件性(弱)受偏好于 y,且是严格受偏好于某个单元格,那么 x 是无条件地严格受偏好于 y。视 $\mathscr{P}$ 为最精细的划分,便能得到一个和可允许性相类似的结果,但是这个结果的假设是一个关于条件性偏好的要求而不是关于效用函数。定理 4.1 的第二部分陈述了一个最优策略必须是在所有 $\mathscr{P}$ 的格子中为条件性最优,且这点类似于逆向归纳的逻辑。这个定理的目的是两个特性都由阿基米德主观预期效用理论满足了。可允许性和逆向归纳最好不是被理解为在偏好上的条件,而是条件性偏好的表达。⑥可允许性是被定义为表达的。相类似的,我们把逆向归纳理性意为以下的限制:一个最优策略在每个格子 $S \in \mathscr{P}$ 中最大化条件性预期效用;所以,良定义的条件性概率是需要的。

在本节中,我们假设此后公理 5′ 是被满足的。主要的目的是显示在非阿基米德框架中,这将蕴涵着可允许性和字典式概率系统的存在,其代表了条件性偏好和其集中于条件性事件。

定理 4.2(可允许性):假设 ≥ 满足公理 1—公理 3,公理 4′ 和公理 5′,且设 u 和 ρ 为一个效用函数和一个字典式概率系统,其表达了 ≥。那么 ≥ 相对 u 是可允许的。

定理 4.2 是推论 3.1 的一个直接结果。现在我们将转向对于字典式信念层次的条件性概率的定义。

定义 4.2 设 $\rho = (p_1, \cdots, p_K)$ 为一个在状态空间 Ω 上的字典式概率系统。对于任何非空事件 S,给定 S 的条件性字典式概率系统是 $\rho_S \equiv (p_{k_1}(\cdot \mid S), \cdots, p_{k_L}(\cdot \mid S))$,其中指数 k_l 是由 $k_0 = 0$ 给定的,对于 $l > 0$,$k_l = \min\{k : p_k(S) > 0 \text{ 且 } k > k_{l-1}\}$,以及 $p_{k_i}(\cdot \mid S)$ 是由条件性概率的通常定义给定的。

这个条件性概率的概念是具有直观吸引力的——条件性字典式概率系统是通过取自所有在字典式概率系统 $p((p_k(S) > 0)$ 定义其中的条件)中的 p_k 的条件性概率,且摒除其他 p_k 而获得的。公理 5′ 蕴涵着至少有一个 p_k 不会被摒除而使得 $L \geqslant 1$。 在 6.6 节中,概率被允许是无穷小的数,这个定义被视作是与通常的条件性概率定义等同的确切类比。显然定义 4.2 满足我们的两个目的:它是一个字典式概率系统(所以是一个在字典式框架中的"主观概率");且集中在条件事件 S。还有待验证的主要问题是这些条件性概率代表了条件性偏好,正如定理 4.3 所显示,其为一个非阿基米德版本的推论 2.1。

定理 4.3 假设 ≥ 满足公理 1—公理 3,公理 4′ 和公理 5′,且设 u 和 ρ 为一个效用函数和一个字典式概率系统,其表达了 ≥。那么对于任何非空事件 S,效用函数 u 和条件性字典式概率系统 $\rho_S \equiv (p_{k_i}(\cdot \mid S), \cdots, p_{k_L}(\cdot \mid S))$ 表达了条件性偏好 $\geqslant_S$:

$$x \geqslant_S y \Leftrightarrow \left(\sum_{\omega \in S} p_{k_i}(\omega \mid S) u(x_\omega) \right)_{l=1}^L \geqslant_L \left(\sum_{\omega \in S} p_{k_i}(\omega \mid S) u(y_\omega) \right)_{l=1}^L$$

6.5 字典式条件概率系统

在本节中,我们将讨论一些更具体的方式,在其中,事件可以是在字典式概率系统中为零，以及查考 6.3 节中的特性和其他最近发展（Myerson，1986a，b；McLennan，1989a，b；Hammond，1987）之间的关系。这个关系将会以公理化字典式条件性概率系统（请不要与定义 4.2 中的条件性字典概率系统混淆）的方式阐明，用一个阿基米德特性来调解公理 4 和公理 $4'$ 之间的强度。这个调解性阿基米德公理将会由对字典式框架中的零事件的理解而自然产生。

在阿基米德框架中，当且仅当 T 是 Savage-零，一个事件 S 是相对另一个事件 T 无限更可能的（就概率比率而言）。非阿基米德理论接纳一个更丰富的事件似然性排序。我们将研究一个事件的局部排序，$S \gg T$，被读作"S 是相对 T 无限更可能的"。我们可以继续从表达或偏好的角度来定义这样一个概念。我们将采取后者的方式，为了更好地理解与 Savage-零事件的关系，其中提供了一个更原始的特征描述。下列 Savage-零事件特性的描述将会有用。

定理 5.1 假设 $\geq$ 满足公理 1 和公理 2。当且仅当存在一个非空不相交的事件 S，一个事件 T 是 Savage-零，使得

$$x \succ_S (\sim_S 亦类似) y$$

蕴涵着对于所有的 ω_T, z_T

$$(x_{-T}, \omega_T) \succ_{S \cup T} (\sim_{S \cup T} 亦类似)(y_{-T}, z_T)$$

也就是说，如果对于某个不相交的事件 S，一个事件 T 是 Savage-零，当比较 (x_S, ω_T) 和 (y_S, z_T)，在事件 S 中的结果是判定 $\succ_{S \cup T}$ 和 $\sim_{S \cup T}$。一个直观的事件弱排序产生于假设在事件 S 中的后果是只评定 $\succ_{S \cup T}$。在本节剩下的篇幅中，我们将假设 Savage-零事件不存在，并会查考另一种事件似然性排序的特性。

定义 5.1 对于不相交事件 $S, T \subset \Omega$，有 $S \neq \varnothing$，$S \gg T$，如果 $x \succ_S y$，蕴涵着对于所有的 $\omega_T, z_T, (x_{-T}, \omega_T) \succ_{S \cup T} (y_{-T}, z_T)$。

定理 5.2 假设 $\geq$ 由一个效用函数 u 和一个字典式概率系统 $\rho = (p_1, \cdots, p_K)$ 来表达。对于一对状态 ω^1 和 ω^2，当且仅当 u 和在 $\{\omega^1, \omega^2\}$ 上的字典式概率系统 $((1, 0), (0, 1))$ 表达了 $\geq_{\{\omega^1, \omega^2\}}$，$\omega^1 \gg \omega^2$。

定理 5.2 陈述了对于一对状态的排序 $\gg$ 是对应与条件性概率（其表达了给定该对状态的条件性偏好）。[⑦] 更普遍地来说，如果 $S \gg T$，那么对于事件，$p_{k_1}(T \mid S \cup T) = 0$（其中 $k_1 = \min\{k : p_k(S \cup T) > 0\}$）。但是，反之却是

错误的，所以在表达中的零概率并不对应排序≫。一个与定义 5.1 相关的难点是 $S \gg T$ 且 $S' \gg T$，并不必定蕴涵着 $S \cup S' \gg T$。在以下的例子中我们可以观察这两个难点。考虑一个状态空间 $\Omega = \{$正面，背面，边上，正面*$\}$ 且字典式概率系统 $p_1 = (1/2, 1/2, 0)$，$p_2 = (1/2, 0, 1/2)$。尽管 $\{$背面$\} \gg \{$边上$\}$，$\{$正面$\} \gg \{$边上$\}$，且 $p_1($边上$) = 0$，但是以下等式不成立 $\{$正面，背面$\} \gg \{$边上$\}$，因为 $x \equiv (2, 0, 0) > (1, 1, 0) \equiv y$，但是 $(2, 0, 0) < (1, 1, 2)$。[⑧] p_1 和 p_2 的支持（supports）相叠造成了这些问题。所以，我们将区分字典式概率系统的子集，其组成部分概率测度有不相交的支持，并引入用在定理 5.3 中的阿基米德公理来陈述这个子集的特性。

定义 5.2 一个字典式概率系统 $\rho = (p_1, \cdots, p_K)$ 是一个字典式条件性概率系统（LCPS），其中 p_K 的支持是不相交的。

公理 4″ 存在一个 Ω 的划分 $\{\Pi_1, \cdots, \Pi_K\}$，使得：（a）对于每个 k，如果 $x \succ \Pi_k y \succ \Pi_k z$，那么存在 $0 < \alpha < \beta < 1$，有 $\beta x + (1-\beta)z \succ \Pi_k y \succ \Pi_k \alpha x + (1-\alpha)z$；（b）$\Pi_1 \gg \cdots \gg \Pi_k$。

定理 5.3 当且仅当存在一个仿射函数 $u: \mathcal{P} \to \mathbb{R}$ 和一个在 Ω 上的字典式条件性概率系统（LCPS）$\rho = (p_1, \cdots, p_K)$，使得公理 1—公理 3，公理 4″ 和公理 5′ 成立，对于所有的 $x, y \in \mathcal{P}^{\Omega}$，

$$x \succeq y \Leftrightarrow \Big(\sum_{\omega \in \Omega} p_k(\omega) u(x_\omega)\Big)_{k=1}^{K} \geq L \Big(\sum_{\omega \in \Omega} p_k(\omega) u(y_\omega)\Big)_{k=1}^{K}$$

此外，直至正仿射变换 u 是独有的，ρ 是独有的，且对于每个 $k = 1, \cdots, K$，p_k 的支持是 Π_k。

推论 5.1 假设 $\succeq$ 由一个效用函数 u 和一个字典式条件性概率系统（LCPS）$\rho = (p_1, \cdots, p_K)$ 来表达。对于一对不相交非空的事件 S, T，

$$S \gg T \Leftrightarrow k' < l'，对于所有的 k' \in \{k: p_k(S \mid S \cup T) > 0\}$$
$$以及 l' \in \{l: p_l(T \mid S \cup T) > 0\}.$$

定理 5.3 和推论 5.1 显示，作为对公理 4′ 至公理 4″ 中阿基米德特性的加强的结果，关系≫对应至表达中的零概率，且定理 5.2 可以被加强至对事件和状态都成立。

这是一个对字典式条件性概率系统（LCPS）有趣的阐释。一阶信念 p_1 可以被当作一个先验分布。如果两个行为在 p_1 下的预期效用是相同的，那么决策人考虑事件 $\Omega - \Pi_1$，其中根据定理 5.3，Π_1 是 p_1 的支持。那么二阶信

念 p_2 是在事件 Ω—Π_1 上的"后验"条件。更普遍地来说,高阶信念可以被当作是条件性概率分布。

回到之前讨论的掷硬币的例子。我们现在描述字典式概率系统(p_1, p_2)如何可以重新被解释为一个字典式条件性概率系统。假设存在一个概率,其中硬币被以一种"不诚实的"方式投掷,其保证结果总是正面。如果我们标示这个事件为{正面*},那么扩充的状态空间是 $\Omega^* = \{$正面,背面,边上,正面$^*\}$。在 Ω^* 上信念 $p_1^* = (1/2, 1/2, 0, 0)$,$p_2^* = (0, 0, 1/2, 1/2)$ 有不重叠的支持。此外,如果事件{正面}和{正面*}是不能区分的,那么(p_1^*, p_2^*)将促使关于收益相关结果一样的字典式概率——换言之,正如(p_1, p_2)硬币落在正面,背面或者边上。这个例子显示了如何在一个扩充后的状态空间映射一个字典式概率系统至一个字典式条件概率系统。Hammond(1987)研究出了一个更普遍的处理方式。但是这个新解释并不蕴涵着它足以单独与字典式条件概率系统协作。如果{正面}和{正面*}事实上是无法区分的,那么将不能在{正面}对应{正面*}上下注,所以主观概率(p_1^*, p_2^*)不能被导出;包含这样与收益无关的状态和我们承认所有在 $\mathscr{P}^\Omega$ 中可能行为的基本模型是相矛盾的。

字典式条件概率系统提供了一个连接本章和 Myerson(1986a, b)中一些观点的桥梁。迈尔森(Myerson)也是从现有的主观预期效用理论开始,但是他的修改导致了一个与我们不同的方向。迈尔森由假定一个相对应于每个状态空间 Ω 的非空子集 S 独有的偏好关系的存在性来论证基本偏好关系 $\geqslant$。尽管解释为条件性偏好,这些偏好与 Savage(1954)定义的 $\geqslant S$(以及本章里的定义 2.1)不同。利用这个偏好结构,迈尔森导出一个条件性概率系统(conditional probability system,CPS)的概念。有兴趣的读者可以在 Myerson(1986a, b)找到条件性概率系统的定义,可以显示其与字典式条件性概率系统是同构的。迈尔森的偏好结构与我们的结构有一个重要的分别是,我们的满足可允许性(定理 4.2)而迈尔森的不能满足。McLennan(1989b)运用了条件性概率系统来对序贯均衡进行证明和特征的描述。

6.6 非阿基米德性质的主观预期效用理论的一个数字化的表达

本节将对公理 1—公理 3,公理 $4'$ 和公理 $5'$ 所描述的偏好提供一个数字化的表达,其中"数字"是一个非阿基米德排序的域𝔽里的元素,该域是实数域ℝ的一个严格扩充。域𝔽是非阿基米德性质的:在实数的基础上它还包含无限大数(大于任何实数)也包含无限小数(小于任何实数)。⑨

效用函数存在性的基本结果陈述了在一个集合 X 上的一个完全的(complete)、传递的(transitive)和自返的(reflexive)偏好关系有一个实值表达(real-valed representation),当且仅当 X 包含一个可数的紧致排序(order-dense)的子集。没有这个在 X 上的阿基米德限制,一个表达仍旧是可能的。一个在任意集合 X 上的完全的、传递的和自返的偏好关系有一个数字化的表达,其取值于一个非阿基米德排序的域(Richter,1971)。在本章里,我们减弱了主观预期效用中的阿基米德特性(公理 4)至公理 4′。如此的减弱仍旧允许了一个在结果上的实值效用函数,但是要求主观概率测度为非阿基米德。通过实值例子的类推,一个在 Ω 上非阿基米德概率测度是一个函数 $p:\Omega\to\mathbb{F}$,对于每个 $\omega\in\Omega$,且 $\sum_{\omega\in\Omega}p(\omega)=1$,使得 $p(\omega)\geqslant 0$。

定理 6.1 当且仅当存在一个仿射函数 $u:\mathscr{P}^\Omega\to\mathbb{R}$ 和一个在 Ω 上𝔽-值的概率测度 p,公理 1—公理 3,公理 4′和公理 5′成立,其中𝔽是ℝ的一个非阿基米德排序域扩充,使得对于所有的 $x,y\in\mathscr{P}^\Omega$,

$$x\geqslant y\Leftrightarrow\sum_{\omega\in\Omega}p(\omega)u(x_\omega)\geqslant\sum_{\omega\in\Omega}p(\omega)u(y_\omega)$$

此外,u 是唯一的正仿射变换。如果 p' 是另一个𝔽-值的概率测度,其使得 u 和 p' 表达了$\geqslant$,那么对于所有的 $\omega\in\Omega$,$p(\omega)-p'(\omega)$ 是无穷小的。最后,对于所有的 $\omega\in\Omega$,$p(\omega)>0$。

定理 6.1 中表达的劣势是它的证明需要运用不常见的证明方法。它的优势是对于多数的目的,它的确提供了一个数字化表达。状态的概率正如实数一样,可以被相加、相乘、相除且相比较。比如,条件性概率的普遍性定义也可用到𝔽-值的概率测度:对于事件 $S,T\subset\Omega$,$p(T\mid S)\equiv p(T\cap S)/p(S)$(定理 6.1 蕴涵着 $p(S)\neq 0$)。根据实值例子的类推,可以容易地证明

$$x\geqslant_S y\Leftrightarrow\sum_{\omega\in S}p(\omega)u(x_\omega)\geqslant\sum_{\omega\in S}p(\omega)u(y_\omega)$$

在不等式两边同时除以 $p(S)$,可以看出 u 和 $p(\cdot\mid S)$ 的确表达了条件性偏好关系$\geqslant_S$。

我们通过运用 6.3 节中的字典式概率系统可以发现一些更容易理解的结果,而其他更适合运用本节中的表达。一个前半部分的例子是关于在表

达定理中主观信念的独有性的陈述。一个后半部分的例子是在 6.7 节中讨论的随机独立性的问题。

定理 6.1 中的充分条件部分可以用当偏好是阿基米德类型的类似论据来证明。必要条件部分可以用几种不同的方法证明，包括逻辑中的紧致性（compactness）论据或者运用超滤（ultrafilter）。本章附录提供了一个关于超滤论据的梗概。[10]

6.7 随机独立性和积测度

本节考虑了随机独立性的三个可能的定义。第一个要求（阿基米德式或非阿基米德式）概率测度 p 是一个积测度；第二个要求决策理论的一个独立性公理被满足；而第三个要求是 p 为一个"近似积测度（approximate product measure）"。在阿基米德式的设置下，所有的三个定义都是等同的，但是在非阿基米德情况下三个定义依次减弱。在对纳什均衡进行微调至比如完美均衡（Selten[1975]）来定义独立性的概念是以上提到的第一个。在非阿基米德设置下，事实上它不是等同于随机独立性公理，而建议另一种（更弱的）调整可能更值得考虑。[11]

假设在如下状态集合 Ω 是一个积空间 $\Omega^1 \times \cdots \times \Omega^N$，且对于 $n = 1, \cdots, N$，设 $\Omega^{-n} = \Pi_{m \neq n} \Omega^m$。如果对于 Ω^n 中的每个 ω^n，$\tilde{\omega}^n$ 和 Ω^{-n} 中所有的 ω^{-n}，一个行为 x 在 Ω^n 中是恒定的，$x(\omega^n, \omega^{-n}) = x(\tilde{\omega}^n, \omega^{-n})$。假设偏好关系 $\geqslant$ 满足公理 1—公理 3 和公理 5'。我们希望专注于区分公理 4 成立的阿基米德式例子和公理 4' 成立的非阿基米德式例子。

定义 7.1 一个在 Ω 上（阿基米德式或非阿基米德式的）概率测度 p 是一个积测度，如果存在在 Ω^n 上的概率测度 p^n，对于 $n = 1, \cdots, N$，使得对于所有的 $\omega = (\omega^1, \cdots, \omega^N) \in \Omega$，有 $p(\omega) = p^1(\omega^1) \times \cdots \times p^N(\omega^N)$。

公理 6（随机独立性）：对于任何 $n = 1, \cdots, N$ 和每对在 Ω^n 中恒定的行为 x, y，

$$x \geqslant_{\{\omega^n\} \times \Omega^{-n}} y \Leftrightarrow x \geqslant_{\{\tilde{\omega}^n\} \times \Omega^{-n}} y$$

大致来说，公理 6 要求对于所有的 ω^n 和在 Ω^n 中的 $\tilde{\omega}^n$ 条件性偏好 $\geqslant_{\{\omega^n\} \times \Omega^{-n}}$ 和 $\geqslant_{\{\tilde{\omega}^n\} \times \Omega^{-n}}$（视为在 $\mathscr{P}^{\Omega^{-n}}$ 上的偏好）是一致的。假设偏好关系 $\geqslant$ 满

足阿基米德特性(公理 4),且设 u 和 p 表示一个效用函数和表达了偏好的(阿基米德式的)概率测度。按常规我们将证明 p 是一个积测度,当且仅当随机独立性(公理 6)成立。这个等价关系可以在非阿基米德设定下分解,如果 p 是一个积测度。任何由某个效用函数 u 和非阿基米德式概率测度 p 表达的偏好关系满足公理 6。但是反之为假(false),正如以下由 Roger Myerson(私下交流)提出的例子所说明的。设 $\Omega = \{\omega_1^1, \omega_2^1, \omega_3^1\} \times \{\omega_1^2, \omega_2^2, \omega_3^2\}$,其中非阿基米德式概率测度如图 7.1 所描绘(在其中 $\varepsilon > 0$ 是一个无限小数)。固定一个效用函数 u,根据定理 6.1,概率测度 p 和效用函数 u 决定了一个偏好关系,其满足公理 1—公理 3,公理 $4'$ 和公理 $5'$。我们可以证实给定任何行(row)条件性偏好关系是一样的,相类似的,给定任何列条件性偏好关系是一样的。所以公理 6 是满足的。但是,p 不是一个积测度,且不存在任何一个代表相同偏好关系且是积测度的测度。

	ω_1^2	ω_2^2	ω_3^2
ω_1^1	$1 - 2\varepsilon - 4\varepsilon^2 - 2\varepsilon^3 - \varepsilon^4$	ε	$2\varepsilon^2$
ω_2^1	ε	ε^2	ε^3
ω_3^1	ε^2	ε^3	ε^4

图 7.1

在非阿基米德式情况下(公理 $4'$ 而不是公理 4),对于一个更弱的积测度的类型存在,公理 6 是足够的——这个概念在非标准概率理论中叫 S-独立性。

定义 7.2 一个(阿基米德式或非阿基米德式的)概率测度 p 是一个近似积测度(approximate product measure),如果存在在 Ω^n 上的概率测度 p^n,使得对于所有的 $\omega = (\omega^1, \cdots, \omega^N) \in \Omega$,$p(\omega) - (p^1(\omega^1) \times \cdots \times p^N(\omega^N))$ 是无限小的。

假设偏好关系 $\geqslant$ 满足公理 $4'$,且设 u 和 p 表示一个效用函数和非阿基米德式的表达偏好的概率测度。可以直接看到,如果公理 6 成立,那么 p 是一个近似概率测度。[12] 但是,要求一个非阿基米德式的概率测度 p 为一个近似积测度是严格地弱于公理 6 成立时的要求,正如以下的例子所显示。设 $\Omega = \{\omega_1^1, \omega_2^1\} \times \{\omega_1^2, \omega_2^2\}$,其中非阿基米德式概率测度 p 如图 7.2 所述

（在其中 ε 和 δ 是正无限小数有 ε/δ 为无穷）。测度 p 是一个近似积测度，但显而易见的是，对于任何效用函数 u，给定最高行的和给定最低行的条件性关系不同。

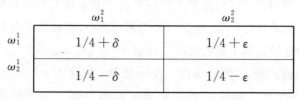

	ω_1^2	ω_2^2
ω_1^1	$1/4 + \delta$	$1/4 + \varepsilon$
ω_2^1	$1/4 - \delta$	$1/4 - \varepsilon$

图 7.2

附录

本章附录包含 6.3—6.6 节中的证明。最先的两个引理用于定理 3.1 和定理 6.1 的证明。

引理 A.1 给定一个在 $\mathscr{P}^\Omega$ 上的偏好关系 $\succcurlyeq$，满足公理 1、公理 2、公理 $4'$ 和公理 $5'$，存在一个仿射函数 $u: \mathscr{P} \to \mathbb{R}$，使得对于每个 $\omega \in \Omega$, $x \succcurlyeq_\omega y$，当且仅当 $u(x_\omega) \geqslant u(y_\omega)$。

证明：对于每个 ω，条件性偏好关系 $\succcurlyeq_\omega$ 满足冯·诺伊曼—摩根斯坦预期效用理论的通常排序、独立性和阿基米德式公理。这点来自 $\succcurlyeq$，依次满足公理 1、公理 2 和公理 $4'$ 的事实。所以，每个 $\succcurlyeq$ 可以由一个仿射效用函数 $u_\omega: \mathscr{P} \to [0, 1]$ 来表达。在公理 $5'$ 之下，条件性偏好关系 $\succcurlyeq_\omega$ 是独立于 ω 的，所以每个 $\succcurlyeq_\omega$ 可以被一个公共（common）效用函数 $u: \mathscr{P} \to [0, 1]$ 表达。 □

下一步是运用效用函数 u 来延展在效用值（utiles）中的行为：一个行为 $x \in \mathscr{P}^\Omega$ 是被元组 $(u(x_\omega))_{\omega \in \Omega} \in [0, 1]^\Omega$ 所表达的。在 $\mathscr{P}^\Omega$ 上的偏好关系 $\succcurlyeq$ 引入了一个在 $[0, 1]^\Omega$ 上的偏好关系 $\succcurlyeq^*$：给定 $a, b \in [0, 1]^\Omega$，定义 $a \succcurlyeq^* b$，当且仅当 $x \succcurlyeq y$，对于某些 $x, y \in \mathscr{P}^\Omega$ 有 $u(x_\omega) = a_\omega$, $u(y_\omega) = b_\omega$，对于每个 $\omega \in \Omega$。这个定义是有意义的，因为根据公理 1 和公理 2，它是独立于一个对 x 和 y 的特定选择。

引理 A.2 在 $[0, 1]^\Omega$ 上的偏好关系 $\succcurlyeq^*$ 满足排序和独立性公理。

证明：这点可以立即由 $\succcurlyeq$ 满足公理 1 和公理 2 得到。 □

定理 3.1 的证明：给定在 $\mathscr{P}^\Omega$ 上的偏好关系 $\succcurlyeq$，构造引入的在引理 A.2

里的在$[0,1]^\Omega$上的偏好关系$\geqslant^*$。根据 Hausner(1954,定理 5.6)中的一个结果,存在 K(其中 K 是等于或小于 Ω 的基数)仿射函数 $U_k:[0,1]^\Omega \to \mathbb{R}$,$k=1,\cdots,K$,使得对于 $a,b \in [0,1]^\Omega$,

$$a \geqslant^* b \Leftrightarrow (U_k(a))_{k=1}^K \geqslant_L (U_k(b))_{k=1}^K$$

下一步是导出主观概率。根据线性度(linearity),$U_k(a) = \sum_{\omega \in \Omega} U_k(e^\omega)a_\omega$,其中 e^ω 是一个在第 ω 位为 1 而其他位置为 0 的向量。根据非简单性(公理 3),每个 U_k 可以被选择来满足 $\sum_{\omega \in \Omega} U_k(e^\omega) > 0$。所以,

$$V_k(a) = \sum_{\omega \in \Omega} r_k(\omega)a_\omega,\ 其中\ r_k(\omega) = \frac{U_k(e^\omega)}{\sum_{\omega' \in \Omega} U_k(e^{\omega'})}$$

是一个 $U_k(a)$ 的正仿射变换。对于每个 ω,$r_1(\omega) \geqslant 0$,不然的话 $e^\omega <^* (0,\cdots,0)$,与公理 3 相矛盾。所以,我们可以根据 $p_1 = r_1$,定义一个在 Ω 上的概率测度 p_1。对于 $k > 1$,找到数字 α_i,$i = 1,\cdots,k$,有 $\alpha_i \geqslant 0$,$\alpha_k > 0$,且 $\sum_{i=1}^k \alpha_i = 1$,使得对于每个 ω,$p_k(\omega) = \sum_{i=1}^k \alpha_i r_i(\omega) \geqslant 0$(再次提醒,这样的 α_i 是存在的,因为不然的话 $e^\omega <^* (0,\cdots,0)$)。被这样定义的 p_k 是在 Ω 上的概率测度。

总而言之,我们导出了在 Ω 上的概率测度 $p_1,\cdots,p_K$,使得对于 $a,b \in [0,1]^\Omega$,

$$a \geqslant^* b \Leftrightarrow \Big(\sum_{\omega \in \Omega} p_k(\omega)a_\omega\Big)_{k=1}^K \geqslant L \Big(\sum_{\omega \in \Omega} p_k(\omega)b_\omega\Big)_{k=1}^K$$

我们回顾一下,$x \geqslant y$,当且仅当 $a \geqslant^* b$,其中 $u(x_\omega) = a_\omega$ 且 $u(y_\omega) = b_\omega$,对于每个 ω,定理 3.1 的表达是成立的。定理 3.1 中的独有特性和"如果"方向(必要条件)可以容易地由常规论据得到。 □

推论 3.1 的证明:对于每个 $\omega \in \Omega$,必须存在一个 k 使得 $p_k(\omega) > 0$,因为不然的话 $\geqslant_\omega$ 将会是简单的,与在公理 5' 中不存在 Savage-零事件的事实相矛盾。 □

定理 4.1 的证明:(1) 我们已显示 $x \geqslant_S y$,且 $x \succ_T (\geqslant_T$ 亦相类似),y 对于不相交的 S 和 T 蕴涵着 $x \succ_{S \cup T} (\geqslant_{S \cup T}$ 亦相类似)y。一个简单的归纳论据可以完成这个证明,我们没有包括在这里。根据定义 2.1:$x \geqslant_S y$ 蕴涵着 $(x_S, x_T, z_{-(S \cup T)}) \geqslant (y_S, x_T, z_{-(S \cup T)})$;且 $x \succ_T y$ 蕴涵着 $(y_S, x_T, z_{-(S \cup T)})$

$\succ(y_S, y_T, z_{-(S \cup T)})$。根据传递性，这将蕴涵着 $(x_S, x_T, z_{-(S \cup T)}) \succ (y_S, y_T, z_{-(S \cup T)})$，这又将蕴涵着 $x \succ_{S \cup T} y$。相同的论据对于弱偏好成立，证明了这个论断（assertion）。

（2）如果这个结果为假，那么存在一个事件 $S \in \mathscr{P}$ 和一个行为 z，使得 $z \succ_S x$ 且 $z_S \in X(S)$。但是根据以上的（1），之后 $(z_S, x_{-S}) \in X$ 和 $(z_S, x_{-S}) \succ x$，以至于 x 不是最优。 $\square$

定理 4.2 的证明：如果对于所有的 ω，$u(x_\omega) \geqslant u(y_\omega)$，那么对于每个 k，$\sum_{\omega \in \Omega} p_k(\omega) u(x_\omega) \geqslant \sum_{\omega \in \Omega} p_k(\omega) u(y_\omega)$。假设 $u(x_{\omega'}) > u(y_{\omega'})$，且设 k' 为第一个 k，从而使得 $p_k(\omega') > 0$。那么，$\sum_{\omega \in \Omega} p_{k'}(\omega) u(x_\omega) > \sum_{\omega \in \Omega} p_{k'}(\omega) u(y_\omega)$，所以 $x \succ y$。 $\square$

定理 4.3 的证明：本证明和主观预期效用的证明相类似。显而易见的是，当且仅当 $(x_S, x_{-S}) \succeq (y_S, x_{-S})$，$x \succeq_S y$，当且仅当

$$\left(\sum_{\omega \in S} p_k(\omega) u(x_\omega) + \sum_{\omega \in \Omega - S} p_k(\omega) u(x_\omega) \right)_{k=1}^{K}$$
$$\geqslant L \left(\sum_{\omega \in S} p_k(\omega) u(y_\omega) + \sum_{\omega \in \Omega - S} p_k(\omega) u(x_\omega) \right)_{k=1}^{K}$$

两边同时减去，

$$\left(\sum_{\omega \in S} p_k(\omega) u(x_\omega) \right)_{k=1}^{K} \geqslant L \left(\sum_{\omega \in S} p_k(\omega) u(y_\omega) \right)_{k=1}^{K}$$

其逆命题为真。最后，对于每个 k，如果 $p_k(S) > 0$，两边的第 k 部分除以 $p_k(S)$。 $\square$

定理 5.1 的证明：充分条件：当定理 5.1 中显示的等式对任何 S 不成立，那么，要么 $x \succ_S y$ 且 $(y_{-T}, z_T) \succeq_{S \cup T} (x_{-T}, \omega_T)$；要么 $x \sim_S y$ 且 $(y_{-T}, z_T) \succ_{S \cup T} (x_{-T}, \omega_T)$；或者 $x \sim_S y$ 且 $(x_{-T}, \omega_T) \succ_{S \cup T} (y_{-T}, z_T)$。根据定理 4.1，这蕴涵着 $z \succ_T \omega$，或者 $\omega \succ_T z$，所以 T 不是 Savage-零。

必要条件：根据定义 2.2，如果 T 不是 Savage-零，那么存在 ω, z，使得 $\omega \succ_T z$，但是之后当 $(x_{-T}, \omega_T) \succ_{S \cup T} (x_{-T}, z_T)$，$x \sim_S x$。 $\square$

定理 5.2 的证明：在一个字典式概率系统 $\rho = (p_1, \cdots, p_K)$ 中，不失一般性的情况下，K 可以被看作小于或等于 Ω 的基数，所以我们可以只关注字典式概率系统的 (p_1, p_2)。此外，定理 3.1 的独有性蕴涵着对于任何 u，字典

式概率系统的 $((1,0),(0,1))$ 和 $((1,0),(\alpha,1-\alpha))$,对于 $\alpha<1$,表达了相同的偏好。最后,如果 $\geqslant\{\omega^1,\omega^2\}$ 是由 $((\beta,1-\beta),(\gamma,1-\gamma))$ 对于某个 $\beta<1$ 表达的,那么存在 x,y,使得 $x\succ_{\omega^1}y$ 但是 $\beta u(x_{\omega^1})+(1-\beta)u(x_{\omega^2})<\beta u(y_{\omega^1})+(1-\beta)u(y_{\omega^2})$,所以 $\omega^1\ggg\omega^2$。必要条件是可以立即得到的。 □

定理 5.3 的证明:因为公理 $4''$(a) 蕴涵着公理 $4'$,由此从推论 3.1 得到存在一个仿射函数 $u:\mathscr{P}\to\mathbb{R}$ 和一个字典式概率系统 $\rho=(p_1,\cdots,p_K)$,使得

$$x\geqslant y\Leftrightarrow\Big(\sum_{\omega\in\Omega}p_k(\omega)u(x_\omega)\Big)_{k=1}^K\geqslant L\Big(\sum_{\omega\in\Omega}p_k(\omega)u(y_\omega)\Big)_{k=1}^K$$

剩下需要显示 ρ 可以被选择,使得 p_k 有不相交的支持。设 $K_1=\min\{k:p_k(\Pi_1)>0\}$。根据公理 $4''$(a) 和公理 $5'$,对于所有的 $\omega\in\Pi_1$,$p_{K_1}(\omega)>0$。根据公理 $4''$(a),对于所有的 $k>K_1$,p_k 可以被选择,以至于 $p_k(\Pi_1)=0$。根据公理 $4''$(b),对于所有的 $k\leqslant K_1$,$p_2(\Pi_2)=0$。接下来,设 $K_2>K_1$ 被定义为 $K_2=\min\{k:p_k(\Pi_2)>0\}$。继续于这个方向可得 ρ 可以被选择,从而使得它的组成部分的测度都是不相交的。独有特性和必要条件可以从常规的论据中容易地得到。 □

推论 5.1 的证明:证明可以立即从定理 5.3 得到。 □

定理 6.1 的证明:给定在 $\mathscr{P}^\Omega$ 上的偏好关系 $\geqslant$,构建引理 A.2 中在 $[0,1]^\Omega$ 上引入的关系 $\geqslant^*$。因为 $\geqslant^*$ 满足排序公理,从而由运用超滤的论据(可参见 Richter,1971,定理 9)得到存在一个对于 $\geqslant^*$ 的表达,取值于一个非阿基米德排序域 $\mathbb{F}$。也就是,存在如此一个域 $\mathbb{F}$ 和一个效用函数 $U:[0,1]^\Omega\to\mathbb{F}$,使得对于 $a,b\in[0,1]^\Omega$,$a\geqslant^*b\Leftrightarrow U(a)\geqslant U(b)$。

此外,因为 $\geqslant^*$ 满足冯·诺伊曼—摩根斯坦独立性公理,从而由常规的分离超平面(separating hyperplane)论据得到对于每个有限集合 $A\subset[0,1]^\Omega$,存在一个仿射函数 $U^A:[0,1]\to\mathbb{R}$ 在 A 上表达了 $\geqslant^*$。所以,超滤论据可以被扩充到如下结论:效用函数 U 可以被用来仿射。综上所述,我们显示了存在一个仿射函数 $U:[0,1]^\Omega\to\mathbb{F}$ 在 $[0,1]^\Omega$ 上表达 $\geqslant^*$。

下一步是导出主观概率。根据线性度,$U(a)=\sum_{\omega\in\Omega}U(e^\omega)a_\omega$(其中 e^ω 是第 ω 个单位向量[unit vector])。根据非简单性(公理 3),$\sum_{\omega\in\Omega}U(e^\omega)>0$。所以定义

$$V(a)=\sum_{\omega\in\Omega}p(\omega)a_\omega,\text{其中 }p(\omega)=\frac{U(e^\omega)}{\sum_{\omega'\in\Omega}U(e^{\omega'})}$$

因为，V 是一个 U 的正仿射变换，它也表达 $\geqslant^*$。由如此方式定义的 $p(\omega)$ 构成一个在 Ω 上的 $\mathbb{F}$ 值的概率测度。回顾到 $x \geqslant y$，当且仅当 $a \geqslant^* b$，其中对于每个 ω，$u(x_\omega) = a_\omega$ 且 $u(y_\omega) = b_\omega$，定理 6.1 的表达成立。 $\square$

注　释

① 比如，de Finetti(1972，p.82)指出"似乎没有引入限制 $P(H) \neq 0$ 的理由"，其中 H 是一个具条件限制的事件，且 Blackwell 和 Dubins(1975，p.741)关注了何时"条件性分布……满足了成为合理的直观愿望"，即为关注于具条件性的事件。

② 可参见 Harper、Stalnacker 和 Pearce(1981)，同时和文章中提及的文献，提供了一个关于语言直觉、反事实(counterfactuals)和条件性概率之间关系的讨论。

③ 在统计决策论中一些早期的研究是关注于贝叶斯过程(Bayes procedures)和可允许过程(admissible procedures)之间困难的关系。可参见 Blackwell 和 Girshick(1954，第 5.2 节)，以及 Arrow、Brarnkin 和 Blackwell(1953)。

显而易见的是，常规主观预期效用理论可以被精细化来满足可允许性和通过排除零事件来决定良定义的条件概率。但是这个方法太具限制性。比如，这样的偏好不能表达博弈中纯策略均衡的特性。在本章中，我们将在不确定性下公理化偏好，其满足可允许性并产生良定义的条件性概率，尽管不是在 Savage(1954)的角度下但仍允许"零"事件。Anscombe 和 Aumann (1963)影响了 Fishburn(1982)中的主观预期效用构架，我们将由此构造了一个非阿基米德主观预期效用理论。我们表达中一个重要的特征是介绍一个字典式信念层次。这种信念可以捕捉这样一种观点：掷骰子时，一个骰子停在它的面上是比停在边上无限化更可能，同时停在边上比停在角上无限化更可能。这些关于"不太可能"事件的考虑似乎神秘，但在博弈理论的背景下是必要的，正如我们的讨论所建议的，也显示在本章之后的研究中(Blume、Brandenburger and Dekel，1991)。尤其是，博弈中一个参与者可能不希望完全排除考虑一个竞争对手的任何行为，且那些行为在某种意义上不太可能是"内生的(endogenous)"(也就是说，取决于考虑中的均衡)。

④ 关于本章和序贯均衡在决策理论中的基础之间的关系，可参见我们在 6.5 节中关于条件性概率系统的讨论。McLennan(1989b)运用了条件性概率系统来显示序贯均衡的特性。

⑤ 当且仅当无论何时只要 $b_k > a_k$，对于 $a, b \in \mathbb{R}^k$，$a \geqslant_L b$，存在一个 $j < k$ 使得 $a_j > b_j$。

⑥ 因为偏好决定着表达,这些条件能够仅以偏好的方式被陈述——但是正如定理 4.1—定理 4.3 所示,将这些特性以表达的形式来考虑是更有见地的。

⑦ 如果严格排序 $\gg$ 是限制于状态,那么被引入的弱排序其特征的描述如下:与 $\omega \Leftrightarrow \min\{k: p_k(\omega) > 0\} \geqslant \min\{k: p_k(\omega') > 0\}$ 相比,ω' 不是更无限大的可能。原来这个弱排序对恰当的均衡的定性十分有用(Myerson,1978),可参见本章的后续研究(Blume、Brandenburger and Dekel,1991)。

⑧ 这些三重数字是效用收益。

$$S \gg T \Leftrightarrow k' < l', \text{对于所有的 } k' \in \{k: p_k(S \mid S \bigcup T) > 0\}$$
$$\text{并且 } l' \in \{l: p_l(T \mid S \bigcup T) > 0\}$$

⑨ 我们不区分与 $\mathbb{R}$ 排序同构(order-isomorphic)的 $\mathbb{F}$ 的子域与 $\mathbb{R}$ 本身。相类似的,$\geqslant$ 将被用来同时标示 $\mathbb{F}$ 和 $\mathbb{R}$。

⑩ Hammond(1987)讨论了关于字典式概率系统可以用如下概率测度来表达,其取值于在 $\mathbb{R}$ 上的有理函数的非阿基米德式排序域。

⑪ 如此的调整可能涉及一系列的相关颤抖(trembles)而汇集至一个纳什均衡,可参见本章的续篇(Blume,Brandenburger and Dekel,1991)。相关问题也可参见 Binmore(1987,1988);Dekel 和 Fudenberg(1990);Fudenberg、Kreps 和 Levine(1988);以及 Kreps 和 Ramey(1987)。

⑫ 同样的,在 6.3 节中偏好的字典式表达中,公理 6 预示着字典式概率系统 $(p_1, \cdots, p_K)$ 中第一级的概率测度 p_1 表达了 $\gg$ 是一个积测度。

参考文献

Anscombe,F and R Aumann(1963). A definition of subjective probability. *Annals of Mathematical Statistics*,34,199—205.

Arrow,K,E Barankin,and D Blackwell(1953). Admissible points of convex sets. In Kuhn,H and A Tucker(Eds.),*Contributions to the Theory of Games*,Vol.2. Princeton,NJ:Princeton University Press.

Binmore,K(1987). Modeling rational players I. *Journal of Economics and Philosophy*,3,179—214.

Binmore,K(1988). Modeling rational players II. *Journal of Economics and Philosophy*,4,9—55.

Blackwell,D and L Dubins(1975). On existence and non-existence of proper,regular,conditional distributions. *The Annals of Probability*,3,741—752.

Blackwell,D and M Girshick(1954). *Theory of Games and Statistical Decisions*. New York,NY:Wiley.

Blume, L, A Brandenburger, and E Dekel(1991). Lexicographic probabilities and equilibrium refinements. *Econometrica*, 59, 81—98.

Chernoff, H(1954). Rational selection of decision functions. *Econometrica*, 22, 422—443.

Chipman, J(1960). The foundations of utility. *Econometrica*, 28, 193—224.

Chipman, J(1971a). On the lexicographic representation of preference orderings. In Chipman, J, L Hurwicz, M Richter, and H Sonnenschein(Eds.), *Preference Utility and Demand*. New York, NY: Harcourt Brace Jovanovich.

Chipman, J (1971b). Non-Archimedean behavior under risk: An elementary analysis—with application to the theory of assets. In Chipman, J, L Hurwicz, M Richter, and H Sonnenschein (Eds.), *Preferences*, *Utility and Demand*. New York, NY: Harcourt Brace Jovanovich.

de Finetti, B(1972). *Probability*, *Induction and Statistics*. New York, NY: Wiley.

Dekel, E and D Fudenberg (1990). Rational behavior with payoff uncertainty. *Journal of Eonomic Theory*, 52, 243—267.

Fishburn, P. (1974). Lexicographic orders, utilities, and decision rules: A survey. *Management Science*, 20, 1442—1471.

Fishburn, P(1982). *The Foundations of Expected Utility*. Dordrecht: Reidel.

Friedman, M and L Savage(1948). The utility analysis of choices involving risk. *Journal of Political Economy*, 56, 279—304.

Fudenberg, D, D Kreps, and D Levine(1988). On the robustness of equilibrium refinements. *Journal of Economic Theory*, 44, 354—380.

Hammond, P(1987). Extended probabilities for decision theory and games. Department of Economics, Stanford University.

Harper, W, R Stalnacker, and G Pearce(Eds.)(1981). *IFs: Conditionals*, *Belief*, *Decisions*, *Chance and Time*. Boston, MA: D. Reidel.

Hausner, M(1954). Multidimensional utilities. In Thrall, R, C Coombs, and R Davis(Eds.), *Decision Processes*. New York, NY: Wiley.

Kreps, D and G Ramey(1987). Structural consistency, consistency and sequential rationality. *Econometrica*, 55, 1331—1348.

Kreps, D and R Wilson (1982). Sequential equilibria. *Econometrica*, 50, 863—894.

Luce, R and H Raiffa(1957). *Games and Decisions*. New York, NY: Wiley.

McLennan, A(1989a). The space of conditional systems is a ball. *International Journal of Game Thoery*, 18, 125—139.

McLennan, A(1989b). Consistent conditional systems in noncooperative game theory. *International Journal of Game Theory*, 18, 140—174.

Myerson, R(1978). Refinements of the Nash equilibrium concept. *International Journal of Game Theory*, 7, 73—80.

Myerson, R(1986a). Multistage games with communication. *Econometrica*, 54, 323—358.

Myerson, R(1986b). Axiomatic foundations of Bayesian decision theory. Discussion Paper No.671, J.L. Kellogg Graduate School of Management, Morthwestern University.

Pratt, J, H Raiffa, and R Schlaifer(1964). The foundations of decision under uncertainty: an elementary exposition. *Journal of American Statistical Association*, 59, 353—375.

Richter, M(1971). Rational choice. In Chipman, J, L Hurwicz, M Richter, and H Sonnenschein(Eds.), *Preferences*, *Utility and Demand*. New York, NY: Harcourt Brace Jovanovich.

Savage, L(1954). *The Foundations of Statistics*. New York, NY: Wiley.

Selten, R(1975). Reexamination of the perfectness concept of equilibrium points in extensive games. *International Journal of Game Theory*, 4, 25—55.

Suppes, P(1956). A set of axioms for paired comparisons. Unpublished, Center for Behavioral Sciences.

博弈中的可允许性[*]

亚当·布兰登勃格、阿曼达·弗里登伯格和哲罗姆·基斯勒
(Adam Brandenburger, Amanda Friedenberg and H. Jerome Keisler)

假设在博弈中的每个参与者都是理性的,每个参与者认为其他参与者是理性的,以此类推。同时,假设理性包含了可允许性要求——即为规避弱劣势策略。哪个策略可以被选择?我们提供了一个认知上的构架,其回答了该问题。特别是,我们公式化了以下概念:理性和第 m 阶理性假设

* 原文出版于 *Econometrica*,Vol.76,pp.307—352。

关键词:认知博弈论;理性;可允许性;迭代弱优势(iterated weak dominance)。

注释:本章将整合以下两篇文章,"Epistemic Conditions for Iterated Admissibility"(Brandenburger and Keisler,2000 年 6 月)和"Common Assumption of Rationality in Games"(Brandenburger and Friedenberg,2002 年 1 月)。

研究经费支持:Harvard Business School Division of Research,Stern School of Business CMS-EMS at Northwestern University,Department of Economics at Yale University,Olin School of Business,National Science Foundation and the Vilas Trust Fund。

致谢:我们要感谢 Bob Aumann, Pierpaolo Battigalli, Martin Cripps, Joe Halpern, Johannes Horner, Martin Osborne, Marciano Siniscalchi, and Gus Stuart 的主要建议。Geir Asheim, Chris Avery, Oliver Board, Giacomo Bonanno, Ken Corts, Lisa DeLucia, Christian Ewerhart, Konrad Grabiszewski, Rena Henderson, Elon Kohlberg, Stephen Morris, Ben Polak, Phil Reny, Dov Samet, Michael Schwarz, Jeroen Swinkels 以及参加各种研讨会的专家学者所给予的有价值的评论。Eddie Dekel 和审稿人给予了非常有用的建议。

（rationality and mth-order assumption of rationality，RmAR）与理性和理性的共同假设（rationality and common assumption of rationality，RCAR）。我们显示如下（i）RCAR 是以一个解概念（solution concept），我们称其为"自我允许集（self-admissible set）"为特征；（ii）在一个"完全的"类型结构里，RmAR 是以经过 $m+1$ 轮筛选的非可允许策略的所幸存的策略集合为特征；（iii）在某些条件下，在一个完全结构中 RCAR 是不可能的。

7.1 引言

若假设在博弈中每个参与者都是理性的，每个参与者认为其他参与者是理性的，以此类推，其蕴涵着什么？这个问题的自然答案是，参与者将选择迭代非劣势（iteratively undominated）策略——即为经过重复地筛选强劣势策略而幸存的策略。Berheim（1984）和 Pearce（1984）通过他们的可理性化[1]概念，本质上给出了这个答案。Pearce（1984）还定义了最优回应集（best-response set，BRS）的概念，且以此给出了更完整的答案。

在本章我们将问道：当一个参与者的理性包含了一个可允许性要求——即为规避弱劣势策略，将如何回答以上的问题？

我们的分析将确认一个和 Pearce 的"最优回应集"概念相似的"弱优势"概念，我们称其为自我允许集（self-admissible set，SAS）。我们还会确认参与者选择迭代可允许（iteratively admissible，IA）策略的条件——即经过弱劣势策略迭代筛选后幸存的策略。

弱优势情况是重要的。弱优势概念在很多有应用价值的博弈中能给予精确的预测。除了其在应用中的优势，可允许性是一个初步且合理的标准：它捕捉了以下观点：一个参与者考虑了所有其他参与者的策略；没有任何一个策略被完全排除。这点在决策论和博弈论领域有着悠久的传统（可参见 Kohlberg and Mertens，1986，第 2.7 节中的讨论）。

但是要想理解在博弈中的可允许性，还要克服一些有着重大概念上的障碍。下面我们将回顾一些文献中已被确认的问题，然后加入一些新的问题，再提供一个解决方案。

本章的结构如下。7.2 节将对该问题有一个非公式化的讨论，并随后给出结果。我们将在 7.3—7.10 节提供公式化的处理。7.11 节讨论一些开放性问题。7.2 节中的"启发式的处理"内容可以在 7.3—7.10 节的公式化处理之前阅读，或者同步阅读。②

7.2 启发式处理

我们从标准等价关系开始讨论：策略 s 是可允许的，当且仅当存在一个在对其他参与者的策略组合上严格的正概率测度，在其下 s 是最优。在一篇有影响力的论文中，Samuelson(1992)指出这会对博弈中的可允许性分析产生一个基本的挑战。考虑在图 2.1 中的博弈，其本质上是 Samuelson(1992)中的示例 8。

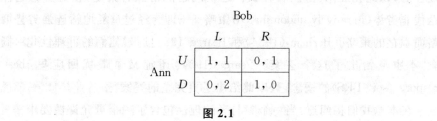

图 2.1

假设理性包含可允许性。那么，如果 Bob 是理性的，他应该设定正概率至 U 和 D，且会选择 L。相类似的，如果 Ann 是理性的，想必她应该设定正概率至 L 和 R。但是如果 Ann 认为 Bob 是理性的，她是否不应该设定概率 1 至 L？（我们故意使用模糊的术语"认为"（think）。下文我们将使用精确的表述）。Ann 是理性的条件似乎和她认为 Bob 是理性的条件相矛盾。

7.2.1 字典式概率

我们克服这个难点的方法是允许 Ann 在同一时间包括和排除 Bob 的一个策略。Ann 将考虑 Bob 的一些相对于其他一些无限小可能性的策略，但还是可能的。那些得到无穷小权重（infinitesimal weight）的策略既可以被视为是被包含的（因为它们没有得到零权重），也可以被视为是被排除的（因为它们只得到了无穷小的重量）。

在图 2.2 中，Ann 有一个关于 Bob 的字典式概率系统策略的（lexicographic probability system，LPS）（LPS 在 Blume，Brandenburger 和 Dekel[1991a]中有

介绍）。Ann 的第一测度（"假说［hypothesis］"）设定了概率 1 至 L。Ann 的第二测度（显示在方括号里）设定概率 1 至 R。Ann 认为 Bob 选择 L 是相对 Bob 选择 R 有无穷大的可能性，但并不完全排除 R。

	1 L	[1] R
U	1, 1	0, 1
D	0, 2	1, 0

图 2.2

在我们字典式决策理论中，当 s 产生一系列的字典式的预期收益大于 s' 所产生的一系列预期收益时，Ann 将会选择策略 s 而不是策略 s'。所以，由 LPS 所显示的，她将会选择 U（而不是 D）。

我们能称 Ann 相信 Bob 是理性的吗？习惯上来说，我们会说是的，当 Ann 设定 Bob 是理性的这一事件的概率为 1，但是现在 Ann 有一个其不是单独测度的 LPS，所以我们需要更深层次地看这个问题。回顾一下，在偏好的层次上，如果她以非-E（not-E）为条件限制的行为偏好，Ann 相信一个事件 E，是简单的（trivial）（简而言之，非-E 是 Savage-零）。但是，显而易见的是，Ann 的偏好是以 Bob 是非理性（选择 R）的事件为条件限制是不简单的（not trivial）：在她的第二假设下，她选择 D 而不是 U。

我们将解决，Ann 认为事件 E 相比于非-E 有更无限大的可能的弱条件，在这个情况下我们将称 Ann 假设 E（之后，我们将给假设一个偏好的基础）。在图 2.2 里，Ann 认为 Bob 是理性的比 Bob 是非理性的有更无限大的可能。这是我们对需要 Ann 是理性的（在可允许性的意义上）和需要她认为 Bob 是理性的，这两者之间的紧致关系的一个解决方案。

LPS 是在一个策略结构分析的背景下处理意外事件的一个工具。有一个相类似的分析扩展形式的工具，名为条件性概率系统（conditional probability systems，CPS's）（该概念可以追溯到 Rényi，1955）。CPS 是 Battigalli 和 Siniscalchi（2002）认知的扩展形式分析的一个关键元素。我们的（以 LPS 为基础的）假设概念是与他们（以 CPS 为基础的）"强信念"概念密切相关的。事实上，本章中的许多元素与 Battigalli 和 Siniscalchi（2002）中的概念密切相关。7.2.8 节将回到这些相关性的讨论。

7.2.2　理性和理性的共同假设

在图 2.2 中的博弈，Bob 是理性的，和 Ann 是理性的且假设 Bob 是理性的，这些条件蕴涵着每个参与者都有一个独特的策略。

通常来说，我们可以公式化的一个无限序列的条件：

（a1）Ann 是理性的；

（a2）Ann 是理性的且假设（b1）；

（a3）Ann 是理性的，假设（b1），假设（b2）

……

（b1）Bob 是理性的；

（b2）Bob 是理性的且假设（a1）；

（b3）Bob 是理性的，假设（a1），假设（a2）

……

如果这个序列成立，那么存在理性和理性的共同假设（RCAR）。当理性包含可允许性，RCAR 是一个博弈的自然的认知条件"底线"。我们想知道什么样的策略可以在 RCAR 下被选择。

为了回答这个问题，我们需要更多认知结构。设 T^a 和 T^b 依次为 Ann 和 Bob 的类型空间。每个 Ann 的类型 t^a 是和在 Bob 策略和类型空间的乘积上（比如在 $S^b \times T^b$ 上）的一个 LPS 相关。对于 Bob 也相类似。一个世界的状态是一个 4 元组 (s^a, t^a, s^b, t^b)，其中 s^a 和 t^a 是 Ann 的实际策略和类型，对于 Bob 也是相类似的。在认知博弈论文献中这是一个标准的类型结构，不同之处是类型与 LPS 相关，不是与单一的概率测度相关。

在这些结构中，理性是策略—类型对的一个特性。如果它满足以下的可允许性要求，一对 (s^a, t^a) 是理性的：与 t^a 相关的字典式概率系统 σ 有完全的支持（不排除任何情况），以及 s^a 字典式最大化 Ann 在 σ 下的预期收益（特别是，s^a 不是弱劣势）。否则这对便是非理性的。这点对于 Bob 也是相类似的。

由一个博弈和相关的类型结构开始。我们得到一个如图 2.3 的画面，其中外面的矩形是 $S^b \times T^b$，且阴影部分是满足"对于 Bob 的 RCAR"的策略—类型对。

现在设定一个满足对于 Ann 的 RCAR 的策略—类型对 (s^a, t^a)。然后 Ann 假设（b1），假设（b2），……根据假设的一个合取特性，可以得到 Ann 假

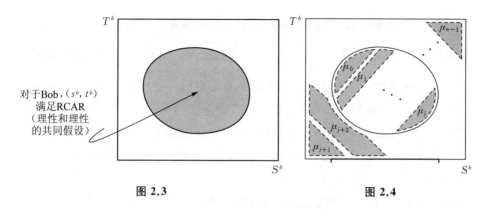

图 2.3   图 2.4

设事件（b1）和（b2）和……的联合，也就是，Ann 假设"对于 Bob 的 RCAR"。这给予了一个如图 2.4 的画面，其中测度（μ_0，…，μ_{n-1}）的序列是与 t^a 相关的 LPS。存在一个该序列的初始段（μ_0，…，μ_j），其恰好集中在事件"对于 Bob 的 RCAR"。这是因为 Ann 认为在这个事件中的策略—类型对（s^b，t^b）比那些在事件外的策略—类型对有更无限大的可能性。

因为（s^a，t^a）是理性的，在（μ_0，…，μ_{n-1}）之下，策略 s^a 字典式最大化 Ann 的预期收益。这便（通过取在 S^b 边缘上的一个凸组合[a convex combination]）建立了在 S^b 上一个严格的正测度，在其中 s^a 是最优的。也就是，s^a 必须是可允许的。同时策略 s^a 必须字典式最大化 Ann 在初始段（μ_0，…，μ_j）的预期收益。由此（再次取边缘的一个凸组合）在事件"对于 Bob 的 RCAR"（在其下 s^a 是最优的）的投影上存在一个严格的正测度。也就是，s^a 必须相对于投影是可允许的。

取满足 RCAR 的所有状态（s^a，t^a，s^b，t^b）集合，同时设 $Q^a \times Q^b$ 是其进入 $S^a \times S^b$ 的投影。根据讨论，乘积 $Q^a \times Q^b$ 有以下两个特性：

（i）每个 $s^a \in Q^a$ 是可允许的（即相对于 S^b 是可允许的），

（ii）每个 $s^a \in Q^a$ 相对于 Q^b 是可允许的；

当 a 与 b 互换时也是相类似的。

（要注意到这些特性与（Pearce[1984]中）一个在强优势基础上最优—回应集定义的相似处）但是这两个特性不足以显示 RCAR 特征，正如下一个示例所示。

7.2.3 凸组合

考虑图 2.5 中的博弈。集合 $\{U\} \times \{L, R\}$ 有特性（i）和（ii），但是 U 不可

能在 RCAR 下被选择。的确，设定一个类型结构和假设(U, t^a)是理性的。就 Ann 的收益而言，$U = \frac{1}{2} N + \frac{1}{2} D$。由此$(N, t^a)$和$(D, t^a)$也将是理性的。接下来考虑一个对于 Bob 的策略—类型对(s^b, t^b)，其为理性的且假设 Ann 是理性的（即为 Bob 假设在第 2.2 节中定义的事件（a1））。所以 Bob 考虑对于 Ann 的理性的策略—类型对(s^a, t^a)是相对非理性策略—类型对有更无限大的可能。但是由于$s^b = R$，因为与t^b相关的 LPS 必须在给定 M 正概率前给定每一个正概率U、N 和 D。现在考虑一个对于 Ann 的策略—类型对(s^a, t^a)，其为理性的，这样 Ann 假设 Bob 是理性的且假设 Bob 是理性的和假设 Ann 是理性的（即为 Ann 假设事件（b1）和（b2））。我们得到 $s^a = D$（而不是U），因为与t^a相关的 LPS 必须在给定 L 正概率前给定 R 正概率。

Bob

	L	R
U	1, 4	1, 4
M	$-1, 3$	$-1, 0$
N	2, 0	0, 3
D	0, 0	2, 3

（Ann 位于表格左侧）

图 2.5

示例的关键是 U 是对于 Ann 且关于 N 和 D 的一个凸组合，所以每当(U, t^a)是理性的，(N, t^a)和(D, t^a)也是理性的。这便指出 RCAR 集的投影应有以下的特性：

（iii）如果$s^a \in Q^a$ 和 r^a 是 Ann 的一个策略凸组合的一部分，且对于她来说等同于s^a，那么 $r^a \in Q^a$；

且对于 Bob 来说相类似。

我们定义一个自我允许集（self-admissible set，SAS）为一个策略对的集合 $Q^a \times Q^b \subseteq S^a \times S^b$，其具有特性（i），（ii）和（iii）。[③] 在 RCAR 下选择的策略总是构成一个 SAS（定理 8.1(i)）。

7.2.4　非理性

反之成立吗？也就是说，给定一个 SAS，是否存在一个相关的类型结构，使得在 RCAR 下选择的策略与此 SAS 相对应？

为了解决以上反向问题，我们需要考虑博弈中可允许性的另一个方面。在可允许性下，Ann 认为一切皆有可能。但是这只是一个决策理论的陈述。Ann 在一个博弈中，所以我们想象她会问自己："Bob 会怎样呢？他认为什么是可能的？"如果 Ann 的确考虑一切皆有可能，那么她应该特别允许 Bob 认为不可能的可能性！换句话说，一个可允许性要求的完全的分析似乎应该包括其他参与者不遵循该要求的可能性。

更精确地来说，我们知道如果对于 Ann 的一个策略—类型对 (s^a, t^a) 是理性的，那么与 t^a 相关的 LPS 有完全的支持。但是我们将允许 Ann 考虑以下可能性，对于 Bob 存在一些类型 t^b 与一些不拥有完全支持的 LPS 相关（Ann 允许 Bob 并不认为一切皆有可能）。当然，根据定义，如果 (s^b, t^b) 是一个对于 Bob 的理性对，那么与 t^b 相关的 LPS 拥有完全支持。

		Bob	
	L	C	R
Ann U	4, 0	4, 1	0, 1
M	0, 0	0, 1	4, 1
D	3, 0	2, 1	2, 1

图 2.6

但是，其他策略—类型对也有可能存在。我们的论点是当关注点是博弈中的可允许性，如此策略—类型对的出现是概念上合适的。

为了呈现这点的重要性，考虑在图 2.6 中的博弈（由 Pierpaolo Battigalli 提供）。集合 $\{U, M, D\} \times \{C, R\}$ 是一个 SAS（它也是一个 IA[iterative admissible, 迭代可允许]集）。在反向的考虑下，让我们来理解为什么 D 和 RCAR 相一致。

设定一个类型结构。注意到 L 是（强）劣势策略，所以，所有 Bob 的策略—类型对 (L, t^b) 是非理性的。如果与 t^b 相关的 LPS 有完全支持，一对 (C, t^b) 或 (R, t^b) 将是理性的，否则将是非理性的。我们将在下面运用到这点。

再来看 Ann 的情况。注意到如果 D 是在一个测度下最优，那么该测度将设概率 $\frac{1}{2}$ 至 C 且 $\frac{1}{2}$ 至 R 或者设定正概率至 L 和 R。此外，在第一个情况下，U 和 M 也必须是最优的。

设定一个理性对 (D, t^a)，其中 t^a 假设 Bob 是理性的。设 $(\mu_0, \cdots, \mu_{n-1})$ 为与 t^a 相关的有完全支持的 LPS。根据完全支持条件，存在一些测度，其给定 $\{L\} \times T^b$ 正概率。设 μ_i 为第一个如此的测度。同时，因为 t^a 假设"Bob 是理性的"，对于 Bob 的理性的策略—类型对必须是相对非理性对有更无限大的可能。因此，$i \neq 0$。运用 (D, t^a) 的理性，我们现在得到对于每个测度 μ_k，其中 $k < i$：(i) μ_k 设定概率 $\frac{1}{2}$ 至 $\{C\} \times T^b$ 且设定概率 $\frac{1}{2}$ 至 $\{R\} \times T^b$，且 (ii) U, M 和 D 是在 μ_k 下最优。由此 D 在 μ_i 下必须也是最优，同时 μ_i 必须设定正概率至 $\{L\} \times T^b$ 和 $\{R\} \times T^b$。现在再运用以下事实，Bob 的理性策略—类型对必须是相对非理性对有更无限大的可能。因为在 $\{L\} \times T^b$ 的每个点都是非理性的，μ_i 必须设定严格的正概率至在 $\{R\} \times T^b$ 中的非理性对。如果对于 Bob 存在无完全支持类型的话，以上这点是有可能的。

理解本章中出现的两种非理性的形式很重要。一种是比较标准化的：如果在与 t^a 相关的 LPS 下，s^a 不是最优策略—类型对是非理性的。这只是通常的非理性的概念，但是现在最优是被字典式定义的。在一个类型结构中，一些策略—类型对"正确地求和"并进行最优化，而其他策略类型对并没有达到这点。这两种策略类型对都存在，但是后者在我们的分析中并不重要。

第二种非理性的形式是全新的。对于我们来说，如果一个参与者进行最优化并不排除任何可能性，那么他是理性的。所以非理性可能蕴涵着不进行最优化。但是它也可以蕴涵着进行最优化却并不考虑所有的可能性（与 t^a 相关的 LPS 不拥有完全支持）。以上的示例存在着这类非理性，其为我们分析的关键（也可参见 7.11 节中的 C 部分）。

为了简化，我们将用"非理性"代指这两种形式，但是我们将重申这两种情况的存在性。

7.2.5 RCAR 的特性

我们现在可以陈述在博弈中 RCAR 的特性（定理 8.1）：

从一个博弈和一个相关的类型结构开始。设 $Q^a \times Q^b$ 是一个满足 RCAR 的状态 (s^a, t^a, s^b, t^b) 中 $S^a \times S^b$ 的投影。那么 $Q^a \times Q^b$ 是该博弈中的一个 SAS。

我们同时有：

从一个博弈和一个 SAS $Q^a \times Q^b$ 开始。存在一个类型结构（没有完全支持类型）使得 $Q^a \times Q^b$ 是满足 RCAR 的状态（s^a，t^a，s^b，t^b）中 $S^a \times S^b$ 的投影。

我们很容易就能查证，IA 策略构成博弈中的一个 SAS。所以，特别是每个博弈拥有一个 SAS，且在每个博弈中 RCAR 都是有可能的。但是一个博弈可能也拥有其他 SAS。在图 2.7 的博弈中，存在三个 SAS：$\{(U, L)\}$，$\{U\} \times \{L, R\}$ 以及 $\{(D, R)\}$。（第三个是 IA 集。要注意到其他两个 SAS 并不包含在 IA 集里。这点与强优势的情况不同：众所周知，任何 Pearce 最优回应集是包含在迭代强优势幸存策略集中的。）

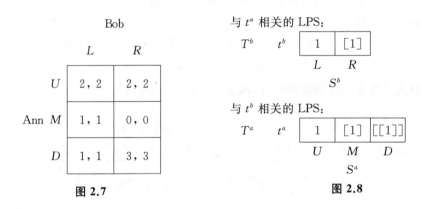

图 2.7　　　　　　　　　　　　　　图 2.8

7.2.6　迭代可允许性

所以剩下的问题是：在一个博弈中，什么样的认知条件在 SAS 族中选择了 IA 集合？为了研究这点，考虑图 2.8，其对于图 2.7 中的博弈给定了一个类型结构。Ann 和 Bob 各有一个类型。Ann 的 LPS 设定第一概率 1 至（L，t^b），且设定第二概率 1（在方括号中）至（R，t^b）。Bob 的 LPS 设定第一概率 1 至（U，t^a），第二概率 1（在方括号里）至（M，t^a），且第三概率 1（在双方括号里）至（D，t^a）。Ann（对于 Bob 也类似）只有一个理性策略—类型对，即为（U，t^a）（类似的为（L，t^b））。Ann 的独有的类型 t^a 假设 Bob 是理性的（理性对（L，t^b）是被认为相对非理性对（R，t^b）有更无限大的可能）。相类似的，Bob 的独有类型 t^b 假设 Ann 是理性的（理性对（U，t^a）是被认为相对非理性对（M，t^a）和（D，t^a）有更无限大的可能）。根据归纳法，RCAC 集合便是单列（singleton）$\{(U, t^a, L, t^b)\}$。这是一个定理 8.1 的例子：$\{(U, t^a, L,$

t^b)}中进入 $S^a \times S^b$ 的投影是一个 SAS,即为{(U, L)}。

在这个结构里,Ann 假设 Bob 选择 L,便使得 U 成为她的唯一理性的选择。对她来说,M 和 D 都是非理性的。实际上,Bob 认为 Ann 选择 M 是相对选择 D 有更无限大的可能,也就是他为什么选择 L 的原因。这样 Bob 可以自由地设定概率。为了假设 Ann 是理性的,Bob 认为 U 相对 M 和 D 有更无限大的可能,这点足矣,正如他所做的。

如果 Bob 假设 D 相对 M 有更无限大的可能会怎么样呢?那么他会理性地选择 R 而不是 L。想必 Ann 会选择 D 且 IA 集合会是其结果。图 2.9 展示了一个场景,其中 Bob 会事实上认为 D 相对 M 有更无限大的可能。我们加了一个 Ann 的类型 u^a,其假设 Bob 选择 R。现在便有第二个对于 Ann 的理性对,即为(D, u^a)(注意到,对于 Ann,不存在我们可以加入的类型 v^a,从而使得(M, v^a)对于 Ann 是理性的,因为 M 是非可允许的)。如果 Bob 假设 Ann 是理性的,那么他必须认为在图 2.9 中有阴影的对相对没有阴影的对有更无限大的可能。如果是理性的,他必须选择 R,正如所料。

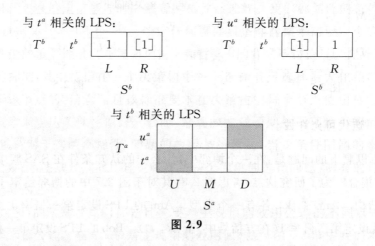

图 2.9

如果一个映射的值域由 T^a(Ann 的类型空间)至 LPS 在 $S^b \times T^b$ 上的空间(Bob 策略空间相交于 Bob 的类型空间)完全包含 LPS 在 $S^b \times T^b$ 上的完全—支持集合(the set of full-support),那么我们称其为完全(complete)类型结构,当 Ann 和 Bob 互换时也是如此。更笼统地说,如果它包含所有可能的完全—支持类型以及至少一个非完全—支持类型(按照第 7.2.4 节),一个类型结构是完全的。完全类型结构存在于每个有限博弈(命题 7.2)。图 2.9 显示,以此设定,我们应该可以识别 IA 策略。

对于 $m \geqslant 0$,若第 7.2.2 节的条件 $(a(m+1))$ 和 $(b(m+1))$ 成立,称有理性及第 m 阶理性假设（rationality and mth-order assumption of rationality-RmAR）。我们有（定理 9.1）：

由一个博弈以及一个相关的完全类型结构开始。设 $Q^a \times Q^b$ 为满足 RmAR 在状态 (s^a, t^a, s^b, t^b) 进入 $S^a \times S^b$ 的投影。那么 $Q^a \times Q^b$ 是 IA 的 $(m+1)$ 轮后的策略集。

7.2.7 一个否定的结果

注意到定理 9.1 实际上识别了,对于任何 m,$(m+1)$-迭代可允许的策略,不是 IA 策略。当然,对于一个给定（有限）的博弈,存在一个数字 M 使得对于所有 $m \geqslant M$,m-迭代可允许策略与 IA 策略相一致。然而我们的结果仍然不是 IA 在所有有限博弈中的一个认知条件。那将会是一个公共条件——覆盖所有博弈——从而产生 IA。比如,有人可能希望把 IA 集描述为一个状态集合的投影,而该状态集合是在所有完全类型结构中被构造成一个统一的方式。

有人可能预期 RCAR 集合是这个状态集的一个自然的候选。但是以下的否定结果（定理 10.1）显示了 RCAR 并不是,同时也是我们限制定理 9.1 的理由：

由一个博弈开始,其中 Ann 有超过一个的"策略性不同（strategically distinct）"的策略,且与一个相关的连续的完全类型结构相关。那么没有任何一个状态满足 RCAR。

对于一个连续的完全类型结构的定义,参见定义 7.8。由我们现有的结果（命题 7.2）所得到的完全类型结构是连续的。

从某种意义上来说,该结果显示了参与者不能"无限理性"（reason all the way）。以下是该结果的一个直观证明。假设 RCAR 集是非空的。那么必然存在一个 Ann 的类型 t^a 其假设事件（b1）,（b2）（在第 2.2 节中定义了这些事件）……的顺序是递减的。也就是,不在（b1）中的策略—理性对必须被认为是相对在（b1）中的策略—理性对有无限小的可能；不在（b2）中的策略—理性对必须被认为是相对在（b2）中的策略—理性对有无限小的可能,以此类推。设 $(\mu_0, \cdots, \mu_{n-1})$ 为与 t^a 相关的 LPS。图 2.10 显示了最简省的方法来排列测度 μ_i,所以 Ann 的确假设了每一个（b1）,（b2）,……但是即使如

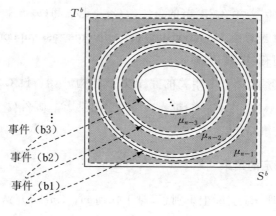

图 2.10

此,我们仍将用完所有的测度,且 Ann 将不能假设任何事件(b_n),($b(n+1)$),……更宽泛地来说,在某一时间点上,Ann 将达到她的第一假设(primary hypothesis)μ_0,此时并不存在下一个(更可能的)等级的似然性(likelihood)。

在我们由命题 7.2 得到的完全类型结构中,每个事件($b(m+1)$)"显著地"小于事件(bm)。这是因为 Bob 有很多假设事件($a(m-1)$)而不是事件(am)的类型。所以测度 μ_i 的确是如图所示。在图 2.8 中的非完全结构并非如此,其中这些事件并没有缩小。这也就是为什么我们有一个满足 RCAR 的状态,同时在命题 7.2 的完全结构中不存在类似的状态。

7.2.8 成分

简要概括:我们从 Samuelson(1992)发现的基本包含—排斥挑战(inclusion-exclusion challenge)开始。我们的解决方案是允许某些状态相对另一些状态有更无限大的可能(通过运用 LPS 和假设的概念)。然后我们把与 RCAR 相一致的策略定性为一个博弈的 SAS。在一个完全类型结构中,与 $RmAR$ 相一致的策略是那些在($m+1$)轮的迭代可允许性之后幸存的策略。但是,在某些条件下,在一个完全结构中,RCAR 是不可能的。

我们对于可允许性的研究建立在 Battigalli 和 Siniscalchi(2002)中对博弈树的基础研究之上。他们研究了扩展—形式可理性化(extensive-form rationalizability, EFR)的解概念,一个迭代非劣势(iteratively undominated-IU)策略的扩展相似形式(此概念由 Pearce[1984]定义,之后被 Battigalli[1997]

简化）。

Battigalli 和 Siniscalchi 运用了条件概率系统（conditional probability systems，CPS's）来描述根据参与者在博弈树中的观察，他们将有什么样的信念。接着他们介绍了强信念的概念（这个要求是指一个参与者设定概率 1 至一个事件，其在每个与其一致的信息集上）。通过对于博弈树结构所定义理性，他们显示了：

由一个博弈和一个相关（以 CPS 为基础）的完全类型结构开始。设 $Q^a \times Q^b$ 为满足理性和第 m 等级强理性信念在状态（s^a，t^a，s^b，t^b）上进入 $S^a \times S^b$ 的投影。那么 $Q^a \times Q^b$ 便是在（$m+1$）轮删除 EFR 后幸存的策略集。

显然，我们的定理 9.1（在 7.2.6 节中预览过）是与其紧密相关的。在成分方面，LPS 和 CPS 可以视为公式化相关的。Halpern（2007）有一个常规处理。假设可以被看作是强信念的一个策略—形式相似体。Asheim 和 Søvik（2005）探索了这个关系；也可参见我们的相关文献（Brandenburger、Friedenberg and Keisler，2006）。完全性在我们分析中的角色和在 Battigalli 和 Siniscalchi 中的角色相类似。

从结果的角度来说也有相似之处。IA 和 EFR 在通用树（generic trees）中是相同结果的。[④] 当然，我们感兴趣的很多博弈都不是通用的。[⑤] 在同步行动博弈中，EFR 消减至 IU。每当 IA 和 IU 不同，IA 和 EFR 也会不同。

两个分析还有其他的不同点。在 Battigalli 和 Siniscalchi 中，并没有我们的否定结果相类似的结果（定理 10.1）。原因是在某种意义上，完全—支持 LPS 比博弈树上的 CPS 包含更多信息。我们的网上补充资料对这点不同进行了分析。

同时，我们通过定理 8.1（在 7.2.5 节预览过）覆盖了不完全类型结构的情况。我们视某一个特殊的不完全结构为给定的"背景"，在其中进行博弈。与萨维奇在决策论中的小世界概念相符（Savage，1954，pp.82—91），其中在给定博弈中的参与者可视作一个他们在博弈之前经历的简写（shorthand）。参与者可能的特性——包括他们可能的类型——从而反映了之前历史或背景（从这个角度来说，完全结构展现了一种特殊的"无背景（context-free）"情况，其中不存在类型的缩减）。SAS 是我们在背景情况下对 RCAR 认知条件的特性描述。[⑥]

7.3　自我允许集合(SAS)和迭代可允许集合(IA)

我们现在开始公式化处理。设定一个双人有限策略—形式的博弈$\langle S^a$, S^b, π^a, $\pi^b\rangle$,其中 S^a, S^b 是(有限)策略集,且 π^a, π^b 分别是 Ann 和 Bob 的收益函数。[⑦]给定一个有限集合 X,设 $\mathcal{M}(X)$ 为在 X 上的所有概率测度的集合。以下的定义都有 a 和 b 互换的对应定义。我们用通常的手法扩充 π^a 至 $\mathcal{M}(S^a)\times\mathcal{M}(S^b)$:$\pi^a(\sigma^a, \sigma^b)=\sum_{(s^a, s^b)\in S^a\times S^b}\sigma^a(s^a)\sigma^b(s^b)\pi^a(s^a, s^b)$。 我们将在各处启用一个惯例,其中在一个乘积 $X\times Y$ 中,如果 $X=\varnothing$,那么 $Y=\varnothing$(反之亦然)。

定义 3.1　设定 $X\times Y\subseteq S^a\times S^b$。一个策略 $s^a\in X$ 是相对 $X\times Y$ 为弱劣势,如果存在 $\sigma^a\in\mathcal{M}(S^a)$,且有 $\sigma^a(X)=1$,使得对于每个 $s^b\in Y$, $\pi^a(\sigma^a, s^b)\geqslant\pi^a(s^a, s^b)$,且对于某些 $s^b\in Y$, $\pi^a(\sigma^a, s^b)>\pi^a(s^a, s^b)$。否则,称 s^a 是相对 $X\times Y$ 可允许的。如果 s^a 是相对 $S^a\times S^b$ 可允许的,我们就简单地称 s^a 是可允许的。

用 $\mathrm{Supp}\ \sigma$ 表示 σ 的支持。我们有通常的等价关系:

引理 3.1　一个策略 $s^a\in X$ 是相对 $X\times Y$ 可允许的,当且仅当存在 $\sigma^b\in\mathcal{M}(S^b)$,有 $\mathrm{Supp}\ \sigma^b=Y$,使得对于每个 $r^a\in X$, $\pi^a(s^a, \sigma^b)\geqslant\pi^a(r^a, \sigma^b)$。

定义 3.2　称 r^a 支持 s^a,如果存在某些 $\sigma^a\in\mathcal{M}(S^a)$ 有 $r^a\in\mathrm{Supp}\ \sigma^a$ 且对于所有 $s^b\in S^b$, $\pi^a(\sigma^a, s^b)=\pi^a(s^a, s^b)$。用 $\mathrm{su}(s^a)$ 表示 $r^a\in S^a$ 支持 s^a 的集合。

也就是说,策略 r^a 是包含在 $\mathrm{su}(s^a)$ 中,如果它是一个 Ann 的策略的凸组合,且对于她来说和 s^a 相等。

我们现在定义 SAS 和 IA 集合:

定义 3.3　设定 $Q^a\times Q^b\subseteq S^a\times S^b$。集合 $Q^a\times Q^b$ 是一个自我允许集合(self-admissible set, SAS),如果:

(i) 每个 $s^a\in Q^a$ 是可允许的;

(ii) 每个 $s^a\in Q^a$ 是相对 $S^a\times Q^b$ 可允许的;

(iii) 对于任何 $s^a\in Q^a$,如果 $r^a\in\mathrm{su}(s^a)$,那么 $r^a\in Q^a$;

且对于每个 $s^b\in Q^b$ 也相类似。

定义 3.4 对于 $i = a$，b，设 $S_0^i = S^i$，且以归纳法定义

$$S_{m+1}^i = \{s^i \in S_m^i : s^i \text{ 相对 } S_m^a \times S_m^b \text{ 是可允许的}\}$$

一个策略 $s^i \in S_m^i$ 被称为 m-可允许的。一个策略 $s^i \in \bigcap_{m=0}^{\infty} S_m^i$ 被称为迭代可允许（IA）的。

注意到存在一个 M，使得对于 $i = a$，b，$\bigcap_{m=0}^{\infty} S_m^i = S_M^i$。 此外，每个集合 S_m^i 是非空的，因此 IA 集合是非空的。

7.4 字典式概率系统

给定一个波兰空间 Ω，设定一个度量（metric）是有益的（所以"波兰"将是指可完全分开的度量）。设为博雷尔概率测度在 Ω 上的空间，有普洛霍洛夫度量（Prohorov metric）。回顾一下 $\mathcal{M}(\Omega)$ 也是一个波兰空间且有弱收敛的拓扑（Billingsley，1968，附录 III）。设 $\mathcal{N}(\Omega)$ 为博雷尔概率测度在 Ω 上所有有限序列的集合。也就是，如果 $\sigma \in \mathcal{N}(\Omega)$，那么存在某个整数 n，有 $\sigma = (\mu_0, \cdots, \mu_{n-1})$。

定义一个在 $\mathcal{N}(\Omega)$ 上的度量如下。在两个具有相同长度的测度序列 $(\mu_0, \cdots, \mu_{n-1})$ 和 $(\nu_0, \cdots, \nu_{n-1})$ 之间的距离是对于 $i < n$，μ_i 和 ν_i 之间最大普洛霍洛夫距离。两个不同长度的测度序列的距离是 1。对于每个固定的 n，这个在长度为 n 的 $\mathcal{N}(\Omega)$ 中的序列集的度量容易被视作是可分离和完全的，所以由此是波兰空间（这是通常的有限积度量）。整个空间 $\mathcal{N}(\Omega)$ 因此是各个相距为 1 的波兰空间的一个可数联合。这显示了 $\mathcal{N}(\Omega)$ 本身是一个波兰空间。

定义 4.1 对于某个整数 n，设定 $\sigma = (\mu_0, \cdots, \mu_{n-1}) \in \mathcal{N}(\Omega)$。如果 σ 是相互奇异的（mutually singular），称 σ 是一个字典式概率系统（lexicographic probability system）——即对于每个 $i = 0, \cdots, n-1$，存在在 Ω 中的博雷尔集合 U_i，有 $\mu_i(U_i) = 1$，以及 $\mu_i(U_j) = 0$，对于 $i \neq j$。用 $\mathcal{L}(\Omega)$ 表示 LPS 的集合，用 $\overline{\mathcal{L}}(\Omega)$ 表示在 $\mathcal{N}(\Omega)$ 中 $\mathcal{L}(\Omega)$ 的闭包（closure）。

一个 LPS 是一个有限测度序列，其中测度是非重叠的（相互奇异的［mutually singular］）。这点有通常的解释：参与者的第一假设，第二假设，以此类推，直到一个第 n 级假设。

一般来说，一个 LPS 可能有一些零状态，其保留在其测度支持外延。我

们也对没有如此零状态的情形感兴趣：

定义 4.2 一个完全—支持序列是一个 $\sigma = (\mu_0, \cdots, \mu_{n-1}) \in \mathcal{N}(\Omega)$ 序列使得 $\Omega = \bigcup_{i<n} \mathrm{Supp}\,\mu_i$。我们用 $\mathcal{N}^+(\Omega)$ 表示完全—支持序列的集合，且用 $\mathcal{L}^+(\Omega)$ 表示完全—支持 LPS 的集合。

这里，$\mathrm{Supp}\,\mu_i$ 表示 μ_i 的支持，即为有 μ_i-测度 1 的最小的闭集合。空间 $\overline{\mathcal{L}}(\Omega)$ 是波兰空间，因为它是波兰空间 $\mathcal{N}(\Omega)$ 的一个闭合子空间（closed subspace）。同时，集合 $\mathcal{N}^+(\Omega)$，$\mathcal{L}(\Omega)$ 和 $\mathcal{L}^+(\Omega)$ 是博雷尔（推论 C.1）。

我们对于一个 LPS 的定义是 Blume 等（1991a）所介绍的有限空间定义的无限版本。在本章中，无限空间扮演一个关键的角色——完全类型结构（回顾在 7.2.6 节中的讨论）是无限的（一个关于术语的注释：Blume、Brandenburger 和 Dekel[1991a]用了术语 LPS，即使当相互奇异不成立时）。

7.5 假设

在 7.2.1 节我们非公式化地介绍了假设的概念，这里我们将公式化地定义此概念。设定一个 Ann 的完全—支持 LPS $\sigma = (\mu_0, \cdots, \mu_{n-1})$，且设定一个事件 E。直观地来说，Ann 假设 E 如果她认为在 σ 之下，E 相对非 E 事件有更无限大的可能。所以为了定义假设，我们首先要理解"相对……有更无限大的可能"。

Blume、Brandenburger 和 Dekel（1991a，定义 5.1）给了一个在有限空间 Ω 和一个完全—支持 LPS $\sigma = (\mu_0, \cdots, \mu_{n-1})$（参见他们的公理 $5'$）的情形下"相对……有更无限大的可能"的定义。他们称一个点 ω_1 是相对另一个点 ω_2 有更无限大的可能，当在字典式排序（the lexicographic ordering）中 ω_1 在 ω_2 之前。对于不相交的事件 F 和 G，他们要求 F 是非空的且每个在 F 中的点是相对每个在 G 里的点有更无限大的可能。正式地来说，要求是：F 是非空，且对于每个 $\omega_1 \in F$ 和 $\omega_2 \in G$，$\mu_j(\omega_1) > 0$ 和 $\mu_k(\omega_2) > 0$，蕴涵着 $j < k$（关于"相对……有更无限大的可能"的相同想法可以在 Battigalli[1996，p.186]以及 Asheim 和 Dufwenberg[2003]中找到）。

我们想要一个与此概念相似的普通（即为无限）概念，所以运用开集（open sets）而不只是点。如果对于某个开集 U，$F_0 = U \bigcap F \neq \emptyset$，称 F_0 为 F 的一部分。我们要求 F 的每个部分都是相对 G 的每个部分有更无限大的可能,而不是要求每个在 F 中的点是相对在 G 中的点有更无限大的可能。

定义 5.1 设定一个完全—支持 LPS $\sigma = (\mu_0, \cdots, \mu_{n-1}) \in \mathcal{L}^+(\Omega)$ 和不相交的事件 F 和 G。那么 F 是在 σ 下相对 G 无限更可能的,如果 F 是非空,且对于 F 的任何部分 F_0:

(a) 对于某个 i,$\mu_i(F_0) > 0$;

(b) 如果 $\mu_j(F_0) > 0$,且存在 G 的一部分 G_0,有 $\mu_k(G_0) > 0$,那么 $j < k$。

注意到对于有限 Ω,这是与 Blume、Brandenburger 和 Dekel(1991a)的定义等同的。特别是,条件(a)是自动满足的(因为每个点在某个 μ_j 下得到正概率)。在普通情况下,我们需要明确地要求(a)。没有它,我们可以有 F 是相对 G 有更无限大的可能,但同时 G 是相对 F 无限更可能的。这将不合理(参见网上辅助资料)。

对于一个事件 E 的假设是指 E 是被认为相对非-E 有更无限大的可能:

定义 5.2 设定一个事件 E 和一个完全—支持 LPS $\sigma = (\mu_0, \cdots, \mu_{n-1}) \in \mathcal{L}^+(\Omega)$。称 E 是在 σ 下被假设的,如果 E 是在 σ 下相对 $\Omega \backslash E$ 有更无限大的可能。

对于假设,我们有以下特性描述[8]:

命题 5.1 设定一个事件 E 和一个完全—支持 LPS $\sigma = (\mu_0, \cdots, \mu_{n-1}) \in \mathcal{L}^+(\Omega)$。一个事件 E 是在 σ 下被假设的,当且仅当存在一个 j,使得:

(i) 对于所有 $i \leqslant j$,$\mu_i(E) = 1$;

(ii) 对于所有 $i > j$,$\mu_i(E) = 0$;

(iii) 如果 U 是开放的,有 $U \bigcap E \neq \emptyset$,对于某个 i,那么 $\mu_i(U \bigcap E) > 0$。

(我们将有时称 E 是被假设在第 j 级上的。同时,我们将参考命题 5.1 中的条件(i)—(iii)作为假设的条件(i)—(iii)。)

要注意如果 Ω 是有限的,条件(i)和(ii)蕴含了条件(iii)。但是当 Ω 是无限的,那便并非如此了(参见网上的辅助资料)。

正如通常一个事件 E 的"信念"概念,假设可以被给予一个公理化处理。本章附录 A 提出两个公理:严格判断(strict determination)指每当 Ann 在条件限制于 E 上,相对于另一个,严格地偏好一个行为,她有相同的无条件偏好。非简单性(nontriviality)指,条件限制于 E 的任何部分,她可以有一个严格的偏好。在附录 A 中,我们显示了 Ann 假设 E,当且仅当她的偏好满足这些公理。我们同时可以将这个公理化联系到在 Blume、Brandenburger 和

Dekel（1991a，定义 5.1）中，对"相对……有更无限大的可能"的公理化。

7.6 假设的特性

我们接下来将提出一些假设的特性（再次指出，我们用上划线表示闭包[closure]）。

特性 6.1 ——凸性（convenxity）：如果 E 和 F 是在 σ 下被假设在第 j 级，那么任何处在 $E \bigcap F$ 和 $E \bigcup F$ 之间的博雷尔集合 G 也是在 σ 下被假设在第 j 级。

特性 6.2 ——闭包（closure）：如果 E 和 F 是在 σ 下被假设在第 j 级，那么 $\overline{E} = \overline{F}$。如果 E 和 F 是在 σ 下被假设的，那么 $\overline{E} \subseteq \overline{F}$ 或者 $\overline{F} \subseteq \overline{E}$。

凸性特性指在排序（其中顺序是指集合包含）意义下的凸性，且是一个两端的单调性。闭包特性蕴涵着，对于一个有限空间，只存在一个集合，其是在每个级别都被假设的。同时，在有限的情况下，如果 E 和 F 都被假设，那么 $E \subseteq F$ 或者 $F \subseteq E$。这两个陈述对于无限空间来说都不为真。

总的来说，对于假设的臆想，我们建议想象一下一个梯子的梯级，由间隙分开，其中每个梯级都是集合的一组凸集合有相同的闭包（每个梯级相对应于该级别所假设的事件）。

接下来，注意到假设不是单调的。这里有一个示例：设定 $\Omega = [0, 1] \bigcup \{2, 3\}$，且设 $\sigma = (\mu_0, \mu_1)$ 为一个完全一支持 LPS，其中 μ_0 在 $[0, 1]$ 上是均匀的，且 $\mu_1(\{2\}) = \mu_1(\{3\}) = \dfrac{1}{2}$。然后 σ 假设 $(0, 1]$ 而不是 $(0, 1] \bigcup \{2\}$。

理解这个非单调性的最好的方法是用我们的公理处理。[⑨]假定 Ann 假设 $(0, 1]$——即当她有一个严格偏好，她是愿意只根据 $(0, 1]$ 来做决定的（这便是严格判断）。但是若要求 Ann 也愿意只根据 $(0, 1] \bigcup \{2\}$ 来做决定，那便不是很自然。毕竟，她考虑了 2 得到的可能性（非简单性蕴涵着状态 2 必须在某个测度下得到正权重——正如它在 μ_1 下）。一旦她考虑了这个可能性，想必她必须也要考虑 3 得到的可能性。（为了给 2 正概率，她必须查看她的第二假设（secondary hypothesis），其也给定了 3 正概率。）当然，状态 3 很有可能跟她的偏好有关系。

从另一方面来说，如果 Ann 假设 $(0, 1]$，那么当然她应该假设 $[0, 1]$。

对于 0 的可能性的承认并没有迫使她去查看她的第二假设——它并不迫使她考虑 2 或 3 可能。公式化来说，Ann 在同一个级别假设 $[0, 1)$ 和 $(0, 1]$。那么凸性要求她在（同一个级别）假设 $[0, 1]$。

因为非单调性，假设便不能达到合取（conjunction）的一个方向。回到案例中，Ann 假设 $(0, 1] \bigcap ((0, 1] \bigcup \{2\})$，尽管她不假设 $(0, 1] \bigcup \{2\}$。但是合取的另一个方向，析取（disjunction）的类似体，是满足的：

特性 6.3 ——合取和析取：设定在 Ω 中的博雷尔集合 E_1, E_2, $\cdots$，并假设对于每个 m, E_m 是在 σ 下被假设的。那么 $\bigcap_m E_m$ 和 $\bigcup_m E$ 是在 σ 下被假设的。

7.7 类型结构

再次设定一个双人有限策略—类型博弈 $\langle S^a, S^b, \pi^a, \pi^b \rangle$。

定义 7.1 一个以 (S^a, S^b) 为基础的类型结构是一个结构

$$\langle S^a, S^b, T^a, T^b, \lambda^a, \lambda^b \rangle$$

其中 T^a 和 T^b 是非空的波兰空间，且 $\lambda^a : T^a \to \overline{\mathcal{L}}(S^b \times T^b)$ 以及 $\lambda^b : T^b \to \overline{\mathcal{L}}(S^a \times T^a)$ 是博雷尔可测的。T^a, T^b 的成员被称为类型。

$S^a \times T^a \times S^b \times T^b$ 的成员被称为（世界的）状态。一个类型结构被称为字典式的，如果 $\lambda^a : T^a \to \mathcal{L}(S^b \times T^b)$ 且 $\lambda^b : T^b \to \mathcal{L}(S^a \times T^a)$。

定义 7.1 是以一个标准认知定义为基础的：一个类型结构通过附加两个参与者认知类型的空间来扩充一个博弈的描述，其中一个参与者的类型是与对另一个参与者的策略及类型的一系列测度相关的。与标准定义所不同的是，运用一系列测度而不是一个测度。

我们主要的关注点将放在字典式类型结构上，其在博弈背景下有一个自然的理解。非字典式类型结构将在字典式类型结构的构造中扮演一个实用的角色。注意到字典式类型结构可以获得两个不同的类型——那些与完全—支持 LPS 相关的类型和那些与非完全—支持 LPS 相关的类型。我们已在 7.2.4 节中讨论过理由。

以下的定义可以运用到一个给定的博弈和类型结构中。如前所述，它们也拥有 a 与 b 互换后的相反体。用 $\text{marg}_{S^b} \mu_i$ 表示在 S^b 测度 μ_i 的边缘（the marginal)。

定义 7.2 一个策略 s^a 是在 $\sigma = (\mu_0, \cdots, \mu_{n-1})$ 下最优,如果 $\sigma \in \mathcal{L}(S^b \times T^b)$ 且

$$(\pi^a(s^a, \text{marg}_{S^b}\mu_i(s^b)))_{i=0}^{n-1} \geqslant^L (\pi^a(r^a, \text{marg}_{S^b}\mu_i(s^b)))_{i=0}^{n-1}$$

对于所有 $r^a \in S^a$。[⑩]

也就是说,Ann 将相对于策略 r^a 更偏好策略 s^a,如果在 s^a 下相关的预期收益序列是字典式大于在 r^a 下的预期收益序列。(如果 σ 是一个长度为 1 的 LPS(μ_0),我们有时称 s^a 是在测度 μ_0 下最优如果它是在(μ_0)下最优。)

定义 7.3 如果 $\lambda^a(t^a)$ 是一个完全—支持 LPS,一个类型 $t^a \in T^a$ 有完全支持。

定义 7.4 如果 t^a 有完全支持且 s^a 在 $\lambda^a(t^a)$ 下是最优的,一个策略—类型对$(s^a, t^a) \in S^a \times T^a$ 是理性的。

这是一个通常的理性定义,加上完全—支持要求,其为获得我们的基本可允许性要求。以下两个引理公式化地陈述了这点:

引理 7.1 ——Blume、Brandenburger 和 Dekel(1991b):假设 s^a 在一个完全—支持 LPS$(\mu_0, \cdots, \mu_{n-1}) \in \mathcal{L}^+(S^b \times T^b)$ 下最优。那么存在一个长度-1 完全—支持的 LPS$(\nu_0) \in \mathcal{L}^+(S^b \times T^b)$,在其下 s^a 是最优的。

与引理 3.1 一起,我们便得到以下引理:

引理 7.2 如果(s^a, t^a)是理性的,那么 s^a 是可允许的。

设定一个事件 $E \subseteq S^b \times T^b$ 且写下

$$A^a(E) = \{t^a \in T^a : \lambda^a(t^a) \text{ 假设 } E\}$$

集合 $A^a(E)$ 是博雷尔(引理 C.3)。

设 R_1^a 为理性策略—类型对(s^a, t^a)的集合。对于有限 m,以归纳法定义 R_m^a

$$R_{m+1}^a = R_m^a \bigcap [S^a \times A^a(R_m^b)]$$

集合 R_m^a 是博雷尔(引理 C.4)。

定义 7.5 如果$(s^a, t^a, s^b, t^b) \in R_{m+1}^a \times R_{m+1}^b$,称在这个状态存在理性及第 m 阶理性假设(RmAR)。如果$(s^a, t^a, s^b, t^b) \in \bigcap_{m=1}^{\infty} R_m^a \times \bigcap_{m=1}^{\infty} R_m^b$,称在这个状态存在理性和理性的共同假设(RCAR)。

也就是说,如果 Ann 是理性的,Ann 假设事件"Bob 是理性的",Ann 假设

事件"Bob 是理性的且假设 Ann 是理性的",依此类推,则一个状态存在 RCAR。同时,由 Bob 开始的过程也是相类似的。

注意到,我们不能以 $\hat{R}_1^a = R_1^a$ 和 $\hat{R}_{m+1}^a = \hat{R}_1^a \cap [S^a \times A^a(\hat{R}_m^b)]$ 取代这个定义。为了阐明这点,假设 $(s^a, t^a) \in R_3^a$。然后 $(s^a, t^a) \in R_1^a \cap [S^a \times A^a(R_1^b)] \cap [S^a \times A^a(R_1^b \cap [S^b \times A^b(R_1^a)])]$。也就是说,Ann 是理性的,她假设事件"Bob 是理性的",且她假设事件"Bob 是理性的且假设 Ann 是理性的"。现在假设 $(s^a, t^a) \in \hat{R}_3^a$。那么 $(s^a, t^a) \in R_1^a \cap [S^a \times A^a(R_1^b \cap [S^b \times A^b(R_1^a)])]$。即 Ann 是理性的,且她假设事件"Bob 是理性的且假设 Ann 是理性的"。但是,因为假设不是单调的(monotonic),她可能不假设事件"Bob 是理性的"。我们认为在一个 R2AR 的良定义下,Ann 应该假设这个事件。

接下来便是类型结构间的等同概念了。

定义 7.6 两个类型结构 $\langle S^a, S^b, T^a, T^b, \kappa^a, \kappa^b \rangle$ 和 $\langle S^a, S^b, T^a, T^b, \lambda^a, \lambda^b \rangle$ 是等同的,如果:

(ⅰ)他们有相同的策略及类型空间;

(ⅱ)对于每个 $t^a \in T^a$,如果 $\kappa^a(t^a)$ 或 $\lambda^a(t^a)$ 属于 $\mathcal{L}^+(S^b \times T^b)$,那么 $\kappa^a(t^a) = \lambda^a(t^a)$(且当 a 和 b 互换时也是相类似的)。

命题 7.1

(ⅰ)对于每个类型结构存在一个字典式相等同的类型结构。

(ⅱ)如果两个类型结构是等同的,那么对于每个 m,它们有相同的 R_m^a 和 R_m^b 集合。

这个命题显示了,任何对于理性和 m 阶理性假设(对于任何 m)是对于每个字典式类型结构为真的陈述是对于每个类型结构都为真的。概念上,我们对类型结构满足字典式的假设感兴趣。但是命题告诉我们,在我们的定理中将永远不需要这样的假设。实际上,我们将陈述并证明适用于任意类型结构的定理。根据命题 7.1,在这些证明中我们可以不失一般性地假设类型结构是字典式的。

我们以介绍完全类型结构(由 Brandenburger[2003]改写)的概念来总结本节。

定义 7.7 一个类型结构 $\langle S^a, S^b, T^a, T^b, \lambda^a, \lambda^b \rangle$ 是完全的,如果 $\mathcal{L}^+(S^b \times T^b) \subsetneqq \text{range}\,\lambda^a$ 且 $\mathcal{L}^+(S^a \times T^a) \subsetneqq \text{range}\,\lambda^b$。

也就是说,一个完全结构包含所有对于 Ann 和 Bob 的完全—支持 LPS,且(至少)一个非—完全—支持 LPS。[⑪](可参见前文的 7.2.4 节和 7.2.6 节。)

我们马上能从定义中看到任何与一个完全类型结构相等同的类型结构是完全的。

命题 7.2 对于任何有限集合 S^a 和 S^b，存在一个完全类型结构$\langle S^a$, S^b, T^a, T^b, λ^a, $\lambda^b \rangle$，使得 λ^a 和 λ^b 的映射是连续的。

定义 7.8 一个类型结构$\langle S^a$, S^b, T^a, T^b, λ^a, $\lambda^b \rangle$是连续的，如果它是与 λ^a 和 λ^b 的映射是连续的一个类型结构等同。

因此，在一个连续的类型结构里，参与者将临近（neighboring）完全支持 LPS 与临近完全—支持类型相关联。命题 7.1 和命题 7.2 立刻给出以下的推论：

推论 7.1 对于任何集合 S^a 和 S^b，存在一个完全连续字典式以$(S^a$, $S^b)$为基础的类型结构。

7.8 理性和理性的共同假设的特性

定理 8.1

（i）设定一个类型结构$\langle S^a$, S^b, T^a, T^b, λ^a, $\lambda^b \rangle$。那么 $\text{proj}_{S^a} \bigcap_{m=1}^{\infty} R_m^a \times \text{proj}_{S^b} \bigcap_{m=1}^{\infty} R_m^b$ 是一个 SAS。

（ii）设定一个 SAS $Q^a \times Q^b$。存在一个字典式类型结构$\langle S^a$, S^b, T^a, T^b, λ^a, $\lambda^b \rangle$有 $Q^a \times Q^b = \text{proj}_{S^a} \bigcap_{m=1}^{\infty} R_m^a \times \text{proj}_{S^b} \bigcap_{m=1}^{\infty} R_m^b$。

证明：对于（i）部分，如果 $\bigcap_m R_m^a \times \bigcap_m R_m^b = \varnothing$，那么一个 SAS 的条件是自动满足的。所以我们将假设这个集合是非空的。

设定 $S^a \in \text{proj}_{S^a} \bigcap_m R_m^a$。那么对于某个 $t^a \in T^a$，$(s^a, t^a) \in \bigcap_m R_m^a$。当然$(s^a, t^a) \in R_1^a$。运用引理 7.2，$s^a$ 是可允许的，建立了一个 SAS 的条件（i）。根据特性 6.3，$t^a \in A^a(\bigcap_m R_m^b)$。我们因此得到图 8.1（对于某个 $j < n$），且正如图 8.1 所展示的，

$$\bigcup_{i \leqslant j} \text{Supp marg}_{S^b} \mu_i = \text{proj}_{S^b} \bigcap_m R_m^b$$

（这是被公式化建立的，如引理 D.1，且运用了假设的条件（iii）部分。）正如在引理 7.1 中，存在一个在 S^b 上长度-1 的 LPS(ν_0)，有 $\text{Supp } \nu_0 = \text{proj}_{S^b} \bigcap_m R_m^b$，在其下 s^a 是最优的。因此，相对于 $S^a \times \text{proj}_{S^b} \bigcap_m R_m^b$，$s^a$ 是可允许的，由此建立一个 SAS 的条件（ii）。接下来假设 $r^a \in \text{su}(s^a)$。那么，对于任

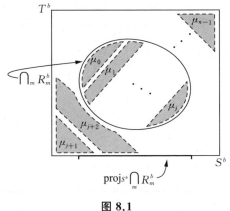

图 8.1

何 t^a，$(s^a, t^a) \in R_1^a$ 蕴涵着 $(r^a, t^a) \in R_1^a$（引理 D.2），所以我们有对于所有 m，$(s^a, t^a) \in R_m^a$ 蕴涵着 $(r^a, t^a) \in R_m^a$。这便建立了一个 SAS 的条件（iii）。

对于定理 8.1 的第（ii）部分，设定一个 SAS $Q^a \times Q^b$。（回顾以下转换，如果 $Q^a = \emptyset$，那么 $Q^b = \emptyset$，且反之亦然）根据一个 SAS 的条件（i）和（ii），对于每个 $s^a \in Q^a$，存在测度 ν_0，$\nu_1 \in \mathcal{M}(S^b)$，有 $\mathrm{Supp}\, \nu_0 = S^b$ 以及 $\mathrm{Supp}\, \nu_1 = Q^b$，在其下 s^a 是最优。我们选择 ν_0，当且仅当 $r^a \in \mathrm{su}(s^a)$，使得 r^a 是在 ν_0 下最优（这是引理 D.4）。

定义类型空间 $T^a = Q^a \bigcup \{t_*^a\}$ 和 $T^b = Q^b \bigcup \{t_*^b\}$，其中 t_*^a 和 t_*^b 是任意的标签。对于 $t^a = s^a \in Q^a$，相关的 $\lambda^a(t^a) \in \mathcal{L}^+(S^b \times T^b)$ 将是一个两级完全—支持 LPS(μ_0, μ_1)，其中 $\mathrm{marg}_{S^b}\mu_0 = \nu_1$ 和 $\mathrm{marg}_{S^b}\mu_1 = \nu_0$[12]（更多条件将在以下解释）。设 $\lambda^a(t_*^a)$ 为一个 $\mathcal{L}(S^b \times T^b) \backslash \mathcal{L}^+(S^b \times T^b)$ 的元素。相类似地定义映射 λ^b。

图 8.2 显示了 $\lambda^a(t^a)$ 的构造：在以上的格式下，对角线上的点 (s^b, s^b) 是理性的。即这些点是在 R_1^b 中的。当且仅当 $r^b \in \mathrm{su}(s^b)$，其他的点 (r^b, s^b) 是理性的。根据一个 SAS 的条件（iii），$\mathrm{su}(s^b) \subseteq Q^b$。所以集合 R_1^b 包含对角且是被包含在矩形 $Q^b \times Q^b$ 中的。此外，对于每个 $s^b \in S^b$，$(s^b, t_*^b) \in (S^b \times T^b) \backslash R_1^b$。所以，我们可以取测度 μ_0 和 μ_1 来满足

$$\mathrm{marg}_{S^b}\mu_0 = \nu_1, \quad \mathrm{Supp}\, \mu_0 = R_1^b$$

$$\mathrm{marg}_{S^b}\mu_1 = \nu_0, \quad \mathrm{Supp}\, \mu_1 = (S^b \times T^b) \backslash R_1^b$$

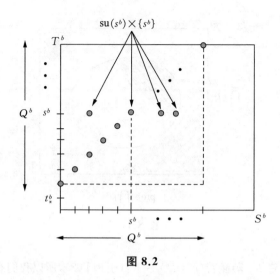

图 8.2

对于映射 λ^b 也是相类似的。

我们现在来显示 $\text{proj}_{S^a}\bigcap_m R_m^a = Q^a$ 以及对于 b 相类似的等式。根据与上一段相同的论点，$\text{proj}_{S^a}R_1^a = Q^a$。此外，每个 $t^a \in Q^a$ 假设 R_1^b（条件（i）和（ii）对于 $j = 0$ 是能立即得到的。条件（iii）从 $S^b \times T^b$ 是有限的和每个 $t^a \in Q^a$ 有完全支持的事实能立即得到）。所以 $R_2^a = R_1^a$。对于 b 也是相类似的。因此，对于所有的 m，通过归纳法有 $R_m^a = R_1^a$ 和 $R_m^b = R_1^b$。当然 $\text{proj}_{S^a}R_1^a \times \text{proj}_{S^a}R_1^b = Q^a \times Q^a$。那么 $\text{proj}_{S^a}\bigcap_m R_m^a \times \text{proj}_{S^a}\bigcap_m R_m^b = Q^a \times Q^b$，正如所需。 □

7.9 完全结构中，理性及第 m 阶理性假设的特性

定义 9.1 设定一个完全类型结构 $\langle S^a, S^b, T^a, T^b, \lambda^a, \lambda^b \rangle$。然后，对于每个 m，

$$\text{proj}_{S^a}R_m^a \times \text{proj}_{S^b}R_m^b = S_m^a \times S_m^b$$

证明：我们可以假设类型结构是字典式的。证明是在 m 上用归纳法。由设定某个 $(s^a, t^a) \in R_1^a$ 开始。根据引理 7.2，$s^a \in S_1^a$。这显示了 $\text{proj}_{S^a}R_1^a \times \text{proj}_{S^b}R_1^b \subseteq S_1^a \times S_1^b$。

接下来设定某个 $s^a \in S_1^a$。根据引理 3.1，存在一个 $\text{LPS}(\nu_0) \in \mathcal{L}^+(S^b)$，在其下 s^a 为最优。我们想要构造一个 $\text{LPS}(\mu_0) \in \mathcal{L}^+(S^b \times T^b)$ 有

$\mathrm{marg}_{S^b}\mu_0 = \nu_0$。根据完全性,将存在一个类型 t^a,有 $\lambda^a(t^a) = (\mu_0)$。根据构造,策略—类型对 $(s^a, t^a) \in R_1^a$。这将建立如下:$\mathrm{proj}_{S^a}R_1^a \times \mathrm{proj}_{S^b}R_1^b = S_1^a \times S_1^b$。

为了构造 (μ_0),设定某个 $s^b \in S^b$ 和设定 $X = \{s^b\} \times T^b$。注意到 $\nu_0(s^b) > 0$。通过重新调整和组合在不同 s^b 上的测度,足以找到 $(\xi_0) \in \mathcal{L}^+(X)$。根据分离性,$X$ 有一个可数的紧子集 Y。所以通过设定正权重至 Y 中的每个点,我们得到一个测度 ξ_0,其中 $\xi_0(Y) = 1$ 且 $\mathrm{Supp}\,\xi_0$ 是 Y 的闭包,正如所需。

现在假设对于所有 $1 \leqslant i \leqslant m$ 的结果。我们将显示这对于 $i = m+1$ 也为真。设定某个 $(s^a, t^a) \in R_{m+1}^a$,其中 $\lambda^a(t^a) = (\mu_0, \cdots, \mu_{n-1})$。那么 $(s^a, t^a) \in R_m^a$,且从而通过归纳假设,有 $s^a \in S_m^a$。同时,$t^a \in A^a(R_m^b)$。因为 $\mathrm{proj}_{S^b}R_m^b = S_m^b$,根据归纳假设,我们得到一个如图 9.1 的画面(对于某个 $j < n$)。根据与定理 8.1 证明中相同的论据,我们得到 s^a 相对于 $S^a \times S_m^b$ 是可允许的(当然相对于 $S_m^a \times S_m^b$ 也是)的结论。因此,$s^a \in S_{m+1}^a$。

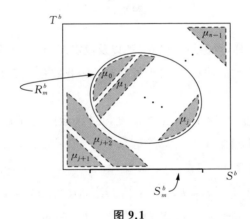

图 9.1

接下来设定某个 $s^a \in S_{m+1}^a$。它将有利于设定 $S_0^b = S^b$ 和 $R_0^b = S^b \times T^b$。对于某个 $0 \leqslant i \leqslant m$,存在一个测度 $\nu_i \in \mathcal{M}(S^b)$,有 $\mathrm{Supp}\,\nu_i = S_i^b$,在其下所有 S^a 里的策略中 s^a 是最优(这是引理 E.1,其运用了引理 3.1)。因此,s^a 是在测度 $(\nu_0, \cdots, \nu_m)$ 序列下(字典式)最优。同时,运用归纳假设,对于所有的 $0 \leqslant i \leqslant m$,$S_i^b = \mathrm{proj}_{S^b}R_i^b$。我们想要构造一个 LPS $(\mu_0, \cdots, \mu_m) \in \mathcal{L}^+(S^b \times T^b)$ 其中:

(i) $\mathrm{marg}_{S^b}\mu_i = \nu_{m-i}$;

(ii) R_{i}^b 是在级别 $m-i$ 中被假设的。

然后从完全性得到存在一个 t^a，有 $\lambda^a(t^a) = (\mu_0, \cdots, \mu_m)$，且因此 $(s^a, t^a) \in R^a_{m+1}$（可参见图 9.2）。

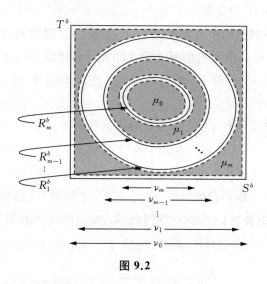

图 9.2

现在如之前一样，设定某个 $s^b \in S^b$ 以及设定 $X = \{s^b\} \times T^b$。设 h 是最大的 $i \leqslant m$ 使得 $s^b \in S^b_i$。注意到，对于每个 $i \leqslant h$，我们有 $s^b \in S^b_i = \operatorname{Supp} \nu_i$ 且因此 $\nu_i(s^b) > 0$。

通过调整和组合在不同 s^b 上的测度，足以（运用引理 B.1）找到 $(\xi_0, \cdots, \xi_h) \in \mathcal{L}^+(X)$ 有以下：

(iii) $\xi_0(X \cap R^b_h) = 1$；

(iv) 对于每个 $1 \leqslant i \leqslant h$，$\xi_i(X \cap (R^b_{h-i} \backslash R^b_{h-i+1})) = 1$；

(v) 对于每个 $0 \leqslant i \leqslant h$，$X \cap R^b_{h-i} \subseteq \bigcup^i_{j=0} \operatorname{Supp} \xi_j$。

每个 R^b_{h-i} 是博雷尔（引理 C.4）。我们同时有 $\operatorname{proj}_{S^b} R^b_{h-i} = \operatorname{proj}_{S^b}(R^b_{h-i} \backslash R^b_{h-i+1})$。（这是引理 E.3。其中我们运用了以下事实：一个完全字典式类型结构有一个非—完全—支持的 LPS。）因为 $s^b \in \operatorname{proj}_{S^b} R^b_{h-i}$，对于每个 $1 \leqslant i \leqslant h$，集合 $X_i = X \cap (R^b_{h-i} \backslash R^b_{h-i+1})$ 是非空的。集合 $X_0 = X \cap R^b_h$ 也是非空的。我们运用起始步（base step）中的相同论据来完成这个证明：根据分离性，每个 X_i 有一个可数的紧子集 Y_i。设定正概率至 Y_i 中的每个点来得到一个测度 ξ_i，其中 $\xi_i(Y_i) = 1$ 且 $\operatorname{Supp} \xi_i$ 是 Y_i 的闭包。那么 $(\xi_0, \cdots, \xi_h) \in \mathcal{L}^+(X)$ 且满足 (iii)—(v)，完成归纳。□

7.10　一个负面结果

定义 10.1　称参与者 a 是无差别的,对于所有的 r^a,s^a,s^b,如果 $\pi^a(r^a, s^b)=\pi^a(s^a, s^b)$。

所以,如果一个参与者不是无差别的,那么他有多于一个的"策略性不同的"策略。

定理 10.1　设定一个完全连续类型结构 $\langle S^a, S^b, T^a, T^b, \lambda^a, \lambda^b \rangle$。如果一个参与者 a 不是无差别的,那么 RCAR 不存在于任何状态。实际上,

$$\bigcap_{m=1}^{\infty} R_m^a = \bigcap_{m=1}^{\infty} R_m^b = \emptyset。$$

我们将在 7.11 节 D 部分和 E 部分回到定理 10.1。

7.11　讨论

这里,我们将讨论一些未解答的问题。网上的补充资料包含一些其他概念和技术上的讨论。

A. *LPS*:我们定义了一个为概率测度的有限序列的 LPS,而不是无限序列。主要原因是因为有限序列足以满足我们的需求。但是探索我们定义的扩充是肯定值得的(可参见 Halpern,2007)。

若以测度的无限序列,定理 10.1 还能成立吗? 在 7.2.7 节中给予的直觉似乎依赖于以下条件:一个 LPS 有一个一级假设,二级假设,以此类推。给予这点,我们将最终达到一级假设,当我们试着"指望"越来越小的事件。换句话说,一个 LPS 的良基性(well-foundedness)是真正对不可能性有责任的。一个参与者有一个初始的关于博弈的假设的观点显得很基本。但是我们并不知道如果我们运用非良基的 LPS,定理 10.1 是否会被推翻。

B. 假设(Assumption):一个比事件 E 假设更弱的概念是只在级别 0 要求信念。即给定一个 LPS $(\mu_0, \cdots, \mu_{n-1})$,我们只要求 $\mu_0(E) = 1$。这个概念被用在 Brandenburger(1992)和(有效的)Börgers(1994)中。Ben Porath(1997)研究了一个扩展—形式的相似体(从而其是弱于强信念)。

所有的三篇文献获得了 $S^\infty W$ 策略（这是 Dekel 和 Fudenberg[1990]中关于一轮非可允许策略的删除紧跟着强劣势策略的迭代删除的概念）。让我们在目前的认知框架中重组一下这个分析。

称 $S^a \times S^b$ 的一个子集 $Q^a \times Q^b$ 为一个弱最优集合（weak best-response set，WBRS），如果(i)每个 $s^a \in Q^a$ 是可允许的，(ii)每个 $s^a \in Q^a$ 相对 $S^a \times Q^b$ 不是强劣势的；且当 a 和 b 互换时也相类似。每个 WBRS 是包含在 $S^\infty W$ 集合中的，且 $S^\infty W$ 集合是一个 WBRS。我们有以下与定理 8.1 相似的结论：

设 $Q^a \times Q^b$ 为状态(s^a, t^a, s^b, t^b)进入 $S^a \times S^b$ 的投影，其满足理性和理性为级别 0 时的公共信念。那么 $Q^a \times Q^b$ 是一个 WBRS。反之，给定一个 WBRS $Q^a \times Q^b$，存在一个类型结构使得 $Q^a \times Q^b$ 是包含在一个状态(s^a, t^a, s^b, t^b)进入 $S^a \times S^b$ 的投影，其满足理性和理性为级别 0 时的公共信念。

（注意到这里的反向只有包含性，而不是等同性）我们还不知道是否有定理 9.1 的相似结论。

C. 非理性（Irrationality）：我们在 7.2.4 节中指出，本章中存在两种非理性的形式：策略—类型对(s^a, t^a)，其中 s^a 在 $\lambda^a(t^a)$ 下不是最优的策略类型对(s^a, t^a)和$\lambda^a(t^a)$不是完全支持的策略类型对(s^a, t^a)。在我们三个主要定理（定理 8.1，定理 9.1 和定理 10.1）的每一个证明中需要一个非—完全—支持类型的存在。在每个证明里，主要的事实是存在一个类型 t^a 使得每个(s^a, t^a)为非理性的。

这便提出一个问题：如果我们要求所有的类型都有完全支持，也就是说，如果我们排除第二种非理性形式，会发生什么呢？在 RCAR 下选择的策略仍将构成一个 SAS（定理 8.1(i)）。但是，如图 2.6 的讨论所显示的，不是每个 SAS 都能在 RCAR 下产生的。我们不知道怎样的 SAS 子系列（subfamily）会产生，我们将此留作为未解问题。

D. 连续性（Continuity）：在一个连续的结构中，参与者将临近完全—支持的 LPS 与临近完全—支持类型（定义 7.8）相联系。定理 10.1 除了运用了 Ann 不是无差异的条件外还运用了以上这个条件。在这些假设下，$S^a \times T^a$ 包含一个非理性对的非空开集。这被用来得到一个归纳的第一步（引理 F.1）。在归纳中接下来的每一步，都是需要连续性来保证一个开集的原像（pre-image）是开的。

那么如果在定理 10.1 中去除连续性，会发生什么呢？换种说法，是否存在一个完全类型结构，在其中 RCAR 集合是非空的？我们并不知道。

E. 无限博弈(Infinite Games):最后定理 10.1 可能暗示了对于无限博弈分析的限制。[13]对于一个设定的无限博弈,有可能需要在一个完全结构里 RCAR 的完全力量来获得 IA。这可能吗? 当然,为了回答这个问题,我们必须为无限博弈重建本章的所有部分。这将是未来的研究。

附录

附录 A:偏好基础(Preference Basis)

我们从假设的一个公理性的确证开始,即为命题 5.1 的条件(i)—(iii)。

设 Ω 为一个波兰空间,且设 $\mathcal{A}$ 为由 Ω 至[0, 1]的所有可测函数的集合。一个特定函数 $x \in \mathcal{A}$ 是一个行为,其中 $x(\omega)$ 是当真状态为 $\omega \in \Omega$ 时参与者选择行为 x 的收益。对于 $x, y \in \mathcal{A}$ 和 $0 \leqslant \alpha \leqslant 1$,用 $\alpha x + (1-\alpha)y$ 表示为在状态 ω 中关于收益 $\alpha x(\omega) + (1-\alpha)y(\omega)$ 的行为。对于 $c \in [0, 1]$,用 $\vec{c}$ 表示与 c 相关的恒定行为;即对所有的 $\omega \in \Omega$, $\vec{c}(\omega) = c$。同时,给定行为 $x, z \in \mathcal{A}$ 和一个在 Ω 中的博雷尔子集 E,用 $(x_E, z_{\Omega \setminus E})$ 来表达行为:

$$(x_E, z_{\Omega \setminus E})(\omega) = \begin{cases} x(\omega), \text{如果 } \omega \in E \\ z(\omega), \text{如果 } \omega \notin E \end{cases}$$

设 $\gtrsim$ 为一个在 $\mathcal{A}$ 上的偏好关系,且用 $\succ$($\sim$ 也是相类似的)来表达严格偏好(无差异也是相类似的)。我们始终保持两个公理:

A1—排序:$\gtrsim$ 是一个在 $\mathcal{A}$ 上的完全的,可传递的,自返的二元关系。

A2—独立性:对于所有的 $x, y, z \in \mathcal{A}$ 和 $0 < \alpha \leqslant 1$,

$x \succ y$ 蕴涵着 $\alpha x + (1-\alpha)z \succ \alpha y + (1-\alpha)z$ 以及

$x \sim y$ 蕴涵着 $\alpha x + (1-\alpha)z \sim \alpha y + (1-\alpha)z$

给定一个博雷尔集合 E,以通常的方式定义给定 E 的条件性偏好:

定义 A.1 如果对于某个 $z \in \mathcal{A}$, $x \gtrsim_E y$, $(x_E, z_{\Omega \setminus E}) \gtrsim (y_E, z_{\Omega \setminus E})$。

(众所周知,在 A1 和 A2 下,如果 $(x_E, z_{\Omega \setminus E}) \gtrsim (y_E, z_{\Omega \setminus E})$ 对于某个 z 成立,那么它对于所有的 z 成立。)

给定一个完全—支持 LPS $\sigma = (\mu_0, \cdots, \mu_{n-1}) \in \mathcal{L}^+(\Omega)$,在 $\mathcal{A}$ 上定义 $\gtrsim^\sigma$,运用以下:

$$x \gtrsim^{\sigma} y \Leftrightarrow \left(\int_{\Omega} x(\omega) \mathrm{d}\mu_i(\omega) \right)_{i=0}^{n-1} \geqslant^L \left(\int_{\Omega} y(\omega) \mathrm{d}\mu_i(\omega) \right)_{i=0}^{n-1}$$

定义 A.2 称一个集合 E 是在 $\gtrsim$ 下被相信的,如果 E 是博雷尔,且对于所有的 $x, y \in \mathcal{A}$,$x \sim_{\Omega \backslash E} y$。

这只是对于事件 $\Omega \backslash E$ 是 Savage-零的陈述。我们有以下对信念特性的描述。

命题 A.1 设定 $\sigma = (\mu_0, \cdots, \mu_{n-1}) \in \mathcal{L}^+(\Omega)$ 和一个在 Ω 中的博雷尔集合 E。

以下陈述是相等的:

(i) 对于所有 i,$\mu_i(E) = 1$。

(ii) 在 $\gtrsim^{\sigma}$ 下,E 是被相信的。

证明:假设(i)成立。那么对于所有的 i,$\mu_i(\Omega \backslash E) = 0$,且对于任何 x,$y \in \mathcal{A}$,$x \sim_{\Omega \backslash E}^{\sigma} y$。那么,(ii)成立。现在假设(ii)成立。那么 $\vec{1} \sim_{\Omega \backslash E}^{\sigma} \vec{0}$。即为

$$\left(\mu_i(\Omega \backslash E) + \int_E z(\omega) \mathrm{d}\mu_i(\omega) \right)_{i=0}^{n-1} = \left(0 + \int_E z(\omega) \mathrm{d}\mu_i(\omega) \right)_{i=0}^{n-1}$$

或者对于所有 i,$\mu_i(\Omega \backslash E) = 0$,正如所需。 $\square$

定义 A.3 称一个集合 E 是被假设的,当如果 $\gtrsim$ 是博雷尔的情况下,且需满足以下条件:

(i) 非简单性:E 是非空的,且对于每个有 $E \bigcap U \neq \emptyset$ 的开集 U,存在行为 $x, y \in \mathcal{A}$ 有 $x >_{E \cap U} y$;

(ii) 严格判断性:对于所有行为 $x, y \in \mathcal{A}$,$x >_E y$ 蕴涵着 $x > y$。

命题 A.2 设定一个完全—支持 LPS $\sigma = (\mu_0, \cdots, \mu_{n-1}) \in \mathcal{L}^+(\Omega)$ 和一个在 Ω 中的博雷尔集合 E。那么在 σ 下,E 是被假设的充要条件是 E 在 $\gtrsim^{\sigma}$ 下被假设。

证明:首先假设在 σ 下的级别 j,E 是被假设的。设定一个开集 U,有 $E \bigcap U \neq \emptyset$。那么,根据假设的条件(ii)和(iii),存在某个 $k \leqslant j$,有 $\mu_k(E \bigcap U) > 0$。如果 $\omega \in E \bigcap U$,设 $x(\omega) = 1$,否则设 $x(\omega) = 0$。那么行为 $(x_{E \cap U}, \vec{0}_{\Omega \backslash (E \cap U)})$ 是被评估为 $(\mu_0(E \bigcap U), \cdots, \mu_j(E \bigcap U), 0, \cdots, 0)$,其中第 k 项是严格地为正的(positive)。行为 $(\vec{0}_{E \cap U}, \vec{0}_{\Omega \backslash (E \cap U)})$ 是被评估为 $(0, \cdots, 0)$。因此,$\vec{x} >_{E \cap U}^{\sigma} \vec{0}$,便建立了非简单性。为了建立严格判断,注意到 $x >_E^{\sigma}$ 蕴涵着

$$\left(\int_E x \, \mathrm{d}\mu_0, \cdots, \int_E x \, \mathrm{d}\mu_j, \int_{\Omega\setminus E} z \, \mathrm{d}\mu_{j+1}, \cdots, \int_{\Omega\setminus E} z \, \mathrm{d}\mu_{n-1}\right)$$
$$>^L \left(\int_E y \, \mathrm{d}\mu_0, \cdots, \int_E y \, \mathrm{d}\mu_j, \int_{\Omega\setminus E} z \, \mathrm{d}\mu_{j+1}, \cdots, \int_{\Omega\setminus E} z \, \mathrm{d}\mu_{n-1}\right)$$

所以有

$$\left(\int_E x \, \mathrm{d}\mu_0, \cdots, \int_E x \, \mathrm{d}\mu_j, \int_{\Omega\setminus E} x \, \mathrm{d}\mu_{j+1}, \cdots, \int_{\Omega\setminus E} x \, \mathrm{d}\mu_{n-1}\right)$$
$$>^L \left(\int_E y \, \mathrm{d}\mu_0, \cdots, \int_E y \, \mathrm{d}\mu_j(\omega), \int_{\Omega\setminus E} y \, \mathrm{d}\mu_{j+1}, \cdots, \int_{\Omega\setminus E} y \, \mathrm{d}\mu_{n-1}\right)$$

因此，$x >^\sigma y$ 建立了严格判断。

接下来，假设 E 是在 $\gtrsim^\sigma$ 下被假设的。我们想要显示 E 是在 σ 下被假设的。假设的条件（iii）是立即由非简单性得到的，所以我们将显示 σ 满足条件（i）和（ii）。

假设 σ 无法满足假设的条件（i）和（ii）。有三个情况考虑。

情况 A.1——对于所有 i，$\mu_i(E) = 0$：这和非简单性矛盾。

情况 A.2——$\mu_i(E) = 0$ 和 $\mu_h(E) = 1$，其中 $h > i$：设 U_i 和 U_h 为博雷尔集合，如同在定义 4.1 中（即有 $\mu_i(U_i) = 1$ 和对于 $i \neq k$，$\mu_i(U_k) = 0$，且对于 h 也是相类似的）。定义

$$x(\omega) = \begin{cases} 1, & \text{如果 } \omega \in E \cap U_h \\ 0, & \text{其他情况} \end{cases}$$

$$y(\omega) = \begin{cases} 1, & \text{如果 } \omega \in U_i \setminus E \\ 0, & \text{其他情况} \end{cases}$$

行为 x 和 $(x_E, \vec{0}_{\Omega\setminus E})$ 是被评估为 $(0, \cdots, 0, 1, 0, \cdots, 0)$，其中的 1 对应 μ_h（这里，对于所有 $k \neq h$，我们运用 $\mu_k(U_h) = 0$）。行为 y 是被评估为 $(0, \cdots, 0, 1, 0, \cdots, 0)$，其中的 1 对应 μ_i，同时行为 $(y_E, \vec{0}_{\Omega\setminus E})$ 是被评估为 $(0, \cdots, 0)$。因此，$x >^\sigma_E y$。但是因为 $h > i$，$y >^\sigma x$，与严格判断相矛盾。

情况 A.3——对于某个 i，$0 < \mu_i(E) < 1$：设 U_i 为博雷尔集合，正如在定义 4.1 里，定义如下

$$x(\omega) = \begin{cases} \mu_i(U_i \setminus E), & \text{如果 } \omega \in E \cap U_i \\ 0, & \text{其他情况} \end{cases}$$

$$y(\omega) = \begin{cases} 1, & \text{如果 } \omega \in U_i \setminus E \\ 0, & \text{其他情况} \end{cases}$$

行为 x 和 $(x_E, \vec{0}_{\Omega\backslash E})$ 被评估为

$$(0, \cdots, 0, \mu_i(U_i\backslash E)\mu_i(E \cap U_i), 0, \cdots, 0)$$

其中非零项对应 μ_i。这项的确是非零的,因为 $1 > \mu_i(E) > 0$ 蕴涵 $\mu_i(U_i\backslash E) > 0$ 和 $\mu_i(E \cap U_i) > 0$。行为 y 是评估为

$$(0, \cdots, 0, \mu_i(U_i\backslash E), 0, \cdots, 0)$$

其中非零的项对应 μ_i。这项的确是非零的,因为 $1 > \mu_i(E)$。行为 $(y_E, \vec{0}_{\Omega\backslash E})$ 被评估为 $(0, \cdots, 0)$。因此,$x \succ_E^\sigma y$。但是因为 $1 > \mu_i(E \cap U_i)$,$y \succ^\sigma x$,与严格判断相矛盾。 $\square$

推论 A.1 设定一个完全—支持 LPS $\sigma = (\mu_0, \cdots, \mu_{n-1}) \in \mathcal{L}^+(\Omega)$ 和一个在 Ω 中的博雷尔集合 E。如果 E 是在 $\succsim^\sigma$ 下被相信,那么 E 满足非简单性和严格判断。

最后我们将指出这个公理化与 Blume, Brandenberger 和 Dekel(1991a) 中的公理化之间的关系。设定一个有限状态空间,且假设 $\succsim$ 是由一个完全—支持的 LPS 表达的。加强在 Blume, Brandenburger 和 Dekel(1991a) 的公理 5′(即他们的完全—支持条件)。他们便称如果 E 是非空的,E 相对非-E 有更无限大的可能,且对于所有行为 x, y, w, z, $x \succ_E y$ 蕴涵 $(x_E, w_{\Omega\backslash E}) \succ (y_E, z_{\Omega\backslash E})$。(可参见他们的定义 5.1)很容易求证的是,$E$ 相对 $\Omega\backslash E$ 有更无限大的可能,在 Blume 等的框架里,其充要条件是非简单性和严格判断成立。

在 Blume, Brandenberger 和 Dekel(1991a) 里,为了使定义 5.1 有其预期的解释,公理 5′ 是需要的(没有它的话,可能存在没有 x, y 有 $x \succ_E y$,即为每个在 LPS 的测度可以设定零概率至 E)。非简单性在我们的公式化中起到一个相类似的作用。

假设 $\succsim$ 是由一个完全—支持 LPS σ 来表达。设定一个事件 E。在一个有限状态空间的背景下,在 Blume, Brandenberger 和 Dekel(1991a) 中的推论 5.1 显示 $\succsim$ 满足非简单性和严格判断的充要条件是 σ 满足假设条件的(i)和(ii)。对于一个有限状态空间和一个完全—支持 LPS,一个事件满足假设条件的(i)和(ii)的充要条件是它满足假设条件的(i)—(iii)。命题 A.2 将这个结果扩展到无限空间中。

附录 B：7.5 节和 7.6 节的证明

本节附录提供和假设定义以及假设性质相关的证明。

命题 5.1 的证明：假设 E 是在 σ 下级别 j 上被假设的。定义 5.1 的条件 (a) 可以立即由假设的条件 (iii) 得到。接下来，假设 F 是 E 的一部分，且 G 是 $\Omega \backslash E$ 的一部分。进一步假设 $\mu_i(F) > 0$ 和 $\mu_k(G) > 0$。那么，根据假设的条件 (i) 和 (ii)，得到 $i \leqslant j < k$，正如所需。

对于反向，假设定义 5.1 条件 (a) 和 (b) 成立。根据条件 (b)，每当 $\mu_i(E) > 0$ 和 $\mu_k(\Omega \backslash E) > 0$，我们有 $i < k$。此外，根据条件 (a)，存在某个 i，有 $\mu_i(E) > 0$。这便确立了存在某个 j，满足假设的条件 (i) 和 (ii)。假设的条件 (iii) 是立即由定义 5.1 的条件 (a) 得到的。 □

以下假设特性的描述是有用的。

引理 B.1 设定一个完全—支持 LPS $\sigma \in \mathcal{L}^+(\Omega)$ 和一个事件 E。然后 E 是在 $\sigma = (\mu_0, \cdots, \mu_{n-1})$ 下的级别 j 上被假设的充要条件是存在某个 j，使得 σ 满足条件 (i) 和 (ii)，加上以下条件：

(iii′) $E \subseteq \bigcup_{i \leqslant j} \operatorname{Supp} \mu_i$。

证明：首先假设 E 是在 σ 下的级别 j 上被假设的。我们将显示 σ 也满足 (iii′)。考虑开集 $U = \Omega \backslash \bigcup_{i \leqslant j} \operatorname{Supp} \mu_i$。

如果 $U \cap E \neq \emptyset$，那么对于某个 i，$\mu_i(U \cap E) > 0$。根据假设的条件 (ii)，$i \leqslant j$。这蕴涵着，对于某个 $i \leqslant j$，$\mu_i(U) > 0$，同时与 $U \cap \operatorname{Supp} \mu_i \neq \emptyset$ 相矛盾。这说明 $U \cap E = \emptyset$ 且 $E \subseteq \bigcup_{i \leqslant j} \operatorname{Supp} \mu_i$，正如所需。

接下来假设存在某个 j，使得 σ 满足条件 (i) 和 (ii)，以及 (iii′)。我们将显示它满足条件 (iii)。设 U 为一个开集，有 $U \cap E \neq \emptyset$。根据条件 (iii′)，对于每个 $\omega \in U \cap E$，存在某个 $i \leqslant j$，有 $\omega \in \operatorname{Supp} \mu_i$。因为 U 是一个 ω 的开领域，$\mu_i(U) > 0$。根据假设的条件 (i)，$\mu_i(E \cap U) = \mu_i(U) > 0$，正如所需。 □

我们接着来建立假设算子的特性。

特性 6.1 的证明 一凸性（Convexity）：设 $\sigma = (\mu_0, \cdots, \mu_{n-1})$，且设定事件 E 和 F 是在 σ 下级别 j 上假设的。同时设定一个博雷尔集合 G，有 $E \cap F \subseteq G \subseteq E \cup E$。我们将显示 G 是在 σ 下级别 j 上假设的。

首先设定 $i \leqslant j$，且注意到 $\mu_i(E) = \mu_i(F) = 1$。所以当然可得到 $\mu_i(E \cap F) = 1$。因为 $E \cap F \subseteq G$，$\mu_i(G) = 1$，建立了假设的特性 (ii)。最后，因为 E 和 F 是在 σ 下级别 j 上假设的，引理 B.1 显示 $E \cup F \subseteq \bigcup_{i \leqslant j} \operatorname{Supp} \mu_i$。

所以运用 $G \subseteq E \bigcup F$ 和引理 B.1，G 是在 σ 下假设的。 □

特性 6.2 的证明 —闭包（Closure）：设 $\sigma = (\mu_0, \cdots, \mu_{n-1})$，且假设 E 是在 σ 下级别 j 上被假设的。那么 $\bar{E} = \bigcup_{i \leqslant j} \text{Supp} \, \mu_i$。为了显示这点，注意下引理 B.1 指出 $E \subseteq \bigcup_{i \leqslant j} \text{Supp} \, \bar{\mu}_i$。因为 $\bigcup_{i \leqslant j} \text{Supp} \, \mu_i$ 是闭合的，$\bar{E} \subseteq \bigcup_{i \leqslant j}$ $\text{Supp} \, \mu_i$。此外，对于所有 $i \leqslant j$，$\mu_i(\bar{E}) = 1$，使得 $\bigcup_{i \leqslant j} \text{Supp} \, \mu_i \subseteq \bar{E}$。

如果 F 也是在 σ 下级别 j 上被假设，那么立即能得到 $\bar{E} = \bar{F}$。如果 F 是在 σ 级别 $k > j$ 上被假设的，那么 $\bar{E} \subseteq \bar{F}$，因为 $\bigcup_{i \leqslant j} \text{Supp} \, \mu_i \subseteq \bigcup_{i \leqslant k}$ $\text{Supp} \, \mu_i$。 □

特性 6.3 的证明 —合取（Conjunction）和析取（Disjunction）：我们只将证明合取的特性。析取的证明是相类似的。

设 $\sigma = (\mu_0, \cdots, \mu_{n-1})$。对于每个 m，E_m 是在 σ 下的某个级别 j_m 被证明的。设 $j_M = \min\{j_m : m = 1, 2, \cdots\}$。那么，对于每个 m，对于所有的 $i \leqslant$ j_M，$\mu_i(E_m) = 1$。因此，对于所有的 $i \leqslant j_M$，$\mu_i(\bigcap_m E_m) = 1$。同时，对于所有的 $i > j_M$，$\mu_i(E_M) = 0$。那么自然得到对于所有的 $i > j_M$，$\mu_i(\bigcap_m E_m)$ $= 0$。这便建立了命题 5.1（对于 $j = j_M$）的条件（i）和（ii）。最后，运用 E_M 是在级别 j_M 被假设的，以及引理 B.1，

$$\bigcap_m E_m \subseteq E_M \subseteq \bigcup_{i \leqslant j_M} \text{Supp} \, \mu_i.$$

再次运用引理 B.1，这便建立了命题 5.1 的条件（iii）。 □

附录 C：7.7 节的证明

在下面，我们将需要运用完全支持的以下特性。

引理 C.1 一个序列 $\sigma = (\mu_0, \cdots, \mu_{n-1}) \in \mathcal{N}(\Omega)$ 有完全的充要条件是对于每个非空开集 U，存在一个 i，有 $\mu_i(U) > 0$。

证明：设定一个序列 $\sigma = (\mu_0, \cdots, \mu_{n-1}) \in \mathcal{N}(\Omega)$，其没有完全支持。那么 $U = \Omega \backslash \bigcup_{i < n} \text{Supp} \, \mu_i$ 是非空的。集合 U 是开集，且对于所有 i，$\mu_i(U) = 0$。对于反之，设定一个完全—支持序列 $\sigma = (\mu_0, \cdots, \mu_{n-1}) \in \mathcal{N}(\Omega)$ 以及一个非空的开集 U。因为 σ 有完全支持，对于某个 i，$U \bigcap \text{Supp} \, \mu_i \neq \emptyset$。那么 $(\Omega \backslash U) \bigcap \text{Supp} \, \mu_i$ 是闭合的，且严格地被包含在 $\text{Supp} \, \mu_i$ 中，使得 $\mu_i((\Omega \backslash U)$ $\bigcap \text{Supp} \, \mu_i) < 1$。由此，$\mu_i(U) > 0$，正如所需。 □

在接下来的三个引理中，没有具体规定的博雷尔集指在 $\mathcal{N}(\Omega)$ 中的博雷尔。我们将反复运用以下几点事实：

(i) 存在一个 Ω 的可数的开基底(open basis) E_1，E_2，$\cdots$。

(ii) 对于每个在 Ω 中的博雷尔集合 B 和 $r \in [0, 1]$，μ 的集合具有 $\mu(B) > r$ 是在 $\mathcal{M}(\Omega)$ 的博雷尔。

(iii) 对于每个在 $\mathcal{M}(\Omega)$ 中的博雷尔集合 Y 和每个 k，在 $\mathcal{N}(\Omega)$ 里的 $\sigma = (\mu_0, \cdots, \mu_{n-1})$ 集合具有 $n > k$ 和 $\mu_k \in Y$ 是博雷尔。

事实(i)由 Ω 是可分割的假设得到的。事实(ii)显示函数 $\mu \mapsto \mu(B)$ 是博雷尔，其来自 Kechris(1995，定理 17.24)。事实(iii)来自于由 $\mathcal{N}(\Omega)$ 至 $\mathcal{M}(\Omega)$ 的投影函数 $\sigma \mapsto \mu_k$ 的连续性。

设 $\mathcal{N}_n(\Omega)$ 为所有在 $\mathcal{N}(\Omega)$ 中长度为 n 的 σ 的集合，且以相类似的方式定义 $\mathcal{N}_n^+(\Omega)$，$\mathcal{L}_n(\Omega)$ 和 $L_n^+(\Omega)$。

引理 C.2　设定 $n \in \mathbb{N}$。对于任意波兰空间 Ω，集合 $\mathcal{N}(\Omega)$，$\mathcal{N}_n^+(\Omega)$，$\mathcal{L}_n(\Omega)$ 和 $L_n^+(\Omega)$ 都是博雷尔。

证明：在这个证明里，$\mathcal{N}_n(\Omega)$ 上的 $\sigma = (\mu_0, \cdots, \mu_{n-1})$ 会有变化。回顾一下，如果 $\sigma \in \mathcal{N}_n(\Omega)$ 和 $\tau \in \mathcal{N}(\Omega) \backslash \mathcal{N}_n(\Omega)$，那么由 τ 到 σ 的距离为 1。因此，$\mathcal{N}_n(\Omega)$ 是开集且是博雷尔。

根据 C.1 和事实(i)，一个序列 $\sigma \in \mathcal{N}_n(\Omega)$ 有完全支持的充要条件是对于每个基础开集 E_i，存在 $j < n$ 使得 $\mu_j(E_i) > 0$。根据事实(ii)和(iii)，对于每个 i 和 j，σ 的具有 $\mu_j(E_i) > 0$ 的集合是博雷尔。因此，$\mathcal{N}_n^+(\Omega)$ 是博雷尔。

用 $\mu \perp \nu$ 表示如果存在一个博雷尔集合 $U \subseteq \Omega$，使得 $\mu(U) = 1$ 和 $\nu(U) = 0$。显而易见的是，对于一个元素 $\sigma \in \mathcal{N}_n(\Omega)$，相互奇异性(mutual singularity)成立的充要条件是对于所有的 $i < j$，$\mu_i \perp \mu_j$。为了证明 $\mathcal{L}_n(\Omega)$ 是博雷尔，只需证明对于每个 $i < j$，σ 的具有 $\mu_i \perp \mu_j$ 的集合是博雷尔。注意到 $\mu_i \perp \mu_j$ 的充要条件是对于每个 m，存在一个开集 V，使得 $\mu_i(V) = 1$ 且 $\mu_j(V) < \frac{1}{m}$。根据事实(i)，这点成立的充要条件是对每个 m，存在 k 使得 $\mu_i(E_k) > 1 - \frac{1}{m}$ 和 $\mu_j(E_k) < \frac{1}{m}$。

根据事实(ii)和(iii)，σ 的具有 $\mu_i(E_k) > 1 - \frac{1}{m}$ 的集合是博雷尔，且 σ 的具有 $\mu_j(E_k) < \frac{1}{m}$ 的集合是博雷尔。σ 的具有 $\mu_i \perp \mu_j$ 的集合是这些集合的一个博雷尔组合，所以也是博雷尔，正如所需。因此，$\mathcal{L}_n(\Omega)$ 是博雷尔。

因为 $L_n^+(\Omega)$ 是博雷尔集合 $\mathcal{N}_n^+(\Omega)$ 和 $\mathcal{L}_n(\Omega)$ 的交集，它也是博雷尔。　□

推论 C.1 对于任意波兰空间 Ω，集合 $\mathcal{N}^+(\Omega)$，$\mathcal{L}(\Omega)$ 和 $\mathcal{L}^+(\Omega)$ 是博雷尔。

证明： 每个 $\mathcal{N}_n^+(\Omega)$ 是博雷尔且 $\mathcal{N}^+(\Omega) = \bigcup_n \mathcal{N}_n^+(\Omega)$。对于 $\mathcal{L}(\Omega)$ 和 $\mathcal{L}^+(\Omega)$ 也是相类似的。□

引理 C.3 对于每个波兰空间 Ω，且在 Ω 中的博雷尔集合 E，$\sigma \in \mathcal{L}^+(\Omega)$ 的在 σ 下假设 E 的集是博雷尔。

证明： 设定 n 和 $j < n$。根据事实（ii），使得 $\mu(E) = 1$ 的 μ 的集合和使得 $\mu(E) = 0$ 的 μ 的集合在 $\mathcal{M}(\Omega)$ 中是博雷尔。因此，根据事实（iii）和推论 C.1，使得命题 5.1 的条件（i）和（ii）成立的 $\sigma = (\mu_0, \cdots, \mu_{n-1}) \in \mathcal{L}_n^+(\Omega)$ 集合是博雷尔。设 $\{d_0, d_1, \cdots\}$ 为一个 E 的可数密集（dense）的子集。对于每个 k 和 $\mu \in M(\Omega)$，我们有 $d_k \in \mathrm{Supp}\, \mu$ 的充要条件是，对于每个有中心 d_k 和有理半径（rational radius）的开球（open ball）B 有 $\mu(B) > 0$。那么根据事实（ii），μ 具有 $d_k \in \mathrm{Supp}\, \mu$ 的集合在 $\mathcal{M}(\Omega)$ 中是博雷尔。我们有 $E \subseteq \bigcup_{i<j} \mathrm{Supp}\, \mu_i$ 的充要条件是对于所有的 $k \in \mathbb{N}$，$d_k \in \bigcup_{i<j} \mathrm{Supp}\, \mu_i$。因此，$\sigma \in \mathcal{L}_n^+(\Omega)$ 具有 $E \subseteq \bigcup_{i<j} \mathrm{Supp}\, \mu_i$ 的集合是博雷尔。根据引理 B.1，$\sigma \in \mathcal{L}^+(\Omega)$ 的在 σ 下假设 E 的集合是博雷尔。□

引理 C.4 对于每个 m：

(i) $R_m^a = R_1^a \bigcap [S^a \times \bigcap_{i<m} A^a(R_i^b)]$。

(ii) 在 $S^a \times T^a$ 中，R_m^a 是博雷尔的。

证明：（i）是立即可以得到的。

（ii）部分根据归纳法可得。对于 $m = 1$，首先注意到因为 λ^a 是博雷尔可测的，引理 C.2 显示对于每个 n，集合 $(\lambda^a)^{-1}(\mathcal{L}_n^+(S^b \times T^b))$ 在 T^a 中是博雷尔。由定义 7.4，对于每个 $s^a \in S^a$，存在一个线性方程的有限布尔组合（Boolean combination）C 在 $n \cdot |S^b|$ 变量中使得每当 $\lambda^a(t^a) = (\mu_0, \cdots, \mu_{n-1}) \in \mathcal{L}_n^+(S^b \times T^b)$，策略类型对 (s^a, t^a) 是理性的充要条件是对于 $\{\mathrm{margs}_{S^b} \mu_i(s^b) : i < n, s^b \in S^b\}$，$C$ 成立。因为 S^a 和 S^b 是有限的，这显示了在 $S^a \times T^a$ 中 R_1^a 是博雷尔。

假设该结果对于所有的 $i \leqslant m$ 成立。那么根据引理 C.3，对于每个 $i \leqslant m$，$A^a(R_i^b)$ 在 T^a 中是博雷尔。所以 R_{m+1}^a 是博雷尔。□

命题 7.1 的证明：（i）从一个类型结构 $\langle S^a, S^b, T^a, T^b, \kappa^a, \kappa^b \rangle$ 开始。当 $S^b \times T^b$ 是一个单例的情况是显而易见的，所以我们可以假设它不是。选

择任意 $\sigma \in \mathcal{L}(S^b \times T^b)$，其中没有完全支持。定义 $\lambda^a(t^a) = \kappa^a(t^a)$，如果 $\kappa^a(t^a) \in \mathcal{L}^+(S^b \times T^b)$，否则 $\lambda^a(t^a) = \sigma$。因为 $\mathcal{L}^+(S^b \times T^b)$ 是博雷尔，λ^a 是一个博雷尔映射。以相类似的方法定义 λ^b。

(ii) 由这些定义我们可以清楚地看到两个结构有相同的理性集合 R_1^a 和 R_1^b。根据归纳法，它们还有相同集合 R_m^a 和 R_m^b：与 R_m^a 和 R_m^b 集合相关的类型都是与完全—支持 LPS 相关的，所以只涉及完全—支持 LPS 的假设。 □

命题 7.2 的证明：设 T^a 和 T^b 为拜尔空间（the Baire space）——即为有积度量的度量空间 $\mathbb{N}^{\mathbb{N}}$，其中 $\mathbb{N}$ 有离散度量（the discrete metric）。存在一个连续的满射 λ^a（λ^b 也是相类似的）由 T^a（T^b 也是相类似的）至任意波兰空间，尤其是至 $\overline{\mathcal{L}}(S^b \times T^b)$（$\overline{\mathcal{L}}(S^b \times T^b)$ 也是相类似的）（可参见 Kechris，1995，p.13 以及定理 7.9）。这些映射给予一个完全类型结构。 □

附录 D：7.8 节的证明

引理 D.1 假设 t^a 在级别 j 假设 $E \subseteq S^b \times T^b$，其中 $\lambda^a(t^a) = (\mu_0, \cdots, \mu_{n-1})$。那么 $\bigcup_{i \leqslant j} \mathrm{Supp}\, \mathrm{marg}_{S^b} \mu_i = \mathrm{proj}_{S^b} E$。

证明：设定 $s^b \in \mathrm{proj}_{S^b} E$，即对于某个 t^b，$(s^b, t^b) \in E$。那么 $\{s^b\} \times T^b$ 是一个 (s^b, t^b) 的开放领域（open neighborhood）。所以，根据命题 5.1 的条件 (ii) 和 (iii)，存在某个 $i \leqslant j$，有 $\mu_i(E \cap (\{s^b\} \times T^b)) > 0$。因此，$0 < \mu_i(\{s^b\} \times T^b) = \mathrm{marg}_{S^b} \mu_i(s^b)$，且因此得到 $s^b \in \mathrm{Supp}\, \mathrm{marg}_{S^b} \mu_i$。接下来设定 $s^b \notin \mathrm{proj}_{S^b} E$。那么 $\{s^b\} \times T^b$ 是与 E 不相交的。但是对于每个 $i \leqslant j$，我们有 $\mu_i(E) = 1$，所以 $\mu_i(\{s^b\} \times T^b) = \mathrm{marg}_{S^b} \mu_i(s^b) = 0$，且得到 $s^b \notin \mathrm{Supp}\, \mathrm{marg}_{S^b} \mu_i$。 □

接下来几个引理和多面体几何相关（the geometry of polytopes）。我们将首先回顾一些几何学的概念，然后陈述引理，继而解释几何学的概念与博弈论的关联，接着显示一些直观的例子，最后我们将给予这些引理的公式化证明。

贯穿本节，我们将设定一个有限集合 $X = \{x_1, \cdots, x_n\} \subseteq \mathbb{R}^d$。用 P 来表示 X 生成的多面体（polytope），其为 X 的封闭凸包——即为所有和 $\sum_{i=1}^n \lambda_i x_i$ 的集合，其中对于每个 i 有 $\lambda_i \geqslant 0$ 且 $\sum_{i=1}^n \lambda_i = 1$。用 $\mathrm{aff}(P)$ 来表示 P 的仿射包（affine hull），其为所有在 P 中有限多的点的仿射组合——即为所有和 $\sum_{i=1}^k \lambda_i y_i$ 的集合，其中 $y_1, \cdots, y_k \in P$ 且 $\sum_{i=1}^k \lambda_i = 1$。用 $\mathrm{relint}(P)$

来表示 P 的相对内部（relative interior），其为所有 $x \in \mathrm{aff}(P)$ 的集合，其中存在一个以 x 为中心的开放球 $B(x)$，有 $\mathrm{aff}(P) \bigcap B(x) \subseteq P$。

一个在 $\mathbb{R}^d$ 里的超平面（hyperplane）是一个对于某个非零 $u \in \mathbb{R}^d$ 的形（form）$H(u, \alpha) = \{x \in \mathbb{R}^d : \langle x, u \rangle = \alpha\}$ 的集合。如果 $\alpha = \sup\{\langle x, u \rangle : x \in P\}$，一个超平面 $H(u, \alpha)$ 支持一个多面体 P。一个 P 的面（face）是 P 本身或者是形 $H \bigcap P$ 的集合，其中 H 是一个支持 P 的超平面。如果 $F \neq P$ 是 P 的一个面，我们称 F 是一个真面（proper face）。一个面 $H \bigcap P$ 是严格正的（strictly positive），如果对于某个 (u, α) 有 $H = H(u, \alpha)$，使得每个 u 的坐标是严格正的。

在一个多面体 P 中给定一个点 x，每一个支持（support）$x \in P$，我们称点 $x_1, \cdots, x_k \in P$，如果存在 $\lambda_1, \cdots, \lambda_k$，有 $0 < \lambda_i \leqslant 1$，对于每个 i，$\sum_{i=1}^{k} \lambda_i = 1$，且 $x = \sum_{i=1}^{k} \lambda_i x_i$。用 $\mathrm{su}(x)$ 表示支持 $x \in P$ 的点的集合（注意：相对在定义 3.3 之前引入的概念，我们有一些泛用概念）。

以下是我们需要的引理：

引理 D.2 如果 F 是一个多面体 P 的一面且 $x \in F$，那么 $\mathrm{su}(x) \subseteq F$。

引理 D.3 对于每个在一个多面体 P 中的点 x，$\mathrm{su}(x)$ 是 P 的一面。

引理 D.4 如果 x 属于一个多面体 P 的一个严格正的面（a strictly positive face），那么 $\mathrm{su}(x)$ 是 P 的一个严格正的面。

现在我们将解释在博弈论中的几何学的概念。设 d 为有限策略集 S^b 的基数。每个策略 $s^a \in S^a$ 对应于以下点

$$\vec{\pi}^a(s^a) = (\pi^a(s^a, s^b) : s^b \in S^b) \in \mathbb{R}^d$$

对于任意的概率测度 $\mu \in \mathcal{M}(S^a)$，$\vec{\pi}^a(\mu)$ 是该点

$$\vec{\pi}^a(\mu) = \sum_{s^a \in S^a} \mu(s^a) \vec{\pi}^a(s^a)$$

注意到 $\vec{\pi}^a(\mu)$ 是在多面体 P 里的，由有限集合 $\{\vec{\pi}^a(s^a) : s^a \in S^a\}$ 生成。

让我们由点 $(\nu(s^b) : s^b \in S^b) \in \mathbb{R}^d$ 来鉴定每个概率测度 $\nu \in \mathcal{M}(S^b)$。然后对每对 $(\mu, \nu) \in \mathcal{M}(S^a) \times \mathcal{M}(S^b)$，$\langle \vec{\pi}^a(\mu), \nu \rangle$ 是 Ann 的预期收益。因此，一对 (μ, ν) 给予 Ann 的预期收益为 α 的充要条件是 $\vec{\pi}^a(\mu)$ 属于超平面 $H(\nu, \alpha)$。由此，一个集合 F 是 P 的一个严格正面（a strictly positive face）的充要条件是存在一个概率测度 ν 有支持 S^b 使得

$$F = \{\vec{\pi}^a(\mu) : \mu \in \mathcal{M}(S^a) \text{ 是在 } \nu \text{ 下最优}\}$$

考虑一个可允许策略 s^a。根据引理 3.1，$\vec{\pi}^a(s^a)$ 在某个有支持 S^b 的测度 ν 下是最优。即为 $\vec{\pi}^a(s^a)$ 属于 P 的某个严格正面。引理 D.4 显示 $\mathrm{su}(\vec{\pi}^a(s^a))$ 是 P 的一个严格正面。所以我们可以选择 ν，使得对于每个 $r^a \in S^a$，$\vec{\pi}^a(r^a)$ 是在 ν 下最优的充要条件是 $\vec{\pi}^a(r^a) \in \mathrm{su}(\vec{\pi}^a(s^a))$。这点我们用在了定理 8.1(ii) 的证明中。

接下来我们将给一些引理 D.2—D.4 的直观分析。设 P 为一个四面体 (tetrahedron)，正如图 D.1 所示。点 x^* 是被超平面 H 所支持，且相应的面 $H \cap P$ 是由阴影部分显示。支持 x^* 的点的集合，即为集合 $\mathrm{su}(x^*)$，是由 x_2 至 x_4 的线段。注意到这些点也包含在面 $H \cap P$ 中。这里的一般对应体是引理 D.2。

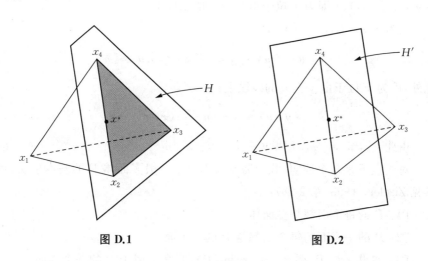

图 D.1   图 D.2

现在讨论反向。在图 D.1，点 x_3 在 $H \cap P$ 中，但是不支持 x^*。然而，我们可以倾斜超平面 H 来得到一个新的支持超平面 H'，如图 D.2 所示。这里 $H' \cap P$ 是由 x_2 至 x_4 的线段，也就是恰好为 $\mathrm{su}(x^*)$。这里的一般对应体是引理 D.3。

考虑另一个在图 D.3 的示例。这里 P 是由 $(1, 0)$ 至 $(1, 1)$ 的线段。注意到 $\mathrm{su}((1, 0)) = \{(1, 0)\}$。超平面 H 支持 $(1, 0)$，且 $H \cap P = P$。我们可以倾斜超平面得到 H'，其中 $H' \cap P = \{(1, 0)\}$（与

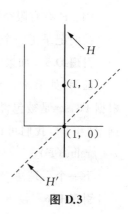

图 D.3

引理 D.3 相符）。但是要注意到如果我们要求超平面为非负（nonnegative），那么我们不能这么做（实际上，H 是独有的非负超平面支持（1，0））。直观地来说，尽管我们有倾斜超平面与维持非负的空间——其实，严格正向（strict positicity）——如果原有的超平面是严格正的。这是引理 D.4。

现在我们将讨论引理 D.2—D.4。

引理 D.2 的证明：设定一个面 F，其包含 x。如果 $F = P$，那么自然有 $su(x) \subseteq F$。如果 $F \neq P$，存在一个超平面 $H = H(u, \alpha)$，其支持 P 且有 $F = H \bigcap P$。设定 $y \in su(x)$。那么存在 $x_1, \cdots, x_k \in P$ 和 $\lambda_1, \cdots, \lambda_k$，对于每个 i，有 $0 < \lambda_i \leqslant 1$，$\sum_{i=1}^{k} \lambda_i = 1$，$y = x_1$ 且 $x = \sum_{i=1}^{k} \lambda_i x_i$。设 $z = \sum_{i=2}^{k} (\lambda_i/(1-\lambda_1)) x_i$ 且注意到 $z \in P$，因为 P 是凸的。同时注意到 $x = \lambda_1 y + (1-\lambda_1) z$；即为 x 位于由 y 至 z 的线段上。

因为 $x \in H$ 且 $y, z \in P$，

$$\langle x, u \rangle = \alpha, \langle y, u \rangle \leqslant \alpha, \langle z, u \rangle \leqslant \alpha$$

此外，因为 x 位于由 y 至 z 的线段上，

$$\langle y, u \rangle \leqslant \langle x, u \rangle \leqslant \langle z, u \rangle$$

由此 $\langle y, u \rangle = \alpha$，所以 $y \in f$。 □

对于接下来几个证明，我们需要关于一个一般多面体 P 的基本事实（可参见 Ziegler，1998，第 2 章）：

P1：P 的每个面都是多面体。

P2：P 的一个面的每个面都是 P 的一个面。

P3：如果 $x \in P$，要么 $x \in relint(P)$，要么 x 属于 P 的一个真面。

P4：P 有有限个面。

我们记录了一个由 P1—P4 立即产生的结果。

引理 D.5 如果 $x \in P$，那么存在一个 P 的面 F，有 $x \in relint(F)$。

证明：如果 $x \in relint(P)$，结果很容易就成立。所以假设 $x \notin relint(P)$。根据 P3，x 是被包含在 P 的某个真面 F。根据 P1，面 F 是一个多面体。根据 P2 和 P4，我们可以选择 F，使得没有一个 F 的真面包含 x。P3 蕴涵了 $x \in relint(F)$。 □

下一个引理建立了关于 P 的一个面 F 的相对内部中点的事实。

引理 D.6 设 F 为 P 的一个面。如果 $x \in relint(F)$，那么 $F \subseteq su(x)$。

证明：设定 $x \in \text{relint}(F)$ 且某个 $x' \in F$。如果 $x' = x$，那么自然 $x' \in \text{su}(x)$。如果不是，考虑穿过 x 和 x' 的直线，我们用 $L(x, x')$ 来表示。因为 $x \in \text{relint}(F)$，存在某个开放的球 $B(x)$ 围绕着 x，有 $\text{aff}(F) \bigcap B(x) \subseteq F$。那么 $\text{aff}(F) \bigcap B(x)$ 必须与 $L(x, x')$ 相交。当然，我们可以找到一个在 $L(x, x')$ 上的点 x'' 且在 $\text{aff}(F) \bigcap B(x)$ 中，对于欧几里得度量（the Euclidean metric）d，有 $d(x', x) < d(x', x'')$。那么必然存在 $0 < \lambda < 1$，有 $x = \lambda x' + (1-\lambda) x''$。因为 $x', x'' \in P$，这便建立了 $x' \in \text{su}(x)$。 $\square$

我们接着转到引理 D.3 和 D.4 的证明。

引理 D.3 的证明：设定 $x \in P$。根据引理 D.5，存在一个 P 的面 F 有 $x \in \text{relint}(F)$。我们接着根据引理 D.2 有 $\text{su}(x) \subseteq F$，且根据 D.6 有 $F \subseteq \text{su}(x)$。 $\square$

引理 D.4 的证明：设 $H(u, \alpha) \bigcap P$ 是 P 的一个严格正的面并包含 x。根据引理 D.3，$\text{su}(x) = H(u', \alpha') \bigcap P$ 是 P 的一个面。设

$$u'' = u' + \beta u, \quad \alpha'' = \alpha' + \beta\alpha$$

对于某个 $\beta > 0$。如果 $y \in H(u', \alpha') \bigcap P$，运用 $\text{su}(x) \subseteq H(u, \alpha) \bigcap P$，我们得到

$$\langle y, u'' \rangle = \langle y, u' \rangle + \beta\langle y, u \rangle = \alpha' + \beta\alpha = \alpha''$$

如果 $y \in P \backslash H(u', \alpha')$，我们得到

$$\langle y, u'' \rangle = \langle y, u' \rangle + \beta\langle y, u \rangle < \alpha' + \beta\langle y, \mu \rangle \leqslant \alpha' + \beta\alpha = \alpha''$$

因此，$H(u'', \alpha'')$ 是一个有 $\text{su}(x) = H(u'', \alpha'') \bigcap P$ 的支持超平面。此外，我们可以选择 $\beta > 0$ 使得 $u'' \gg 0$，正如所需。 $\square$

附录 E：7.9 节的证明

引理 E.1 如果 $s^a \in S_m^a$，那么存在 $\mu \in \mathcal{M}(S^b)$，有 $\text{Supp}\ \mu = S_{m-1}^b$，使得对于每个 $r^a \in S^a$，$\pi^a(s^a, \mu) \geqslant \pi^a(r^a, \mu)$。

证明：根据引理 3.1，存在 $\mu \in \mathcal{M}(S^b)$，有 $\text{Supp}\,\mu = S_{m-1}^b$，使得对于所有 $r^a \in S_{m-1}^a$，$\pi^a(s^a, \mu) \geqslant \pi^a(r^a, \mu)$。假设存在一个 $r^a \in S^a \backslash S_{m-1}^a$，有

$$\pi^a(s^a, \mu) < \pi^a(r^a, \mu) \tag{E.1}$$

我们有 $r^a \in S_l^a \backslash S_{l+1}^a$，对于某个 $l < m-1$。选择 r^a（和 l），使得有

$\pi^a(s^a, \mu) < \pi^a(q^a, \mu)$ 的 $q^a \in S_{l+1}^a$ 不存在。

设定某个 $\nu \in \mathcal{M}(S^b)$，有 Supp $\nu = S_l^b$，且定义一个序列的测度 $\mu^n \in \mathcal{M}(S^b)$，对于每个 $n \in \mathbb{N}$，通过 $\mu^n = \left(1 - \dfrac{1}{n}\right)\mu + \dfrac{1}{n}\nu$ 得到。注意到对于每个 n，Supp $\mu^n = S_l^b$。运用 $r^a \notin S_{l+1}^a$ 以及引理 3.1 运用到 $(l+1)$-可允许策略上，由此得到对于每个 n，存在一个 $q^a \in S_l^a$，有

$$\pi^a(q^a, \mu^n) > \pi^a(r^a, \mu^n) \tag{E.2}$$

我们可以假设 $q^a \in S_{l+1}^a$（选择 $q^a \in S_l^a$ 在 S_l^a 中的所有策略来最大化等式（E.2）的左边）。同时，因为 S_{l+1}^a 是有限的，存在一个 $q^a \in S_{l+1}^a$，使得等式（E.2）对于无限多 n 成立。设 $n \to \infty$，产生

$$\pi^a(q^a, \mu) \geqslant \pi^a(r^a, \mu) \tag{E.3}$$

由等式（E.1）和（E.3），我们得到 $\pi^a(q^a, \mu) > \pi^a(s^a, \mu)$，与我们选择的 r^a 相矛盾。 $\square$

接下来的引理能保证我们有足够的空间来建立我们在引理 E.3 所需要的测度。对于 $t^a, u^a \in T^a$，用 $t^a \approx u^a$ 表示，如果对于每个 i，元件测度（the component measures）$(\lambda^a(t^a))_i$ 和 $(\lambda^a(u^a))_i$ 在 S^b 上有相同的边缘，且是相互完全连续的（有相同的空值集[null sets]）。

引理 E.2 在一个完全类型结构中：

(i) 如果 $\lambda^a(t^a) \in \mathcal{L}^+(S^b \times T^b)$ 且 $u^a \approx t^a$，那么 $\lambda^a(u^a) \in \mathcal{L}^+(S^b \times T^b)$。

(ii) 如果 $\lambda^a(t^a) \in \mathcal{L}^+(S^b \times T^b)$，那么存在连续很多 u^a，使得 $u^a \approx t^a$。

(iii) 对于每个集合 $E \subseteq S^b \times T^b$，集合 $A^a(E)$ 是在关系 $\approx$ 下为闭的。事实上，对于每个 j，如果 $t^a \approx u^a$ 且 E 是在 $\lambda^a(t^a)$ 下假设在级别 j 上的，那么 E 是在 $\lambda^a(t^a)$ 下假设在级别 j 上的。

(iv) 如果 $t^a \approx u^a$，那么对于每个 m 和 $s^a \in S^a$，$(s^a, t^a) \in R_m^a$ 的充要条件是 $(s^a, u^a) \in R_m^a$。

证明：(i)部分由以下得到：$\lambda^a(t^a) \in \mathcal{L}^+(S^b \times T^b)$ 和元件测度 $\lambda^a(t^a)$ 和 $\lambda^a(u^a)$ 的相互完全连续性。对于(ii)部分，注意到完全支持蕴涵着对于某个 i，$\mu_i = (\lambda^a(t^a))_i$ 有无限支持。因此，存在连续很多不同的测度 ν_i，有着与 μ_i 相同的空值集合和在 S^b 上的边缘。通过以 ν_i 替换 μ_i、而得到的序列的测度属于 $\mathcal{L}^+(S^b \times T^b)$，且根据完全性这个序列等同于 $\lambda^a(u^a)$ 对于某个 u^a。由此，对于每个这样的 u^a，$u^a \approx t^a$。对于(iii)部分，设定 $\lambda^a(t^a)$，从而在级别

j 假设 E。由此立即从(i)部分和元件测度的相互完全连续性得到,如果 u^a $\approx t^a$,那么 $\lambda^a(u^a)$ 也在级别 j 假设 E。对于(iv)部分,当 $m = 1$ 的情况立即由(i)部分得到。当 $m > 1$,我们可以通过归纳法证明且运用(iii)部分。 $\square$

设 $R_{\cap}^a = S^a \times T^a$ 且 $R_0^b = S^b \times T^b$。

引理 E.3 在一个完全类型结构中,对于每个 $m \geqslant 0$,$\mathrm{proj}_{S^a} R_m^a = \mathrm{proj}_{S^a}(R_m^a \backslash R_{m+1}^a)$。

证明: 我们通过在 m 上进行归纳法证明。

$m = 0$:选择 t^a 使得 $\lambda^a(t^a) \notin \mathcal{L}^+(S^b \times T^b)$,且注意到 $S^a \times \{t^a\}$ 是与 R_1^a 不相交的。所以,$\mathrm{proj}_{S^a}(R_0^a \backslash R_1^a) = S^a$。

$m = 1$:设定 $(s^a, t^a) \in R_1^a$。只需证明存在一个类型 $u^a \in T^a$,有 $(s^a, u^a) \in R_1^a \backslash R_2^a$。为了显示这点,首先要注意到存在一个长度为 1 的完全—支持 LPS(μ),使得 s^a 是在 (μ) 下为最优(这是根据引理 7.1)。根据完全性,存在一个类型 u^b,使得 $\lambda^b(u^b) \notin \mathcal{L}^+(S^a \times T^a)$。构造一个概率测度 $\nu \in \mathcal{M}(S^b \times T^b)$,有 $\mathrm{marg}_{S^b} \mu = \mathrm{marg}_{S^b} \nu$ 以及 $\nu(S^b \times \{u^b\}) = 1$。设 ρ 为测度 $(\mu + \nu)/2$。然后 ρ 是一个完全—支持 LPS,所以根据完全性存在一个类型 $u^a \in T^a$,有 $\lambda^a(u^a) = (\rho)$。注意到 s^a 是在 (ρ) 下为最优,所以 $(s^a, u^a) \in R_1^a$。但是 $\rho(R_1^b) \leqslant \frac{1}{2}$,因为 $\lambda^b(u^b) \notin \mathcal{L}^+(S^a \times T^a)$。所以在 (ρ) 下 R_1^b 不被假设,所以有 $(s^a, u^a) \notin R_2^a$。

$m \geqslant 2$:假设对于 $m - 1$,结果成立。设 $(s^a, t^a) \in R_m^a$ 且 $\lambda^a(t^a) = \sigma = (\mu_0, \cdots, \mu_{m-1})$。然后对于每个 $i < m$,$t^a \in A^a(R_i^b)$。我们将找到一个类型 u^a,使得 $(s^a, u^a) \in R_m^a \backslash R_{m+1}^a$。

根据归纳假设且因为 S^b 是有限的,存在一个有限集合 $U \subseteq R_{m-1}^b \backslash R_m^b$,有 $\mathrm{proj}_{S^b} U = \mathrm{proj}_{S^b} R_{m-1}^b$。因为 $m \geqslant 2$,$U \subseteq R_1^b$,所以对于每个 $(s^b, t^b) \in U$,$\lambda^b(t^b) \in \mathcal{L}^+(S^a \times T^a)$。根据引理 E.2(ii),对于每个 $(s^b, t^b) \in U$,存在连续很多 u^b,使得 $u^b \approx t^b$,所以存在一个 $u^b \approx t^b$,使得对于所有的 i,$\mu_i(\{s^b, u^b\}) = 0$。以一对 (s^b, u^b) 有 $u^b \approx t^b$ 和 $\mu_i(\{s^b, u^b\}) = 0$,对于所有的 i,来替换每个 $(s^b, t^b) \in U$ 来形成 U'。那么 U' 是有限的,对于所有的 i,有 $\mu_i(U') = 0$。根据引理 E.2(iv),$U' \subseteq R_{m-1}^b \backslash R_m^b$ 且 $\mathrm{proj}_{S^b} U' = \mathrm{proj}_{S^b} R_{m-1}^b$。由此得到集合 U 可以被选择,使得对于所有的 i,$\mu_i(U) = 0$。

我们将通过在序列 σ 始端加入一个测度,来得到一个点 $(s^a, u^a) \in$

$R_m^a \setminus R_{m+1}^b$。 因为 U 是有限的，$\text{proj}_{S^b} U = \text{proj}_{S^b} R_{m-1}^b$ 且 $\mu_0(R_{m-1}^b) = 1$，存在一个概率测度 ν，使得 $\nu(U) = 1$ 且 $\text{marg}_{S^b} \nu = \text{marg}_{S^b} \mu_0$。 设 τ 为序列 $(\nu, \mu_0, \cdots, \mu_{n-1})$。 因为对于每个 i，$\sigma \in \mathcal{L}^+(S^b \times T^b)$ 以及 $\mu_i(U) = 0$，我们可以看到 $\tau \in \mathcal{L}^+(S^b \times T^b)$。根据完全性，存在一个 $u^a \in T^a$，有 $\lambda^a(u^a) = \tau$。因为 ν 在 S^b 有与 μ_0 相同的边缘，且因为 $(s^a, t^a) \in R_1^a$，我们有 $(s^a, u^a) \in R_1^a$。因为对于每个 $k < m$，$U \subseteq R_{m-1}^b$ 以及 $t^a \in A^a(R_k^b)$，由此对于每个 $k < m$，得到 $u^a \in A^a(R_k^b)$。然后根据引理 C.4(i)，我们有 $(s^a, u^a) \in R_m^a$。然而，因为 U 与 R_m^b 是不相交的，我们有 $\nu(R_m^b) = 0$，所以 $u^a \notin A^a(R_m^b)$ 且因此 $(s^a, u^a) \notin R_{m+1}^a$。 由此完成了归纳。 □

附录 F: 7.10 节证明

对于以下两个引理，我们假设 $\langle S^a, S^b, T^a, T^b, \lambda^a, \lambda^b \rangle$ 是一个完全类型结构，其中映射 λ^a 和 λ^b 是连续的。

引理 F.1 如果参与者 a 不是无差异的(indifferent)，那么 $R_0^a \setminus \overline{R_1^a}$ 是不可数的。

证明：我们对于某个 r^a, s^a, s^b，有 $\pi^a(r^a, s^b) < \pi^a(s^a, s^b)$。 那么根据完全性，$S^a$ 有多于一个的元素，且 T^b 有多于一个的元素。因此，再次运用完全性，存在一个类型 $t^a \in T^a$，使得 $\lambda^a(t^a) = (\mu_0, \mu_1)$ 是一个长度为 2 的完全—支持 LPS，且 $\mu_0(\{s^b\} \times T^b) = 1$。设 U 为其包含所有 $u^a \in T^a$ 的集合，使得 r^a 在 $(\lambda^a(u^a))_0$ 下不是最优，即为对于某个 $q^a \in S^a$，

$$\sum_{s^b \in S^b} \pi^a(r^a, s^b) \text{marg}_{S^b}(\lambda^a(u^a))_0(s^b)$$
$$< \sum_{s^b \in S^b} \pi^a(q^a, s^b) \text{marg}_{S^b}(\lambda^a(u^a))_0(s^b)$$

现在我们来显示 $t^a \in U$。注意到首先因为 $\mu_0(\{s^b\} \times T^b) = 1$，函数 $\text{marg}_{S^b}(\lambda^a(t^a))_0$ 在 s^b 的值为 1，且在 S^b 中其他各处为 0。因此，对于每个 $q^a \in S^a$，

$$\sum_{s^b \in S^b} \pi^a(q^a, s^b) \text{marg}_{S^b}(\lambda^a(t^a))_0(s^b) = \pi^a(q^a, s^a)$$

因为 $\pi^a(r^a, s^b) < \pi^a(s^a, s^b)$，该不等式定义了当 $(q^a, u^a) = (s^a, t^a)$，U 成立，且因此 $t^a \in U$。

我们接下来显示 U 是开放的。因为 λ^a 是连续的，函数 $u^a \mapsto (\lambda^a(u^a))_0$ 是连续的。在普洛霍洛夫度量(the Prohorov metric)中的收敛是等同于弱收

敛,所以函数

$$u^a \mapsto \mathrm{marg}_{S^b}(\lambda^a(u^a))_0(s^b) = \int 1(\{s^b\} \times T^b)\mathrm{d}(\lambda^a(u^a))_0$$

是连续的。因此,U 被两个 u^a 的连续实函数的一个严格不等式定义,因此 U 是开放的。

因为 $\{r^a\}$ 在 S^a 里是开放的,集合 $\{r^a\} \times U$ 在 $S^a \times T^a$ 中是开放的。根据定义,集合 $\{r^a\} \times U$ 与 R_1^a 不相交。现在假设 $u^a \approx t^a$。那么 $(\lambda^a(u^a))_0$ 有与 $(\lambda^a(t^a))_0$ 相同的边缘,所以 $u^a \in U$,且因此 $(r^a, u^a) \in \{r^a\} \times U$。因为 $\{r^a\} \times U$ 是开放的,且与 R_1^a 不相交,我们有 $(r^a, u^a) \notin \overline{R_1^a}$。根据引理 E.2,存在不可数的很多 u^a,使得 $u^a \approx t^a$,所以 $R_0^a \backslash \overline{R_1^a}$ 是不可数的。   □

引理 F.2 假设 $m \geqslant 1$ 和 $R_{m-1}^b \backslash \overline{R_m^b}$ 是不可数的。那么 $R_m^a \backslash \overline{R_{m+1}^a}$ 是不可数的。

证明:此证明与引理 E.3 的证明相类似。设定 $(s^a, t^a) \in R_m^a$。根据定理 9.1 的证明,我们可以选择 t^a,使得 $\lambda^a(t^a) = \sigma = (\mu_0, \cdots, u_{m-1})$,且 R_{m-1}^b 在级别 0 被假设。通过在 σ 序列的始端加入一个更多的测度且运用引理 E.2,我们将得到不可数多的点 $(s^a, u^a) \in R_m^a \backslash \overline{R_{m+1}^a}$。

我们宣称存在一个有限集合 $U \subseteq R_{m-1}^b \backslash R_m^b$,使得对于所有的 $i < m$,$\mathrm{Proj}_{S^b} U = \mathrm{proj}_{S^b} R_{m-1}^b$ 以及 $\mu_i(U) = 0$。

$m = 1$:回顾一下,对于每个 $(s^a, t^a) \in R_1^a$,存在一个 u^a,使得 $\lambda^a(u^a)$ 是一个完全—支持 LPS 且 $(s^a, u^a) \in R_1^a \backslash R_2^a$(这点已在引理 E.3 的证明中显示了)。目前对 $m = 1$ 的宣称来自于引理 E.2 以及 S^a 是有限的事实。

$m \geqslant 2$:该宣传已经建立在引理 E.3 中的归纳的一步。

现在,因为 $R_{m-1}^b \backslash \overline{R_m^b}$ 是不可数的,存在一个点 $(s^b, t^b) \in R_{m-1}^b \backslash \overline{R_m^b}$,对于所有的 $i < m$,使得 $\mu_i(s^b, t^b) = 0$。因此,我们可能选择 U 来包含如此一个点 (s^b, t^b)。设 ν 为一个概率测度,其使得 $\nu(U) = 1$,$\mathrm{marg}_{S^b}\nu = \mathrm{marg}_{S^b}\mu_0$ 且 $\nu(s^b, t^b) = \mathrm{marg}_{S^b}\mu_0(s^b)$。因为 R_{m-1}^b 在 σ 下级别 0 上被假设的,我们有 $(s^b, t^b) \in \mathrm{Supp}\,\mu_0$,且因此 $\mu_0(\{s^b\} \times T^b) = \mathrm{marg}_{S^b}\mu_0(s^b) > 0$。所以,$\nu(s^b, t^b) > 0$。

设 τ 为序列 $(\nu, \mu_0, \cdots, \mu_{m-1})$。因为 $(s^a, t^a) \in R_1^a$,$\lambda^a(t^a) = (\mu_0, \cdots, \mu_{m-1})$ 是一个完全—支持 LPS。同时,对于每个 i,$\mu_i(U) = 0$。因此,τ 是相互奇异,且因此是一个完全—支持 LPS。根据完全性,存在一个 $v^a \in T^a$,有

$\lambda^a(v^a) = \tau$。然后，$(\lambda^a(v^a))_0 = \nu$。正如引理 E.3 中，我们有 $(s^a, v^a) \in R_m^a$。基于此，引理 E.2(ii) 的证明显示存在不可数的多个 $u^a \approx v^a$，使得 $(\lambda^a(u^a))_0 = \nu$。

假设 $u^a \approx v^a$ 和 $(\lambda^a(u^a))_0 = \nu$。然后，$\lambda^a(u^a)$ 的长度为 $m+1$。根据引理 E.2，我们有 $(s^a, u^a) \in R_m^a$。然而，因为 $(s^b, t^b) \notin \overline{R_m^b}$，测度 ν 有一个开放领域(open neighborhood)W，其中对于每个 $\nu' \in W$，$\nu'(R_m^b) < 1$（一个如此领域的示例为集合 $\{\nu' : \nu'(V) > \nu(s^b, t^b)/2\}$，其中 V 是一个 (s^b, t^b) 的开放领域，其与 R_m^b 不相交）。那么集合

$$X = \{\xi \in \mathcal{N}_{m+1}(S^b \times T^b) : \xi_0 \in W\}$$

是一个 $\lambda^a(u^a)$ 的开放领域，且无任何 LPS $\xi \in X$ 能在级别 0 上假设 R_m^b。由此，一个 LPS $\xi \in X$ 不能假设所有的 $m+1$ 集合 R_k^b，$k \leqslant m$，因为根据归纳假设所有这些集合有不同的闭包，且因此根据特性 6.2，至多一个可以在每个级别被假设。根据 λ^a 的类型性，集合 $Y = (\lambda^a)^{-1}(X)$ 是一个 u^a 的开放领域。然后 $\{s^a\} \times Y$ 是一个 (s^a, u^a) 的开放领域，其与 R_{m+1}^a 不相交，所以 (s^a, u^a) 不是 R_{m+1}^a 的闭包。根据引理 E.2，存在不可数多的 $u^a \approx v^a$，且因此，$R_m^a \setminus \overline{R_{m+1}^a}$ 是不可数的。　　　□

定理 10.1 的证明：根据特性 7.1(ii)，只需假设 λ^a 和 λ^b 是连续的。因此，引理 F.1 给予了集合 $R_0^a \setminus \overline{R_1^a}$ 是不可数的。然后，根据引理 F.2 的归纳，对于每个 m，集合 $R_{2m}^a \setminus \overline{R_{2m+1}^a}$ 和 $R_{2m+1}^b \setminus \overline{R_{2m+2}^b}$ 是不可数的。假设 $(s^b, t^b) \in \bigcap_m R_m^b$，然后对于每个 m，我们有 R_m^a 是在 $\lambda^b(t^b)$ 下级别 $j(m)$ 上被假设的。此外，序列 $j(m)$ 是非增的。然后根据特性 6.2 和每个 $R_{2m}^a \setminus \overline{R_{2m+1}^a}$ 是不可数的事实，我们得到每个 $j(2m+1) < j(2m)$。但是这个和 $\lambda^b(t^b)$ 的长度是有限的事实相矛盾。　　　□

注　释

① 原来的定义作了一个独立性的假设，在该定义下，可理性化策略可以是一个迭代非劣势策略集合的真子集。近来的定义（比如 Osborne and Rubinstein，1994）允许了相关性；在这个例子中，两个集合是相同的。

② 可以在 Brandenburger、Friedenberg 和 Keisler（2008）中找到网上的补充

资料。

③ Brandenburger 和 Friedenberg(2004)研究了 SAS 的特性。

④ 可参见 Brandenburger 和 Friedenberg(2003)。Shimoji(2004)有一个与 IA 和 EFR 相关的结构,其中 EFR 是相对于"普通—形式信息集(normal-form information set)"定义的(Mailath, Samuelson and Swinkels, 1993)。

⑤ 案例包括拍卖博弈、投票博弈、伯川德(Bertrand)以及零和博弈。在 Mertens (1989)以及 Marx 和 Swinkels(1997)中有关于非通用性的观察,以及一系列示例。

⑥ 网上补充资料(Brandenburger、Friedenberg and Keisler,2008)包含有关其他相关文献的讨论。

⑦ 为了简化标识,我们将专注于双人博弈。但是我们的分析可以不需改变地扩充至三人或更多人博弈。

⑧ 对于文中没有给予的证明可以在附录 A 中找到。

⑨ 关于这段论据,我们要感谢一个审稿人。

⑩ 如果 $x=(x_0, \cdots, x_{n-1})$ 和 $y=(y_0, \cdots, y_{n-1})$,那么 $x \geqslant^L y$,当且仅当 $y_j > x_j$,蕴涵着对于某个 $k < j$,$x_k > y_k$。

⑪ 在文献里,所有可能类型的一个更常见的模型概念是普遍(或典范)模型(可参见 Armbruster and Böge, 1979;Böge and Eisele, 1979;Mertens and Zamir, 1985;Brandenburger and Dekel, 1993;Heifetz, 1993;以及 Battigalli and Siniscalchi, 1999;以及其他一些文献)。完全性的概念是很适合我们的分析。

⑫ 为了与以下定理 9.1 的证明一致,我们互换了指数。

⑬ 关于这个观察结果,我们要感谢 Eddie Dekel。

参考文献

Armbruster,W and W Böge(1979). Bayesian game theory. In Möschlin, O and D Pallaschke(Eds.), *Game Thoery and Related Topics*, pp.17—28. Amsterdam: North-Holland.

Asheim,G and M Dufwenberg(2003). Admissibility and common belief. *Games and Economic Behavior*, 42, 208—234.

Asheim,G and Y Søvik(2005). Preference-based belief operators. *Mathematical Social Sciences*, 50, 61—82.

Battigalli, P(1996). Strategic rationality orderings and the best rationalization principle. *Games and Economic Behavior*, 13, 178—200.

Battigalli, P(1997). On rationalizability in extensive games. *Journal of Economic Theory*, 74, 40—61.

Battigalli, P and M Siniscalchi(1999). Hierarchies of conditional beliefs and inter-active epistemology in dynamic games. *Journal of Economic Thoery*, 88, 188—230.

Battigalli, P and M Siniscalchi(2002). Strong belief and forward-induction reasoning. *Journal of Economic Thoery*, 106, 356—391.

Ben Porath, E(1997). Rationality, Nash equilibrium, and backward induction in perfect information games. *Review of Economic Studies*, 64, 23—46.

Bernheim, D (1984). Rationalizable strategic behavior. *Econometrica*, 52, 1007—1028.

Billingsley, P(1968). *Convergence of Probability Measures*. New York, NY: Wiley.

Blume, L, A Brandenburger, and E Dekel(1991a). Lexicographic probabilities and choice under uncertainty. *Econometrica*, 59, 61—79.

Blume, L, A Brandenburger, and E Dekel(1991b). Lexicographic probabilities and equilibrium refinements. *Econometrica*, 59, 81—98.

Böge, W and Th Eisele(1979). On solutions of Bayesian games. *International Journal Game Theory*, 8, 193—215.

Börgers, T(1994). Weak dominance and approximate common knowledge. *Journal of Economic Theory*, 64, 265—276.

Brandenburger, A(1992). Lexicographic probabilities and iterated admissibility. In Dasgupta, P, D Gale, O Hart, and E Maskin(Eds.), *Economic Analysis of Markets and Games*, pp.282—290. Cambridge, MA: MIT Press.

Brandenburger, A(2003). On the existence of 'complete' possibility structure. In Basili, M, N Dimitri, and I Gilboa(Eds.), *Cognitive Processes and Economic Behavior*, pp.30—34. London, UK: Routledge.

Brandenburger, A and A Dekel(1993). Hierarachies of beliefs and common knowledge. *Journal of Economic Theory*, 59, 189—198.

Brandenburger, A and A Friedenberg(2003). The relationship between rationality on the matrix and the tree. Unpublished manuscript. Available at www. stern. nyu. edu/~abranden.

Brandenburger, A and A Friedenberg(2004). Self-admissible sets. Unpublished manuscript. Available at www. stern. nyu. edu/~abranden.

Brandenburger, A, A Friedenberg, and H J Keisler(2006). Notes on the relationship between strong belief and assumption. Unpublished manuscript. Available at www. stern. nyu. edu/~abranden.

Brandenburger, A, A Friedenberg, and H J Keisler(2008). Supplement to "Admissibility in games." *Econometrica Supplementary Material*, 76. Available at http://econometricsociety.org/ecta/Supmat/5602_extensions.pdf.

Dekel, E and D Fudenberg (1990). Rational behavior with payoff uncertainty. *Journal of Economic Theory*, 52, 243—267.

Halpern, J (2007). Lexicographic probability, conditional probability, and nonstandard probability. Unpublished manuscript. Available at http://www.cs.cornell.edu/home/halpern.

Heifetz, A (1993). The Bayesian formulation of incomplete information—The non-compact case. *International Journal of Game Theory*, 21, 329—338.

Kechris, A (1995). *Classical Descriptive Set Theory*. New York, NY: Springer-Verlag.

Kohlberg, E and J-F Mertens (1986). On the strategic stability of equilibria. *Econometrica*, 54, 1003—1037.

Mailath, G, L Samuelson, and J Swinkels (1993). Extensive form reasoning in normal form games. *Econometrica*, 61, 273—302.

Marx, L and J Swinkels (1997). Order independence for iterated weak dominance. *Games and Economic Behavior*, 18, 219—245.

Mertens, J-F (1989). Stable equilibria — A reformulation. *Mathematics of Operations Research*, 14, 575—625.

Mertens, J-F and S Zamir (1985). Formulation of Bayesian analysis for games with incomplete information. *International Journal of Game Theory*, 14, 1—29.

Osborne, M and A Rubinstein (1994). *A Course in Game Theory*. Cambridge, MA: MIT Press.

Pearce, D (1984). Rational strategic behavior and the problem of perfection. *Econometrica*, 52, 1029—1050.

Rényi, A (1955). On a new axiomatic theory of probability. *Acta Mathematica Academiae Scientiarum Hungaricae*, 6, 285—335.

Samuelson, L (1992). Dominated stragies and common knowledge. *Games and Economic Behavior*, 4, 284—313.

Savage, L (1954). *The Foundations of Statistics*. New York, NY: Dover.

Shimoji, M (2004). On the equivalence of weak dominance and sequential best response. *Games and Economic Behavior*, 48, 385—402.

Ziegler, G (1998). *Lectures on Polytopes*, 2nd Edition. New York, NY: Springer.

自我允许集合 *

亚当·布兰登勃格和阿曼达·弗里登伯格

(Adam Brandenburger and Amanda Friedenberg)

最优—回应集合（Pearce，1984）显示了"理性和理性的共同信念"的认知条件的特性。当理性包括一个弱—优势（可允许性）要求，自我允许集合（the self-admissible set，SAS）的概念（Brandenburger，Friedenberg and Keisler，2008）显示了"理性和理性的共同假设"的特性。我们分析了 SAS 集合在一些相关博弈中的表现——蜈蚣博弈（Centipede）、有限重复的囚徒困境（the Finitely Repeated Prisoner's Dilemma）以及连锁店（Chain Store）。我们接着建立一些 SAS 的一般特性，包括一个

* 原文出版于 *Journal of Economic Theory*，Vol.145，pp.785—811。

关键词：可允许性；弱优势；自我允许集合；迭代可允许性（iterated admissibility）；认知博弈论；完美信息博弈。

注释：本章的一些结果出现在两篇研究手稿中，"When Does Common Assumption of Rationality Yield a Nash Equilibrium?"（2001 年 7 月）和"Common Assumption of Rationality in Games"（2002 年 1 月）。

致谢：我们非常感谢和 H. Jerome Keisler 的合作。我们还要感谢 Pierpaolo Battigalli，Drew Fudenberg，John Nachbar，Martin Osborne，Marciano Siniscalchi，Gus Stuart 以及相关编辑和评审员们的重要评论。Geir Asheim，Konrad Gradiszewski，Elon Kohlberg，Alex Peysakhovich 以及各个报告会的参与者们提供的有价值的提议。Brandenburger 感谢哈佛商学院和斯特恩商学院的支持。Fiedenberg 感谢奥林商学院和 W.P.凯瑞商学院的支持。

在完美—信息博弈中的特性。

8.1 引言

考虑 Ann 是理性的条件,她认为 Bob 是理性的,她认为他认为她是理性的,以此类推。在这个情况下,Ann 会选择什么样的策略? 从认知的角度看博弈论,这是一个基本问题。曾经问过什么时候"理性"意为:(i)在矩阵中一般(主观预期效用)最大化,(ii)矩阵里的可允许性(对于弱劣势策略的避免),以及(iii)博弈树中每个信息集合的最大化。

对于(i)有一个直观的答案:Ann 将选择一个迭代非劣势(iteratively undominated,IU)的策略——即为一个策略其幸存于重复删除强劣势策略。这个主意可以追溯到 Bernheim(1984)和 Pearce(1984)(尽管他们追加了一个独立性的假设)。同时还有一个更深层次的答案,由 Pearce 开创。他引入了一个最优—回应集合(best-response set,BRS)的概念:这是一个子集 $Q^a \times Q^b \subseteq S^a \times S^b$(其中 S^a 和 S^b 是 Ann 和 Bob 的策略集合),使得 Ann 在 Q^a 中的每个策略相对 Q^b 是非劣势的,且当 Ann 和 Bob 互换后也是相类似的。

这里是一个公式化认知分析如何导向一个 BRS 的梗概。第一步是(为 Ann 和 Bob)添加类型来描述该博弈。对于 Ann 的一个特定的类型描述了她对 Bob 选择哪个策略是如何想的,她对 Bob 认为她会选哪个策略是如何想的,以此类推。Bob 的类型也是相类似的。有了这些成分,我们可以鉴定那些 Ann 的策略—类型对其为理性的,相信(即为设定概率 1 至该事件)Bob 是理性的,以此类推。这个集合标记为 RCBR("理性和理性的公共信念")在图 1.1 的左侧。对于 Bob,相类似的分析在图 1.1 的右侧。

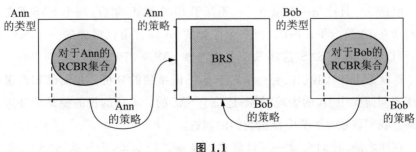

图 1.1

接下来一步是从可被选择的策略角度来看这个分析蕴涵着什么。公式化来说，我们投射 RCBR 集合至他们相应的策略集合。这便给予了图 1.1 的中间部分。我们能解释这些投射是什么吗？可以，他们构成了一个 BRS。这便是问题(i)的一个更深入的答案。

有两点要注意。第一，一个给定的博弈可以有多个 BRS。一个特定的认知分析将产生一个如此的 BRS——其将依赖于我们开始时的类型结构。第二，更准确地称我们得到了一个 BRS——而不是仅仅称这些策略是 IU——可能显得是一个微小的问题。众所周知，每个 BRS 是被包含在 IU 集里的，其本身是最大的 BRS。

但是，在关乎可允许性时我们需要更准确——即为当我们回答问题(ii)。答案的一个显而易见的猜测是 Ann 将选择一个迭代可允许(iteratively admissible, IA)策略——即为一个迭代剔除非可允许策略下的幸存策略。但这是错误的！

接下来几步将解释其原因。Brandenburger, Friedenberg 和 Keisler (2008) 制定了一个分析，如图 1.1 所示。现在，从可允许性角度来看 Ann 是理性的，她同一个角度假设 Bob 是理性的，以此类推。(这里，我们用"假设"而不是"相信"。可参见 8.3 节和 8.8.2 小节)。对于 Bob 也是相类似的。在图 1.1 的中间部分现在成为在 Brandenburger, Friedenberg 和 Keisler(2008)中的一个概念，称作一个自我允许集合(self-admissible set, SAS)：这是一个子集 $Q^a \times Q^b \subseteq S^a \times S^b$，使得 Ann 在 Q^a 中的每个策略相对 S^b 和 Q^b 是可允许的，且除此之外，Q^a 满足一个最大限度条件。当 Ann 和 Bob 互换也是相类似的(稍后将给予具体细节)。

注意到这与 BRS 相类似(显然，如果 Ann 在 Q^a 中的一个策略相对 Q^b 不是强劣势的，它相对 S^b 也是非劣势的。根据可允许性，两个条件必须明确地表述出来。最大限度条件并不是一个差异点，之后我们将提供具体细节)。

但是——且这是一个重点——不同于 BRS 和 IU 集合，一个 SAS 不需要被包含在 IA 集合里。的确，当一个博弈的 IA 集合由该博弈的一个 SAS 构成，可以存在其他 SAS，这些 SAS 甚至与该 SAS 不相交。

这就是为什么我们需要一个对于 SAS 的单独的分析。我们已知道很多关于不同博弈中 IA 的表现，但不是关于 SAS 的。本章的目的便是填补这一空缺。我们将在 8.2 节中预览我们的调查。

在那之前，我们来看一下该概念的基础。特别是，为什么 SAS-IA 关系和 BRS-IU 的关系不同？原因是在可允许性中的一个基本的非单调性：两个 SAS 的逐个单元的并集不需要是一个 SAS。考虑在图 1.2 的博弈。[①] 存在 5 个 SAS：$\{(U,L)\}$，$\{(U,C)\}$，$\{U\}\times\{L,C\}$，$\{(M,L)\}$，以及 $\{U,M\}\times\{L\}$。但是 $\{U,M\}\times\{L,C\}$ 不是一个 SAS。Kohlberg 和 Mertens（1986，p.107）给了一个"哲理性的"解释（尽管是在一个不同的背景下）：在可允许性下，加入了新的可能性，其可以将之前好的策略变成坏的策略。当 M（对于 C 也是类似的）是相对 $\{L\}$（对于 $\{U\}$ 也是类似的）可允许的，一旦加入 C（对于 M 也是类似的）它便称为非可允许的。这似乎是 SAS 相对于 BRS 理论具有更大复杂性的根本原因。我们将在 8.8.2 小节深入讨论这一点。

		Bob	
	L	C	R
U	1, 1	1, 1	0, 0
Ann M	1, 1	0, 0	1, 0
D	0, 0	0, 1	0, 0

图 1.2

最后，让我们回到一开始提出的问题的第三个意向——关于在博弈树中理性的认知分析。这并不是本章的主题，但这是一个平行的主题。在这个背景下产生了两个概念：扩展—形式可理性化（extensive-form rationalizability）（Pearce，1984；Battigalli and Siniscalchi，2002）以及扩展—形式最优—回应集合（Battigalli and Friedenberg，2009）。他们与 IU-BRS 和 IA-SRS 有相似之处。但是，不像 IU-BRS 而像 IA-SAS，存在一个非单调性：扩展—形式最优—回应集合并不一定包含在扩展—形式可理性集合。

8.2　预览

在 8.3 节里，我们将给予一个 SAS 的公式化定义以及该概念的认知基础的一个回顾。8.4 节研究了在一些最常研究的博弈中 SAS 是如何表现的——蜈蚣博弈，有限重复囚徒困境以及连锁店博弈。在 8.5—8.7 节中我们将开发一些一般特性，首先在策略形式上，然后在扩展形式上——包括一个在完美—信息博弈中的特性。8.8 节包含一些概念上的讨论，并涉及一些相关研究。

这里，我们将对我们的方法背后的理念提出两点初步评论。首先，SAS是一个策略—形式概念，但是本章很大一部分是研究其在扩展—形式博弈中的行为。为什么？简单的答案是我们遵循了 Kohlberg 和 Mertens（1986，第2.4—2.5 节）不变性原则：我们的分析应该仅依赖于策略形式，即使如果我们们的主要关注点是在博弈树中的行为。

回顾 Dalkey(1953)，Thompson(1952)，以及 Elmes 和 Reny(1994) 显示了两个博弈树有相同的简化策略形式——即为经过删除重复的行和列后的策略形式——其充要条件是他们不同为一个有四个基础转换的序列。[2] Kohlberg 和 Mertens 加入了第五个凸组合的转换。如果所有五个转换都被看作"与作出正确决策无关的"转换（Kohlberg and Mertens，1986，p.1011），那么我们得到了一个完全简化策略形式的不变性的要求——即为在删除凸组合后的策略形式的不变性。我们将显示 SAS 满足这个完全不变性要求（特性 5.2）。

其实，不变性的问题存在更深一层。认知学是博弈中公式化推理的一个工具。如果不变性的概念是指推理不应该在等同的博弈中变化，那么不变性不应该在认知学的层面上陈述吗？[3] 答案当然是肯定的。我们希望有"认知不变性"的一个全方面的原则且能研究各种解决方案的概念——包括SAS——是否满足它。更多的讨论请参见 8.8.6 节。

我们第二个初步评论是个更广义的问题，通过研究 SAS 我们希望学到什么——或者说，事实上，一些其他由认知导出的概念。我们的观点是认知博弈论的一个基本目的是公式化一些关于策略情况的直观概念——如一个"最优的（或者理性的）行为过程"，或者关于"考虑其他参与者是怎么想"的重要性，等等概念。目的是通过进行此类公式化过程，且研究结果概念的性质，我们能改进我们对潜在策略情况的理解。在本章里，我们将视 SAS 概念为某种直觉（遵从 Brandenburger, Friedenberg and Keisler，2008）的实施例。我们这里的目的是下一步——来揭示概念的特性。

8.3 自我允许集合

我们现在给予 SAS 概念的一个公式化的定义，且概述它的认知基础。

首先，我们设定一个双人的策略形式博弈 $\langle S^a, S^b; \pi^a, \pi^b \rangle$，其中 S^a, S^b 是（有限）策略集合，且 π^a, π^b 相应为 Ann 和 Bob 的收益函数（我们关注于双人博弈，但是我们的分析可以延伸至 n 个参与者）。接下来的定义都有将 a 与 b 互换的相应定义。

给定一个有限集合 X，设 $\mathcal{M}(X)$ 为所有 X 上概率策度的集合。我们用通常的方法将 π^a 延伸至 $\mathcal{M}(S^a) \times \mathcal{M}(S^b)$，即为 $\pi^a(\sigma^a, \sigma^b) = \sum_{s^a \in S^a} \sum_{s^b \in S^b} \sigma^a(s^a) \sigma^b(s^b) \pi^a(s^a, s^b)$。在各处，我们都启用惯例，即为在一个积中 $X \times Y$，如果 $X = \emptyset$，那么 $Y = \emptyset$（反之亦然）。

定义 3.1 设定 $X \times Y \subseteq S^a \times S^b$，以及某个 $s^a \in X$。如果存在 $\sigma^a \in \mathcal{M}(S^a)$，称 s^a 是相对 $X \times Y$ 为弱劣势有 $\sigma^a(X) = 1$，对于每个 $s^b \in Y$，使得 $\pi^a(\sigma^a, s^b) \geqslant \pi^a(s^a, s^b)$，且对于某个 $s^b \in Y$，$\pi^a(\sigma^a, s^b) > \pi^a(s^a, s^b)$。否则，称 s^a 相对 $X \times Y$ 是可允许的。如果 s^a 相对 $S^a \times S^b$ 是可允许的，简称 s^a 是可允许的。

定义 3.2 设定 $X \subseteq S^a$。如果对于所有 $r^a \in X$，$\pi^a(s^a, \mu^b) \geqslant \pi^a(r^a, \mu^b)$。称 $s^a \in X$ 是给定 X 在 $\mu^b \in \mathcal{M}(S^b)$ 下最优，如果 $s^a \in S^a$ 是给定 S^a 在 μ^b 下最优，简称为 s^a 在 μ^b 下最优。

备注 3.1 一个策略 s^a 相对 $X \times Y$ 是可允许的充要条件是存在 $\mu^b \in \mathcal{M}(S^b)$，有 $\mathrm{Supp}\,\mu^b = Y$，使得 s^a 是给定 X 在 μ^b 下最优。

接下来，我们需要：

定义 3.3 设定某个 $s^a \in S^a$ 且假设存在 $\varphi^a \in \mathcal{M}(S^a)$，有对于所有的 $s^b \in S^b$，$\pi^a(\varphi^a, s^b) = \pi^a(s^a, s^b)$。那么如果 $r^a \in \mathrm{Supp}\,\varphi^a$，称 r^a 支持 s^a（通过 φ^a）。用 $\mathrm{su}(s^a)$ 表达所有支持 s^a 的 $r^a \in S^a$ 集合。

也就是说，$\mathrm{su}(s^a)$ 由那些 Ann 的策略组成，这些策略是与 s^a（对她而言）等同的凸组合的一部分。有了这点，我们可以给予一个自我允许集合的定义。

定义 3.4 设定 $Q^a \times Q^b \subseteq S^a \times S^b$。集合 $Q^a \times Q^b$ 是一个自我允许集合（SAS），如果：

(i) 每个 $s^a \in Q^a$ 相对 $S^a \times S^b$ 是可允许的；

(ii) 每个 $s^a \in Q^a$ 相对 $S^a \times Q^b$ 是可允许的；

(iii) 对于任何 $s^a \in Q^a$，如果 $r^a \in \mathrm{su}(s^a)$，那么 $r^a \in Q^a$；

且对于每个 $s^b \in Q^b$ 也是相类似的。

定义 3.4 给出了与最优—反应集合（best-response sets，BRS）的相似体。

如前文所述，一个强—优势版本的条件(i)是被一个强—优势版本的条件(ii)所蕴涵。对于弱优势，我们需要规定额外的条件。条件(iii)可以被加入到一个 BRS 的定义中。从以下意义上讲，它不失一般性：任意 BRS $Q^a \times Q^b$ 不满足条件(iii)是包含于一个更大的 BRS，其的确满足条件(iii)（这是后文引理 A.1 的一个结果）。④ 相反，一个集合 $Q^a \times Q^b$ 只满足定义 3.4 的(i)和(ii)，可能不被包含在任何 SAS 中（参见 Brandenburger, Friedenberg and Keisler, 2008，第 2.3 节为例）。

让我们简要地回顾一下可允许性的一个认知分析是如何导向 SAS 概念的。分析由一个对于博弈中可允许性的基本挑战开始，其由 Samuelson (1992)发现。一方面，可允许性要求，如果 Ann 是理性的，她必须不排除任何 Bob 的策略（根据备注 3.1）。另一方面，如果 Ann 认为 Bob 是理性的，那么她必须排除 Bob 选择一个非可允许策略的可能性。这些要求看上去像是冲突的：(i) Ann 是理性的，(ii) Ann 认为 Bob 是理性的。可允许性的一个认知分析必须面对这个冲突。

Brandenburger, Friedenberg 和 Keisler(2008)通过要求 Ann 考虑 Bob 是非理性的是相对他为理性的是无限少的可能(infinitely less likely)来解决这个挑战——但并非不可能。Ann 具有关于 Bob 的策略和类型一个字典式概率系统(lexicographic probability system, LPS)——即在 $S^b \times T^b$ 上。这是一个测度序列 $(\mu_1, \cdots, \mu_n)$，其中 μ_1 代表 Ann 的第一假设，μ_2 代表她的第二假设，以此类推（可参见 Blume, Brandenburger and Dekel, 1991）。现在，Ann 可以考虑一个 Bob 的策略—类型对 (s^b, t^b) 相对另一对 (r^b, u^b) 有更无限大的可能——即为如果 μ_1 设定概率 1 至 (s^b, t^b)，当 μ_2 设定正概率至 (r^b, u^b)。更一般地说，称 Ann 假设一个事件 $E \subseteq S^b \times T^b$，如果在她对 LPS 下，$E$ 的所有是相对非-E 的所有有更无限大的可能。

拥有这些成分，理性和理性的共同假设(rationality and common assumption of rationality, RCAR)的认知条件是可以表达的（一个策略—类型对 (s^a, t^a) 是理性的，如果 t^a 是和一个完全—支持 LPS 相关以及 s^a 字典式最大化 Ann 在与 t^a 相关的 LPS 下的预期收益序列）。在 Brandenburger, Friedenberg 和 Keisler(2008)中的定理 8.1 称 RCAR 是由 SAS 概念为特征的。也就是，设定一个博弈以及一个类型结构（与图 1.1 相似），在 RCAR 下选择的策略构成一个博弈的 SAS。相反，设定一个博弈和该博弈的一个 SAS，存在一个类型结构使得在 RCAR 下选择的策略是那些在 SAS 中的策略。在 8.8.3 小节，我们将讨论其他可允许性的认知分析。

当我们继续研究 SAS 的特性，我们将其与 IA 集合的特性比较（IA 的意为同步最大删除［simultaneous maximal deletion］）。这是一个自然的比较，因为两个概念在认知级别上是相关的（请再次参见 Brandenburger，Friedenberg and Keisler，2008）。以下是公式化定义：

定义 3.5 对于 $i = a$，b；设 $S_0^i = S^i$，且以归纳法定义

$$S_{m+1}^i = \{ s^i \in S_m^i : s^i \text{ 是相对 } S_m^a \times S_m^b \text{ 可允许的} \}$$

一个策略 $s^i \in S_m^i$ 是称作 m-可允许的。一个策略 $s^i \in \bigcap_{m=0}^{\infty} S_m^i$ 是称作迭代可允许的（iteratively admissible，IA）。

因为该博弈是有限的，存在一个 M，使得对于 $i = a$，b，$S_M^i = \bigcap_{m=0}^{\infty} S_m^i$。此外，每个 S_M^i 是非空的，并且因此 IA 集合是非空的。

8.4 应用

我们现在将开始对于 SAS 特性的研究。在本节中，我们将观察 SAS 概念在三个典范示例里的行为——蜈蚣博弈（Rosenthal，1981），有限重复的囚徒困境以及连锁店博弈（Selten，1978）。这将对我们之后的一般特性的研究给出一些方向。

示例 4.1 （蜈蚣博弈）考虑 n-个脚的蜈蚣，如图 4.1 所示。如果 $Q^a \times Q^b$ 是蜈蚣的一个 SAS，且 $(s^a, s^b) \in Q^a \times Q^b$，那么 s^a 是 Ann 在第一个节点选择不继续（out）的策略。[⑤]

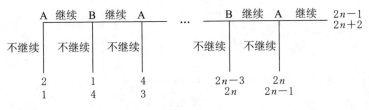

图 4.1

事实上，假设相反的情形，存在一个 $(s^a, s^b) \in Q^a \times Q^b$，其中 s^a 涉及 Ann 在第一个节点选择继续（In）。尤其是，选择一个策略组合 (s^a, s^b)，其

导出最长的可选择路径（在 Ann 和 Bob 选择不继续之前）。（有些参与者在这个路径上选择不继续的事实是来自可允许性——即为一个 SAS 定义的条件(i)。）设 h 为这个路径上当不继续被选择时的节点。假设 Bob 在 h 上选择。（一个相类似的论证可以运用在如果 Ann 在 h 上选择）。然后，根据一个 SAS 定义的条件(ii)，以及备注 3.1，Ann 的策略 s^a 必须是在以下测度设定时最优：(i)设概率 1 至 Bob 在节点 h 选择不继续或之前选择不继续；且(ii)设正概率至 Bob 在节点 h 之前选择继续以及在节点 h 上选择不继续。现在考虑 Ann 的策略 r^a，其在节点 h' 之前都选择继续（其中 h' 是 h 的上一个点）且在节点 h' 上选择不继续。那么在任何如此测度下，r^a 相对 s^a 严格地更好——产生矛盾。

蜈蚣博弈的 IA 集合是很容易被确认为{(不继续,不继续)}，且{(不继续,不继续)}也是博弈的一个 SAS。因此，SAS 是非空的。

这个蜈蚣博弈的分析似乎很直观。它由博弈树的根部开始，一直向前直到产生一个矛盾：如果是 Bob 结束的博弈（由在节点 h 上选择不继续），那么 Ann 应该在之前结束该博弈。⑥（当然，我们的目的不是来辩护不继续是唯一的理性选择。的确，分析称 RCAR——一个更强的条件——导出该结果）。下一个示例也是一个向前看的(forward-looking)论据。⑦

示例 4.2 （有限重复的囚徒困境［Finitely Repeated Prinsoner's Dilemma，FRPD］）考虑囚徒困境博弈，如图 4.2 所示。设定该博弈的一个 SAS 选择了 T 次（对于某个整数 T）。任何在 SAS 里的策略组合导出自始至终背叛—背叛的路径。

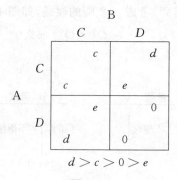

图 4.2

该证明将运用 SAS 的一个后来建立的投影特性（命题 6.2）。我们将在轮数上运用归纳法。对于 $T=1$，结果可以立即由任何一个在 SAS 中的策略是可允许的事实得到（更何况，不是强劣势的）。现在，假设 T 的结果，且设定（$T+1$）—轮博弈中的一个 SAS $Q^a \times Q^b$。假设 $s^a \in Q^a$ 涉及 Ann 在第一轮中选择 C。然后，对于任意 $s^b \in Q^b$，如果 s^b 涉及 Bob 在第一轮选择 C，Ann 得到 c 的一个第一轮收益。且如果 s^b 涉及 Bob 在第一轮选择 D，Ann 得到 e 的一个第一轮收益。这些也是当（s^a，s^b）被选择时，Ann 的博弈总收益，因为归纳假设与在子博弈中的 SAS 推断 SAS(具体陈述参见命题 6.2)的这一事实，蕴涵着组合（s^a，s^b）必须在第 2 轮，……，第 $T+1$ 轮导出背叛—背叛路径。假设反而 Ann 选择了"总是背叛"策略。如果 s^b 涉及 Bob 在第一轮选择 C，那么她将得到第一轮收益 d。如果 s^b 涉及 Bob 在第一轮选择 D，那么 Ann 的第一轮收益将为 0。在之后几轮，Ann 得到的收益至少为 0。但是然而"总是背叛"策略相对每个 $s^b \in Q^b$ 比 s^a 严格地更好，与一个 SAS 的定义相矛盾。

对于 FRPD 的 IA 集合构成了一个特有的策略对，其中每个参与者不论之前的选择是什么，都会选择"背叛"策略。

示例 4.3　（连锁店）考虑在图 4.3 中的连锁店版本。根据可允许性，唯一的 SAS 是 {（继续，放弃）}。

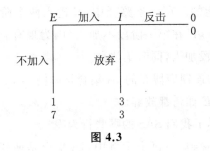

图 4.3

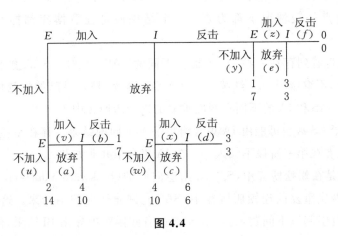

图 4.4

现在考虑两次—重复的连锁店博弈。在图 4.4 中给予了博弈树,且在图 4.5 中给予了(简化)策略形式。

	ac	ad	bc	bd	ae	af	be	bf
u	2, 14	2, 14	2, 14	2, 14	2, 14	2, 14	2, 14	2, 14
v	4, 10	4, 10	1, 7	1, 7	4, 10	4, 10	1, 7	1, 7
wy	4, 10	4, 10	4, 10	4, 10	1, 7	1, 7	1, 7	1, 7
wz	4, 10	4, 10	4, 10	4, 10	3, 3	0, 0	3, 3	0, 0
xy	6, 6	3, 3	6, 6	3, 3	1, 7	1, 7	1, 7	1, 7
xz	6, 6	3, 3	6, 6	3, 3	3, 3	0, 0	3, 3	0, 0

图 4.5

对于加盟者(entrant)E,所有策略都是可允许的。对于现有企业(incumbent)I,只有策略 ac 和 ae 是可允许的。由此,我们可以看出如果 $Q^E \times Q^I$ 是一个 SAS,有以下三种可能性:(i)$Q^I = \{ac\}$ 和 $Q^E = \{xy, xz\}$ 或 $\{xz\}$;(ii)$Q^I = \{ae\}$ 和 $Q^E = \{v\}$;(iii)$Q^I = \{ac, ae\}$ 和 $Q^E = \{v\}$。在 SAS 概念下两条路径是有可能的。在一条路径中,E 进入两个阶段且 I 放弃两个阶段。在另一条路径中,E 在第一阶段不加入(因为现有企业反击的可能性足够高)且只在第二阶段加入,同时 I 放弃。

对于两次重复的连锁店博弈的 IA 集合是单例 $\{(xz, ac)\}$,相应为无论 I 如何都加入,无论 E 如何都放弃。

这三个示例告诉了我们 SAS 的哪些行为呢?

首先,我们可以看到,在每个示例中,IA 集合是博弈的一个 SAS。我们将显示这点一般情况下都为真。一个结果便是任意博弈都拥有至少一个 SAS。

我们也看到存在一些与 IA 集合不同的 SAS。比如,当 IA 集合是单例 $\{($不继续,不继续$)\}$,$\{$不继续$\} \times \{$不继续,继续$\}$ 是三只脚的蜈蚣博弈的一个 SAS。SAS 和 IA 的不同在两次重复的连锁店博弈中更鲜明。在这个博弈中,一个 SAS 甚至可能由 IA 集合给出一个不同的结果。存在一些 SAS,在其中加盟者在第一阶段不加入——在 IA 集合中并非如此。

特别是在蜈蚣博弈中,SAS 导出逆向归纳(backward-induction,BI)的结果,而在两次重复的连锁店博弈中,SAS 允许非逆向归纳结果。这与 IA 有所不同,且引起以下问题:为什么 SAS 在有些博弈中导出 BI 结果,但在另一些博弈中没有？什么时候 SAS 导出 BI 结果？我们能否在完美信息博弈中定义 SAS 的特性？

以下几节我们将对这些问题作答，以及其他一些关于 SAS 概念的问题。

8.5 自我允许集合的策略形式特性

这里我们将记录策略形式的两个基本特性：存在性和不变性。相关证明请参见附录 8.A。

命题 5.1 任意有些博弈都有一个非空的 SAS。尤其是，IA 是一个 SAS。

接下来论述不变性。联系在 8.2 节中的讨论，我们可以看到，因为 SAS 是在策略形式上被定义的，我们只需要从在现有策略上加入（对于所有参与者的）凸组合的策略的角度来显示不变性（当然，这包括了加入重复的策略）。为了显示这点为真，考虑博弈 $G = \langle S^a, S^b, \pi^a, \pi^b \rangle$ 和 $\bar{G} = \langle S^a \bigcup \{q^a\}, S^b, \bar{\pi}^a, \bar{\pi}^b \rangle$，其中 $q^a \notin S^a$，以及

(i) $\bar{\pi}^a \mid S^a \times S^b = \pi^a$ 和 $\bar{\pi}^b \mid S^b \times S^a = \pi^b$（其中"|"代表限制）；

(ii) 存在一个 $\varphi^a \in \mathcal{M}(S^a)$，使得对于每个 $s^b \in S^b$，$\bar{\pi}^a(q^a, s^b) = \pi^a(\varphi^a, s^b)$ 以及 $\bar{\pi}^b(s^b, q^a) = \pi^b(S^b, \varphi^a)$。

命题 5.2

(a) 设 $\bar{Q}^a \times \bar{Q}^b$ 为 $\bar{G}$ 的一个 SAS。那么 $(\bar{Q}^a \backslash \{q^a\}) \times \bar{Q}^b$ 是 G 的一个 SAS。

(b) 设 $Q^a \times Q^b$ 为 G 的一个 SAS。如果 q^a 不支持任意在 Q^a 里的策略，那么 $Q^a \times Q^b$ 是 $\bar{G}$ 的一个 SAS。否则，$(Q^a \bigcup \{q^a\}) \times Q^b$ 是 $\bar{G}$ 的一个 SAS。

命题 5.1 陈述了 IA 集合是一个 SAS。所以，命题 5.2 陈述了在加入或删除凸组合后，IA 集合仍旧是一个 SAS。事实上，我们还可以进一步指出——对于完全简化的策略形式，IA 集合也是不变的（参见附录中的命题 A.1）。

8.6 自我允许集合扩展形式特性

我们将考虑有完美记忆的扩展形式博弈（Kuhn，1950，1953）。设 S^a，

S^b 为与一个扩展形式 Γ 相关的策略集合。⑧ 用 H^a（对于 H^b 也是相类似的）表示 Ann 有所行动的信息集合，且 $S^a(h)$（对于 $S^b(h)$ 也相类似）为 S^a（对于 S^b 也相类似）的子集其允许信息集合 h。设 Z 为终端节点（terminal nodes）的集合。设 $\zeta: S^a \times S^b \to Z$ 为策略组合至终端节点的映射。扩展形式收益函数是映射 $\Pi^a: Z \to \mathbb{R}$ 和 $\Pi^b: Z \to \mathbb{R}$。策略形式由 Γ 推出，其是 $G = \langle S^a, S^b, \pi^a, \pi^b \rangle$，其中 $\pi^a = \Pi^a \circ \zeta$ 和 $\pi^b = \Pi^b \circ \zeta$（注意到：在 π^b 的定义中，ζ 映射 $S^b \times S^a$ 至 Z）。

在矩阵上定义的解概念的一个非常基础的要求是它必须包括博弈树中的最优行为。

定义 6.1 一个策略 $s^a \in S^a$ 是（扩展形式）理性的，如果对于每个由 s^a 允许的信息集合 $h \in H^a$，在 s^a 是在 $S^a(h)$ 中所有策略中最优之下，存在某个 $\mu^b \in M(S^b)$，有 $\mu^b(S^b(h)) = 1$。

这是一种标准的论证，一个在矩阵中是可允许的策略在每个有完美记忆的相关博弈树里是扩展形式理性的（运用在备注 3.1 里的完全—支持测度来在每个信息集合 h 中建立一个测度 μ^b）。所以，我们自然得到：

命题 6.1 设定一个扩展形式的博弈 Γ，其有被促使的策略形式 G。如果 $Q^a \times Q^b$ 是 G 的一个 SAS，那么任何 $s^a \in Q^a$（对于 $s^b \in Q^b$ 也是相类似的）在 Γ 里是扩展形式理性的。

更多微妙的扩展形式特性涉及一个解概念能对整个博弈树上给予什么以及能对部分博弈树上给予什么。一个如此的特性（由 Kohlberg 和 Mertens [1986，p.1012]引入的）是投影：如果一个策略组合在对于整个博弈树的一个解中，那么它也应该在它所能达到对于博弈树任何一部分的解中。

SAS 满足投影：任何博弈 G 的能允许子树 Δ 的 SAS，促使一个在 Δ 的策略形式上的一个 SAS。我们将需要一些概念来证明这点。设定一个扩展形式 Γ 以及相关策略形式 G。设 Δ 为一个 Γ 的真子树，有策略形式 D。设 S^a_Δ（对于 S^b_Δ 也是相类似的）为 S^a 的子集（对于 S^b 相类似），其由那些允许子树 Δ 的策略组成。要注意到，取决于重复的策略，我们将 S^a_Δ 鉴定为 Ann 在子树 Δ 上策略的集合（对于 Bob 也是相类似的）。因为 SAS 对于加入或去除重复的策略是不变的（命题 5.2），我们的确可以作如此的鉴定。现在公式化的陈述如下：

命题 6.2 设 $Q^a \times Q^b$ 为一个 G 的 SAS，且假设 $(Q^a \bigcap S^a_\Delta) \times (Q^b \bigcap S^b_\Delta) \neq \varnothing$。那么，$(Q^a \bigcap S^a_\Delta) \times (Q^b \bigcap S^b_\Delta)$ 是 D 的一个 SAS，取决于加入在 Δ 重复

的策略。

证明：每个 $s^a \in Q^a \cap S_\Delta^a$ 是在某个有 $\text{Supp}\,\mu^b = S^b$（一个 SAS 定义的条件（i）的）$\mu^b \in \mathcal{M}(S^b)$ 下为最优的。我们有 $\mu^b(S_\Delta^b) > 0$，所以 $\mu^b(\cdot \mid S_\Delta^b)$ 是被良定义的，有 $\text{Supp}\,\mu^b(\cdot \mid S_\Delta^b) = S_\Delta^b$。假设 s^a 在下 $\mu^b(\cdot \mid S_\Delta^b)$ 不是最优的，即为存在某个 $r^a \in S_\Delta^a$，有

$$\sum_{s^b \in S_\Delta^b} \pi^a(r^a, s^b)\mu^b(s^b \mid S_\Delta^b) > \sum_{s^b \in S_\Delta^b} \pi^a(s^a, s^b)\mu^b(s^b \mid S_\Delta^b)$$

定义一个策略 $q^a \in S_\Delta^a$，其与 r^a 在 Δ 里的每个（对于 a 的）信息集上都相一致，且与不在 Δ 中的信息集上的 s^a 相一致。那么，运用 $\mu^b(S_\Delta^b) > 0$，

$$\sum_{s^b \in S^b} \pi^a(q^a, s^b)\mu^b(s^b) > \sum_{s^b \in S^b} \pi^a(s^a, s^b)\mu^b(s^b)$$

得到一个矛盾。因此，s^a 相对 $S_\Delta^a \times S_\Delta^b$ 是可允许的。

对于条件（ii）的论据很相似。每个 $s^a \in Q^a \cap S_\Delta^a$ 是在 $\text{Supp}\,\nu^b = Q^b$ 的某个 $\nu^b \in \mathcal{M}(S^b)$ 下最优的。因为 $Q^b \cap S_\Delta^b \neq \emptyset$，我们有 $\nu^b(Q^b \cap S_\Delta^b) > 0$，使得 $\nu^b(\cdot \mid Q^b \cap S_\Delta^b)$ 是被良定义的，有 $\text{Supp}\,\nu^b(\cdot \mid Q^b \cap S_\Delta^b) = Q^b \cap S_\Delta^b$。假设存在某个 $r^a \in S_\Delta^a$，有

$$\sum_{s^b \in S_\Delta^b} \pi^a(r^a, s^b)\nu^b(s^b \mid Q^b \cap S_\Delta^b) > \sum_{s^b \in S_\Delta^b} \pi^a(s^a, s^b)\nu^b(s^b \mid Q^b \cap S_\Delta^b)$$

定义一个新策略 $q^a \in S_\Delta^a$，其与 r^a 在 Δ 中的每个（对于 a 的）信息集上都相一致，且与不在 Δ 中的信息集上的 s^a 相一致。那么，

$$\sum_{s^b \in S^b} \pi^a(q^a, s^b)\nu^b(s^b) > \sum_{s^b \in S^b} \pi^a(s^a, s^b)\nu^b(s^b)$$

得到一个矛盾。

最后，设定 $s^a \in Q^a \cap S_\Delta^a$，且假设存在 $\varphi^a \in \mathcal{M}(S_\Delta^a)$，使得对于所有的 $s^b \in S_\Delta^b$，$\pi^a(\varphi^a, s^b) = \pi^a(s^a, s^b)$。给定每个 $r^a \in \text{Supp}\,\varphi^a$，设 $f(r^a)$ 符合以下的策略：r^a 在 Δ 中的每个（对于 a 的）信息集上都相一致，且与 s^a 在其他所有信息集上相一致。定义一个测度 $\rho^a \in \mathcal{M}(S^a)$，其中 $\rho^a(f(r^a)) = \varphi^a(r^a)$，对于 $r^a \in \text{Supp}\,\varphi^a$。那么对于所有的 $s^b \in S^b$，$\pi^a(\rho^a, s^b) = \pi^a(s^a, s^b)$。因此，运用条件（iii）至 $Q^a \times Q^b$ 蕴涵了每个 $q^a \in \text{Supp}\,\rho^a$ 是在 Q^a 中的。但是通过构建，每个 $r^a \in \text{Supp}\,\varphi^a$ 与 $f(r^a) \in \text{Supp}\,\rho^a$ 在子树 Δ 上相一致。所以，根据我们对策略的鉴定，我们得到条件（iii）是满足的。$\quad\square$

根据命题 5.1，IA 集合是一个 SAS，所以根据投影特性，IA 集合的投影

至一个子树而构成子树的一个 SAS。注意到这并不表明 IA 投影至子树的
IA 集合——只是到子树的某个 SAS。在图 6.1 的博弈便是一个示例。[⑨] IA
集合是{(继续-D, L)}。但是子树的 IA 集合跟随继续(In)，由整个集合
{U, D}×{L, R}组成——与投影{(D, L)}不同。当然，投影{(D, L)}
因为必须且事实上形成一个 SAS。是否有一个博弈，其中整个博弈树的 IA
集合的投影甚至是与一个达到的子树的 IA 集合不相交呢? 我们并不知道，
且将此问题留给读者。

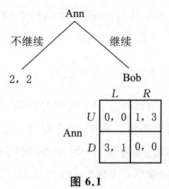

图 6.1

很重要的一点需要注意，一个解概念可能满足投影特性，但尽管如此，
可能不能导出在完美信息(perfect-information, PI)博弈中的 BI 结果。SAS
是一个如此的示例。回顾两次重复连锁店博弈(8.4 节中的示例 4.3)，纯策
略纳什均衡是另一个示例:设(s^a, s^b)为一个对于 Γ 的纯策略组合，其到达
子树 Δ。那么，如果 s^a 和 s^b 对于 Δ 的限制不能构成一个 Δ 的纳什均衡，组合
(s^a, s^b)也必然不是 Γ 的一个纳什均衡。

我们可以更进一步:一个解概念可能满足(扩展形式)理性和投影特性，
但是可能不能给出 BI 结果。再一次的，SAS 便是如此一个示例。在扩展形
式理性策略里，SAS 也是纯策略纳什均衡。

如果不是 BI, SAS 能在一般 PI 博弈中导出什么呢? SAS 和纳什均衡的
平行性给予了一个线索。同时蜈蚣博弈和连锁店博弈(示例 4.1 和示例 4.3)
也给了线索。在蜈蚣博弈的任何 SAS 里，Ann 立即选择不继续(Out)。注释
⑥指出，任何蜈蚣博弈的纳什均衡也是如此(且证明也是一样的)。在一次
重复的连锁店博弈中，存在一个纳什均衡，在其中加盟者不加入且现有企业
反击。但是，这涉及现有企业的一个非可允许策略。在唯一可允许均衡中，
加盟者加入且现有企业放弃——与独有的 SAS 里一致。在两次重复的连锁

店博弈中,存在一个 SAS,在其中加盟者在第一阶段不加入。在 BI 下这是不可能的,但是如果我们查看可允许的纳什均衡,这便有可能。

那么推测便是 SAS 在 PI 博弈里导出一个可允许纳什均衡,这几乎是正确的。下一节将给予一个精确的陈述和证明。

8.7 完美信息博弈

我们现在来看在 PI 博弈中 SAS 的一个特性。我们在收益上施加一个无关系条件(no-ties condition)。对此,我们需要一些定义:一个结果(outcome)是一个收益向量 $\Pi(z) = (\Pi^a(z), \Pi^b(z))$。如果 $\Pi(z) = \Pi(z')$,两个终端节点 z 和 z' 是结果等同的。如果 $\zeta(s^a, s^b)$ 和 $\zeta(r^a, r^b)$ 是结果等同的,我们也称两个策略组合 (s^a, s^b) 和 (r^a, r^b) 是结果等同的。

定义 7.1 如果对于所有在 Z 里的 z, z',一个树 Γ 满足一个单一收益条件(the Single Payoff Condition, SPC)。如果 Ann(对于 Bob 也是相类似的)在 z 和 z' 的上一个公共前任行动,那么 $\Pi^a(z) = \Pi^a(z')$ 蕴涵 $\Pi^b(z) = \Pi^b(z')$(相类似的,$\Pi^b(z) = \Pi^b(z')$ 蕴涵 $\Pi^a(z) = \Pi^a(z')$)。

也就是说,Ann 对于选择两个终端节点是无差异的,其充分条件为这两个终端节点是结果等同的。如果 BI 能在树中选出一个独有的结果 SPC 似乎是一个最小无关系条件。一个普通博弈树满足 SPC。非普通树也可以满足 SPC,且很多我们感兴趣的博弈都是非普通的(零和博弈就是一个例子。如图 4.4 里的两次重复连锁店博弈满足 SPC。对于更多的示例,参见在 Mertens[1989,p.582]中关于非普遍性的讨论,以及 Marx 和 Swinkels [1997,pp.224—225])。一个满足"无相关联系(no relevant ties)"的博弈树(Battigalli,1997,p.48])满足 SPC,但是反之不成立。在一个 PI 树里,SPC 是等同与"决策者无差异性的转换(transfer of decisionmaker indifference)"条件(Marx and Swinkels,1997)。[10]

现在来呈现特性结果:

命题 7.1 设定一个 PI 树 Γ,其满足 SPC,且设 G 为 Γ 的策略形式。

(a) 设定一个 SAS $Q^a \times Q^b$。那么存在 G 的一个纯纳什均衡,使得每个组合 $(s^a, s^b) \in Q^a \times Q^b$ 是结果等同与这个均衡的。

(b) 设定 G 的一个可允许纯纳什均衡 (s^a, s^b)。那么存在一个 G 的

SAS其包含 (s^a, s^b)。

在公式化的论据之前,我们将给出一个证明的梗概。对于(a)部分,论据是向前看的,通过在博弈树的高度上进行归纳。假设对于高度 l 的树结果为真。这里是为什么对于高度为 $(l+1)$ 的树为真。可参考图7.1。

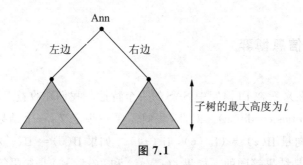

图 7.1

设定一个 SAS $Q^a \times Q^b$ 且假设存在一个在 Q^a 里的策略,其中 Ann 选择左边。然后,$Q^a \times Q^b$ 的投影至左边的子树——我们用 $Q_L^a \times Q_L^b$ 来表达——形成这个子树的 SAS。根据归纳假设,我们可以找到一个左边子树的纳什均衡 (s_L^a, s_L^b),使得每个在 $Q_L^a \times Q_L^b$ 里的组合是结果等同于这个纳什均衡的结果。我们想显示 (s_L^a, s_L^b) 可以成为整个博弈树的一个纳什均衡。为了达到这点,我们给予 Ann 选择左且接着遵循 s_L^a 规定的选择的策略。用 s^a 来表达这个策略。在左边的子树,Bob 将遵循 s_L^b 规定的选择。当 Ann 选择 s^a,Bob 就没有想偏离的动力。当 Bob 选择 s_L^b,Ann 就没有要选择导致左边子树的策略的动力。剩下来是指定 Bob 在右边子树上的选择,使得 Ann 也没有要偏离至右边子树的动力。这一步是通过 PI 博弈的最小最大定理(Minimax Theorem)达到。

这个梗概省去了一些重要的细节。一个是 SPC 的角色,其事实上对于命题 7.1 的(a)和(b)部分都是需要的。

图 7.2 和 7.3 是两棵 SPC 不成立的树。在图 7.2 里,我们看到(a)部分没有 SPC 时为假(false)。[11]这里,集合{不继续,继续}×{下,横}是一个 SAS,但是(继续,下)不是等同于一个纳什均衡的结果。在图 7.3 里,我们看到(b)部分在没有 SPC 时为假。这里,(不继续,横)是一个可允许纳什均衡(甚至是结果等同于一个 BI 策略组合),但是不被包含在任何 SAS 中。特别是,唯一的 SAS(对 IA 集合也是相类似)是{不继续,继续一下}×{下}(为了看清这点,设定一个 SAS $Q^a \times Q^b$。对于 Ann,策略继续一横是不可允许的,所以不

能成为一个 SAS 的一部分。运用这点和一个 SAS 的条件(iii)，$Q^a = \{$不继续，继续一下$\}$。对于 Bob，只有下是相对$\{$不继续，继续一下$\}$可允许的）。

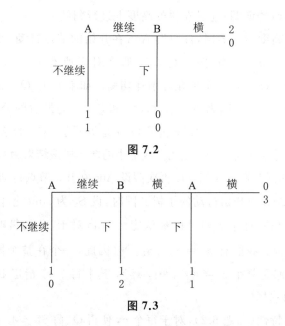

图 7.2

图 7.3

让我们对命题 7.1 的(a)和(b)部分的差距也作一下评论。(a)部分涉及一个策略组合，其为可允许的(一个 SAS 的条件(i))且结果等同于一个纳什均衡。(b)部分有一个可允许的纳什组合作为开始，且称存在一个包含这个组合的 SAS。那么两个方向间的差距是否能消失呢？

(b)部分不能被改善至以下：设定一个 G 的可允许纯组合 (s^a, s^b)，其为等同于 G 的一个纳什均衡的结果。那么 (s^a, s^b) 是包含在某个 SAS 中的。图 7.4 里的博弈树满足 SPC，且(不继续，横)是一个可允许组合，其为结果等同于纳什均衡(不继续，下)。但是独有的 SAS 是$\{$(继续一横，横)$\}$。假设我们反而去改善(a)部分为：设定一个 SAS $Q^a \times Q^b$。那么存在 G 的一个可允

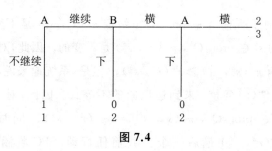

图 7.4

许纯纳什均衡,使得每个 $(s^a, s^b) \in Q^a \times Q^b$ 是等同于这个均衡的结果。我们不知道这个更强的陈述是否为真。

命题 7.1(a)的证明:通过在树的高度上进行归纳。

考虑一个高度为 1 的树,且假设 Ann 在开始的节点行动(我们接着只在 S^a 上定义 π^a 和 π^b)。如果 $s^a \in Q^a$,那么对于所有 $r^a \in S^a$,$\pi^a(s^a) \geqslant \pi^a(r^a)$。因此,$(s^a)$ 是一个可允许纳什均衡。如果 $r^a \in Q^a$,那么我们必须有 $\pi^a(r^a) = \pi^a(s^a)$。因为 Ann 在 $\zeta(r^a)$ 和 $\zeta(s^a)$ 的最后的公共前任行动,SPC 蕴涵 $\pi^b(r^a) = \pi^b(s^a)$,便建立了 (r^a) 是等同于 (s^a) 的结果。

现在假设对于任何一个高度为 l 或更小的博弈树该结果为真,且考虑一个高度为 $l+1$ 的博弈树。我们可以再次假设 Ann 在开始节点行动。用 $\Delta_1, \cdots, \Delta_K$ 表示遵循 Ann 的开始行动的子树。同时,设 S_k^a 为 Ann 允许子树 Δ_k 的策略(取决于重复性,这个子树可以被认定为 Ann 对于 Δ_k 的策略)。设 S_k^b 为 Bob 的相应集合。我们有 $S^b = \times_{k=1}^K S_k^b$。[12](因此,一个在整个博弈树上对于 Bob 的一个策略是某个 $s^b = (s_1^b, \cdots, s_K^b)$,其中每个 s_k^b 指定 Bob 在子树 Δ_k 中信息集上的选择。)

根据投影特性(命题 6.2),对于每个 k,使得 $Q^a \cap S_k^a \neq \varnothing$,我们有 $(Q^a \cap S_k^a) \times \text{proj}_{S_k^b} Q^b$ 是(策略形式的)Δ_k 的一个 SAS。根据归纳假设,对于每个如此的 k,每个在 $(Q^a \cap S_k^a) \times \text{proj}_{S_k^b} Q^b$ 中的组合是结果等同的。

假设存在策略 s^a,$r^a \in Q^a$,其到达两个不同的子树,分别称为 Δ_1 和 Δ_2。根据一个 SAS 的条件(ii),存在一个 $\sigma^b \in \mathcal{M}(S^b)$,有 $\text{Supp}\,\sigma^b = Q^b$,使得在 σ^b 下 s^a 是最优的。因为 s^a 到达 Δ_1 且 r^a 到达 Δ_2,这便蕴涵了

$$\sum_{s_1^b \in \text{proj}_{S_1^b} Q^b} \text{marg}_{S_1^b} \sigma^b(s_1^b) \pi^a(s^a, s_1^b) \geqslant \sum_{s_2^b \in \text{proj}_{S_2^b} Q^b} \text{marg}_{S_2^b} \sigma^b(s_2^b) \pi^a(r^a, s_2^b)$$

(我们用 π^a 来表达在 $S_1^a \times S_1^b$ 和 $S_2^a \times S_2^b$ 上推断的收益函数;不应造成任何疑虑。)

归纳假设对于所有 $s_1^b \in \text{proj}_{S_1^b} Q^b$,给定 $\pi^a(s^a, s_1^b)$ 是不变的,且相类似的,对于所有的 $s_2^b \in \text{proj}_{S_2^b} Q^b$,$\pi^a(r^a, s_2^b)$ 是不变的。因此,对于所有如此的 s_1^b 和 s_2^b,我们有 $\pi^a(s^a, s_1^b) \geqslant \pi^a(r^a, s_2^b)$。但是,系统地来说,我们可以运用一个 SAS 的条件(ii)至 r^a,来到达反向的不等式。因此,对于所有的 $s_1^b \in \text{proj}_{S_1^b} Q^b$ 和 $s_2^b \in \text{proj}_{S_2^b} Q^b$,$\pi^a(s^a, s_1^b) = \pi^a(r^a, s_2^b)$。同时,因为 Ann 在 $\zeta(s^a, s_1^b)$ 和 $\zeta(r^a, s_2^b)$ 最后一个公共前任行动,SPC 蕴涵 $\pi^b(s_1^b, s^a) =$

$\pi^b(s_2^b, r^a)$。

我们现在显示了每个在 $Q^a \times Q^b$ 中的组合是结果等同的。

最后一步是构造一个纳什均衡,使 (s^a, s_1^b) 与其结果等同。根据归纳假设,存在一个 Δ_1 的纳什均衡,(s^a, s_1^b) 与其结果等同。并用 (q_1^a, q_1^b) 来表达。我们显示对于每个 $k = 2, \cdots, K$,存在一个策略 $q_k^b \in S_k^b$ 对于所有 $r^a \in S_k^a$,使得 $\pi^a(q_1^a, q_1^b) \geqslant \pi^a(r^a, q_k^b)$。组合 $(q_1^a, (q_1^b, \cdots, q_k^b))$ 将会是想要的均衡。

因为在 σ^b 下 s^a 是最优的,如上所示,我们有对于每个 $k = 2, \cdots, K$,

$$\pi^a(q_1^a, q_1^b) = \pi^a(s^a, s_1^b) \geqslant \sum_{s_k^b \in \mathrm{proj}_{S_k^b} Q^b} \mathrm{marg}_{S_k^b} \sigma^b(s_k^b) \pi^a(r^a, s_k^b)$$

对于所有允许 Δ_k 的 r^a。设 $(\bar{r}_k^a, \bar{r}_k^b) \in \arg\max_{S_k^a} \min_{S_k^b} \pi^a(\bullet, \bullet)$,我们特别有

$$\pi^a(q_1^a, q_1^b) \geqslant \sum_{s_k^b \in \mathrm{proj}_{S_k^b} Q^b} \mathrm{marg}_{S_k^b} \sigma^b(s_k^b) \pi^a(\bar{r}_k^a, s_k^b)$$

但是根据定义,对于任何 $r_k^b \in S_k^b$,$\pi^a(\bar{r}_k^a, r_k^b) \geqslant \pi^a(\bar{r}_k^a, \bar{r}_k^b)$。所以

$$\pi^a(q_1^a, q_1^b) \geqslant \sum_{s_k^b \in \mathrm{proj}_{S_k^b} Q^b} \mathrm{marg}_{S_k^b} \sigma^b(s_k^b) \pi^a(\bar{r}_k^a, \bar{r}_k^b) = \pi^a(\bar{r}_k^a, \bar{r}_k^b)$$

设 $(\underline{r}_k^a, \underline{r}_k^b) \in \arg\min_{S_k^b} \max_{S_k^a} \pi^a(\bullet, \bullet)$,根据对于 PI 博弈的最小最大定理(参见如 Ben Porath, 1997),$\pi^a(\underline{r}_k^a, \underline{r}_k^b) = \pi^a(\bar{r}_k^a, \bar{r}_k^b)$。从而 $\pi^a(q_1^a, q_1^b) \geqslant \pi^a(\bar{r}_k^a, \bar{r}_k^b) = \pi^a(\underline{r}_k^a, \underline{r}_k^b)$。但是根据定义,对于任何 $r_k^a \in S_k^a$,$\pi^a(r_k^a, \underline{r}_k^b) \geqslant \pi^a(\underline{r}_k^a, \underline{r}_k^b)$。所以 $\pi^a(q_1^a, q_1^b) \geqslant \pi^a(r_k^a, \underline{r}_k^b)$。得到 $q_k^b = \underline{r}_k^b$ 给予期望的组合。 □

对于命题 7.1(b)的证明,我们想要一个初步的引理,其证明在附录 8.A 中。

引理 7.1 设定一个 PI 树。如果 s^a 是可允许的,那么 $\pi^a(s^a, s^b) = \pi^a(r^a, s^b)$ 对于每个 $r^a \in \mathrm{su}(s^a)$ 且 $s^b \in S^b$。

命题 7.1(b)的证明:设定一个 PI 树 Γ,其满足 SPC。设 G 为相关的策略形式。我们显示如果 (s^a, s^b) 是 G 的一个可允许纳什均衡,那么 $\mathrm{su}(s^a) \times \mathrm{su}(s^b)$ 是 G 的一个 SAS。

每个 $r^a \in \mathrm{su}(s^a)$ 是可允许的,因为 s^a 是可允许的(推论 A.1)。所以一个 SAS 的条件(i)是满足的。

接着对于条件(ii)。我们只需显示,对于每个 $q^a \in S^a$ 和 $r^b \in \mathrm{su}(s^b)$,$\pi^a(q^a, s^b) = \pi^a(q^a, r^b)$。如果这样,$s^a$ 相对 $\mathrm{su}(s^b)$ 必须是可允许的。对于

最后一句陈述：设定 $r^b \in \mathrm{su}(s^b)$ 且注意到如果陈述成立，那么

$$\pi^a(s^a, r^b) = \pi^a(s^a, s^b) \geqslant \pi^a(q^a, s^b) = \pi^a(q^a, r^b)$$

其中两个等式来自以上陈述以及一个不等式来自 (s^a, s^b) 是纳什均衡的事实。由此，在任何有 $\mathrm{Supp}\,\sigma^b = \mathrm{su}(s^b)$ 的测度 $\sigma^b \in \mathcal{M}(S^b)$ 下 s^a 是最优的，且 s^a 相对 $\mathrm{su}(s^b)$ 是可允许的。

设定 $q^a \in S^a$ 和 $r^b \in \mathrm{su}(s^b)$。通过运用引理 7.1 至 s^b（其为可允许的），我们得到 $\pi^b(s^b, q^a) = \pi^b(r^b, q^a)$。如果 (q^a, s^b) 和 (q^a, r^b) 达到一样的终端节点，那么自然有 $\pi^a(q^a, s^b) = \pi^a(q^a, r^b)$。如果不是，Bob 在 $\zeta(q^a, s^b)$ 和 $\zeta(q^a, r^b)$ 的最后一个公共前任行动，使得 SPC 建立期望的结果。

最后，条件（ⅲ）可由引理 A.3 立即得到。 □

总结一下：在一个满足 SPC 的 PI 树中，每个 SAS 是等同与某个纳什均衡的结果，且每个可允许纳什均衡是包含在某个 SAS 里的。特别是，一个 SAS 不需要导出在如此博弈中的（唯一的）BI 结果。但是，反之却不成立。

命题 7.2 设定一个满足 SPC 的 PI 树。存在一个 SAS，其与 BI 结果是结果等同的。

证明：附录的命题 A.2 显示了在一个满足 SPC 的 PI 树中，存在一个可允许的 BI 策略组合。当然，这个组合是一个纳什均衡，所以根据命题 7.1(b)，存在一个包含它的 SAS。 □

注意到这只是一个部分反向。一个 BI 策略组合不需要为可允许，且因此，不需要被包含在任何 SAS 中（特别是，一个 BI 组合不需要被包含在 IA 集合中）。

8.8 讨论

我们将以一些概念问题和相关文献的评论来作总结。

8.8.1 参与者特定的类型结构

在图 1.1 中，我们展示了一个认知分析的基本"结构"。出发点是在博弈的描述中加入类型。以此，我们可以分析 RCBR 或者 RCAR 的条件。RCBR（对于 RCAR 也是相类似的）的投影设置到策略集来形成该博弈的一个 BRS

（对于 SAS 也是相类似的）。而对于得到哪个 BRS 或 SAS,这依赖于我们加入哪个类型。

我们应该如何考虑面对一个和另一个的类型结构的选择？在任何特定的结构里,某个信念,信念的信念,……,都将被呈现（即为会被一个类型促成）,而其他事物则不会。所以,存在一个在结构选择后的重要而隐含的假设。这便是,对于参与者在可能的类型结构里的信念是"透明的"——且只有那些信念（对于在 RCBR 情形下,这点的公式化处理请参见 Battigalli and Friedenberg,2009,附录 A）。对于信念为什么会存在如此的"透明"限制？主要是存在一个策略情况（诸如历史,惯例,等等）的"背景"（Brandenburger, Friedenberg and Keisler,2008,第 2.8 节）,且这个"背景"促使参与者排除某些信念。

要注意到这涉及什么：Ann 和 Bob 对于那些信念可能——和不可能——的想法一致。这是一个实质性的（如果再次隐含的）假设。当该假设在认知博弈论中是标准的,那研究去除它后的意义显然是很重要的。⑬

想必,新的成分将是一个"特定参与者类型结构"的概念,其中我们对于某个参与者指定了一个（可能不同的）类型结构。现在,一个 Ann 的类型 t^a,在 Ann 的类型结构中,可以考虑可能的某一个 Bob 的类型 t^b,尽管在 Bob 的类型结构中,不存在与 t^b 具有相同信念层次的 Bob 类型。当然,一个特例可以是当几个参与者特定类型结构相一致。称此类（公共）类型结构为"参与者独立类型结构"。

BRS 概念在所有参与者独立类型结构中给 RCBR 设定特性。如果我们现在在所有参与者特定类型结构中给 RCBR 设定特性,我们将得到所有的 BRS 以及一些新的集合。我们可以显示这些新的集合不必是 BRS。我们推测它们将被包含在 IU 集合里。若是如此,我们超越 BRS 地来对确定这些集合的额外精确度可能会显得微不足道——同样,以额外精确度超越 IU 集合地来确定 BRS,也可能是微不足道的。

与可允许性相反。在引言里,我们指出了在可允许性里一个基本的非单调性,且解释了正是因为如此的非单调性,SAS 需要脱离 IA 集合来被理解。同理,包括参与者特定类型结构在内的,一个贯通所有类型结构的 RCAR 的完全特性,看来是必须的。这将是未来的研究方向。

8.8.2 继续非单调性

我们对于在可允许性中存在一个基本的非单调性的观察开始：加入新的

可能性可以使原来好的策略变成坏的策略。回忆一下图 1.2。当时，我们称当我们加入策略 C 至集合 $\{U, M\} \times \{L\}$，便引入了一个新的可能性，并且因此策略 M 可能变成一个坏的策略。但是这个论据是不完全的。毕竟，策略 C 已经在矩阵中了。所以，根据推测，Ann 应该已经考虑到这个可能性了。

这个答案是我们回到 Samuelson(1992)中对于可允许性和策略推理(在 8.3 节中提到)的基本冲突。从一方面来说，可允许性要求 Ann 包括 Bob 的所有策略。从另一方面来说，策略推理要求 Ann 排除 Bob 的非理性策略。回到图 1.2，且考虑一个解概念有 $Q^a \times Q^b = \{U, M\} \times \{L\}$。是的，Ann 应该包括 C，因为她应该包括所有可能性。但是，她也应该排除 C，因为它与解不一致。所以，如果 C 现在被加入到 Q^b，这将产生"一定差异"。Ann 不应该再排除 C，其将原来好的策略 M 变成一个坏的策略。我们总结到解概念的非单调性是任何解决包含—不包含的认知分析的必要部分。

那么这个口头化的争论如何在更加公式化的层面上展开？让我们特定于一个 LPS($\mu_1, \cdots, \mu_n$)的例子，严格地在概念"在第一级信念"和"信念"之间进行假设(参见 Brandenburger, Friedenberg and Keisler, 2008，命题 5.1)。特别是，如果 $\mu_1(E) = 1$[对于所有的 i，$\mu_i(E) = 1$ 也相类似]，Ann 相信在第一层级上(在所有层级上相信也是类似的)事件 $E =$ "Bob 是理性的"。再次回到图 1.2。我们构建一个 LPS($\mu_1, \cdots, \mu_n$)，其有完全支持且使得 Ann 相信在第一级的事件 $\{L, C\}$。[⑭]但是，我们也希望 M 在这个 LPS 下为最优——且对于此，非理性的 R 必须是如同 C 一样被考虑。即为，如果 $\mu_i(C) > 0$，那么存在某个 $j \le i$，有 $\mu_j(R) > 0$。当然，根据包含性，存在某个 i，有 $\mu_i(C) > 0$。因此，通过要求包含性，我们放弃了排除性。在信念下，我们有排除性，但失去了包含性。Ann 可以相信事件"Bob 是理性的"，仅当每个测度 μ_i 设置概率 0 至 Bob 的一个策略——即非理性的 R。

假设给予了包含性和排除性。其"代价"是非单调性：一个 LPS 可能假设 $\{L\}$，但不是 $\{L, C\}$。特别是，如果 Ann 假设 L，那么对于 Ann，M 可以成为她的最优策略。然而，如果她假设 $\{L, C\}$，M 不能是最优。因此，假设的非单调性导出了解概念的一个非单调性：$Q^a \times Q^b$ 是一个 SAS，但 $Q^a \times (Q^b \cup \{s^b\})$ 不是。

就我们所能看到的，任何包含—排除问题的解决方案必须有这个特性。

8.8.3 与其他解概念的关系

过去的文献提出了一系列与 Pearce(1984)BRS 概念相类似的弱占优概念。就我们所知,还没有文献提供了完全解决包含—排除问题的基础。每个都放弃了一个或其他标准。

从包含的角度看,Samuelson(1992)提供了一致对(the consistent pairs)概念的基础(同时参见 Börgers and Samuelson,1992)。一个一致对可能包含一个非可允许策略,并且因此包含性是不被满足的。[15] Asheim(2001),Asheim 和 Dufwenberg(2003),以及 Asheim 和 Perea(2005)选择了一个有意思的不同方法:他们要求 Ann 考虑每一个可能的 Bob 策略,但不是每一个Bob 的类型。所以,认知上来说,他们有部分而不是完全包含。

从排除的角度看,Dekel 和 Fudenberg(1990)引入了 $S^\infty W$ 概念,其为一轮删除非可允许策略接着重复删除强弱势策略。存在一个明显地如同 BRS的定义(Brandenburger,Friedenberg and Keisler,2008,第 11B 节)。认知基础(Brandenburger,1992;Börgers,1994;以及 Brandenburger,Friedenberg and Keisler,2008,第 11B 节)建立在信念在第一级的概念上。如之前提到的,这个概念不满足排除性。

从可以被选择的策略这个角度上来说,SAS 也与每一个这些解概念不同(具体参见 Brandenburger,Friedenberg and Keisler,2008,第 S.3 节)。

8.8.4 与 PI 相关的结果

命题 7.1 与一个在 PI 树上的早期结果相似,该结果来自 Ben Porath(1997,定理 2)。Ben Porath 定义了一个类似于在第一级信念上的扩展形式,且给予了能导出解概念的认知条件,我们称 $S^\infty CD$。这个概念首先删除一切条件性劣势的策略(Shimoji and Watson,1998)——即为所有不是扩展形式理性的策略。它然后重复删除在矩阵里强劣势的策略(等同于在树根部强劣势的策略)。它是一个与 $S^\infty W$ 相类似的扩展形式体,并且事实上,在一般 PI 树里,两个概念相一致。

$S^\infty CD$ 不需要在满足 SPC 的 PI 树里导出一个纳什结果。比如,在蜈蚣博弈中(图 4.1),通过 $S^\infty CD$ 的仅有删除是 Ann 在每个节点的继续(In)策略。

Ben Porath 然后加入了一个假设,其在(一般)PI 博弈的确导出纳什结果。这是一个在他的认知分析上的"一丝真理"条件,其称每个参与者设置正概率至现实状态——并且因此至现实策略。可参见 Ben Porath(1997,p.38)。想必,可允许性要求(回顾备注 3.1)在我们的分析中扮演了一个类似的角色。

Battigalli 和 Friedenberg(2009)研究了"理性和理性的公共强信念"(rationality and common strong belief of rationality,RCSBR),其来自 Battigalli 和 Siniscalchi(2002)。RCSBR 不施加一个可允许性要求。比如,在同步博弈中,RCSBR 是由 BRS 来定性的。[16]但是,与本章存在一个联系点。Battigalli 和 Friedenberg 显示了在满足无相关联系的 PI 博弈中(对于该定义,请参见定义 7.1 后的讨论),RCSBR 是由在扩展形式理性策略里的纳什结果为特征的。

8.8.5 有 n 个参与者的博弈

我们已经研究了两个参与者的博弈,但是分析延伸至 n 个参与者的博弈。

如果一个集合 $\times_{i=1}^{n} Q^i \subseteq \times_{i=1}^{n} S^i$ 是一个(n 个参与者的)SAS,对于每个参与者 i:(i)每个 $s^i \in Q^i$ 相对 $\times_{j=1}^{n} S^j$ 是可允许的;(ii)每个 $s^i \in Q^i$ 相对 $S^i \times \times_{j \neq i} Q^i$ 是可允许的;(iii)如果 $r^i \in su(s^i)$,对于任何 $s^i \in Q^i$,那么 $r^i \in Q^i$。

当然,条件(i)和(ii)是等同与:(i′)每个 $s^i \in Q^i$ 是在某个 $\mu^{-i} \in \mathcal{M}(\times_{j \neq i} S^j)$ 下最优,给定 S^i,有 $\operatorname{Supp} \mu^{-i} = \times_{j \neq i} S^j$;(ii′)每个 $s^i \in Q^i$ 是在某个 $\nu^{-i} \in \mathcal{M}(\times_{j \neq i} S^j)$ 下最优,给定 S^i,有 $\operatorname{Supp} \nu^{-i} = \times_{j \neq i} Q^j$。 在这个定义下,本章中的所有结果在 n 个参与者情况下成立,包括命题 7.1。(我们现在运用 n 个参与者最小最大定理于 PI 博弈:$\min_{\times_{j \neq i} S^j} \max_{S^i} \pi^i(\cdot, \cdot) = \max_{S^i} \min_{\times_{j \neq i} S^j} \pi^i(\cdot, \cdot)$。)

8.8.6 不变性的继续

SAS 满足不变性(命题 5.2)。在 8.2 节,我们也提到了一个更深层次的不变性概念——其中认知推理不应该在等同的博弈中改变。SAS 也满足如此的"认知不变性"吗?

为了回答这个问题,我们需要公式化这个概念。这里是一种可能性。设定一棵博弈树 Γ 以及一个相关的类型结构,其中对于 Ann 的一个类型 t^a 是与一个在 $S^b \times T^b$ 上的条件性概率系统(conditional probability system,CPS)

相关,且条件性事件类别(至少)包括所有在 $S^b \times T^b$ 中的事件,这些事件对应于某个有与 Γ 相同的完全简化策略形式的树中的一个信息集合。现在加入 SAS 以及它们的认知基础——即字典式概率系统(lexicographic probability systems,LPS)来自 Brandenburger,Friedenberg 和 Keisler(2008)。在 $S^b \times T^b$ 上一个完全支持 LPS 自然地促使一个在 $S^b \times T^b$ 上的 CPS,其中条件性事件类别包含所有在 $S^b \times T^b$ 中的非空开集(Brandenburger,Friedenberg and Keisler,2006,2008)。这一类别包括对应于信息集合的事件。所以,SAS 可以被称为通过认知不变性的一个测试。然而,这只是一个概述,我们将保证认知不变性的一个全面的公式化。

8.8.7 与稳定性相关文献的关系

SAS 是一个由认知过程导出的解概念。在本章中,将关注于 SAS 就其本身而言作为一个解概念。我们已经涉及了一个解概念的几个通常的特性——存在性,不变性,扩展形式理性以及投影性。当然,还有其他可以考虑的特性。由 Kohlberg 和 Mertens(1986)开始,关于稳定性的文献开发了一长串解概念的潜在的理想的特性。一个是不同性特性(Kohlberg and Mertens,1986,第 2.6 节)。大致来说,这个要求对于任何树和子树,一个在原树上被解概念允许的结果也是被差异树上解概念所允许的——即为在通过根据解概念来修剪子树后得到的树。其他地方(Brandenburger and Friedenberg,2009),我们显示了如果一个解概念满足存在性,扩展形式理性和满足 SPC 的 PI 树的区域不同性,那么这个概念必将在这些博弈树中导出 BI 结果。由此,SAS 不满足差异性。但是,我们并不认为这是 SAS 概念中的瑕疵,因为我们不坚持于 BI。Mertens 自己曾在均衡分析的背景下表达了一个相类似的观点:"我曾有(现仍有)一些直观上对粗暴的纳什均衡的偏爱,或者一个适度的改进如同可允许均衡"(Mertens,1989,pp.582—583)。

当然我们非常感兴趣对不同的认知解概念满足或不满足哪个特性来进行一个全面的研究。作为认知博弈理论家,我们相信这将帮助决定哪些特性是需要的,哪些是不需要的。当然,这也将是对不同认知概念的一种"审查"。在本章中,我们对于 SAS 的研究便是迈向这个方向的第一步。

附录

我们将由命题 5.1 的证明开始。

引理 A.1 设定一个策略 s^a 和某个 $\varphi^a \in M(S^a)$，使得对于所有的 $s^b \in S^b$，$\pi^a(\varphi^a, s^b) = \pi^a(s^a, s^b)$。那么在 $\mu^b \in M(S^b)$ 下，s^a 是最优的充要条件是所有在 μ^b 下，$r^a \in \mathrm{Supp}\, \varphi^a$ 为最优的。

证明: 可运用常规方法。 $\square$

推论 A.1 给定 $Q^a \times Q^b$，设定一个策略 s^a，其为可允许的。那么对于每个 $r^a \in \mathrm{su}(s^a)$，有 $r^a \in Q^a$，给定 $Q^a \times Q^b$，r^a 是可允许的。

下一个引理是在 Brandenburger，Friedenberg 和 Keisler（2008）中的引理 F1，但是为了方便参考我们将在这里给出一个陈述和证明。

引理 A.2 如果 $s^a \in S_m^a$，那么存在一个 $\mu^b \in M(S^b)$，有 $\mathrm{Supp}\,\mu = S_{m-1}^b$，使得对于每个 $r^a \in S^a$，$\pi^a(s^a, \mu^b) \geqslant \pi^a(r^a, \mu^b)$。

证明: 根据备注 3.1，存在一个 $\mu^b \in M(S^b)$，有 $\mathrm{Supp}\,\mu = S_{m-1}^b$，使得对于所有的 $r^a \in S_{m-1}^a$，$\pi^a(s^a, \mu^b) \geqslant \pi^a(r^a, \mu^b)$。假设存在一个 $r^a \in S^a \backslash S_{m-1}^a$，有

$$\pi^a(r^a, \mu^b) > \pi^a(s^a, \mu^b) \tag{A.1}$$

那么对于某个 $l < m-1$，$r^a \in S_l^a \backslash S_{l+1}^a$。选择 r^a（和 l）使得以下不存在：$q^a \in S_{l+1}^a$，有 $\pi^a(q^a, \mu^b) > \pi^a(s^a, \mu^b)$。

设定某个 $\nu^b \in M(S^b)$，有 $\mathrm{Supp}\,\nu^b = S_l^b$，且定义一个序列的测度 $\mu_n^b \in M(S^b)$，对于每个 $n \in \mathbb{N}$，根据 $\mu_n^b = \left(1 - \dfrac{1}{n}\right)\mu^b + \dfrac{1}{n}\nu^b$。注意到对于每个 n，有 $\mathrm{Supp}\,\mu_n^b = S_l^b$。运用 $r^a \notin S_{l+1}^a$，并且备注 3.1 运用到 $(l+1)$—可允许策略，由此得到对于每个 n，存在一个 $q^a \in S_l^a$，有

$$\pi^a(q^a, \mu_n^b) > \pi^a(r^a, \mu_n^b) \tag{A.2}$$

我们可以假设 $q^a \in S_{l+1}^a$（在所有 S_l^a 里的策略中，选择 $q^a \in S_l^a$ 来最大化等式 (A.2) 的左边）。同时，因为 S_{l+1}^a 是有限的，存在一个 $q^a \in S_l^a$，使得等式 (A.2) 对于无限多个 n 成立。设 $n \to \infty$，导出

$$\pi^a(q^a, \mu^b) \geqslant \pi^a(r^a, \mu^b) \tag{A.3}$$

由等式(A.1)和(A.3)，我们得到 $\pi^a(q^a, \mu^b) > \pi^a(s^a, \mu^b)$，与我们选择的 r^a 相矛盾。 $\square$

命题 5.1 的证明：我们显示 IA 集合是一个 SAS。设定 $s^a \in S_M^a$。当然，$s^a \in S_1^a$ 且因此 s^a 相对 S^b 是可允许的，建立条件(i)。因为 $S_M^a = S_{M+1}^i$，我们知道 s^a 相对 $S_M^a \times S_M^b$ 是可允许的。运用引理 A.2 和备注 3.1，从而得到 s^a 相对 $S^a \times S_M^b$ 是可允许的，建立条件(ii)。对于条件(iii)，我们显示，通过在 m 上进行归纳法，如果 $r^a \in \mathrm{su}(s^a)$，那么 $r^a \in S_m^a$。当 $m = 0$ 时该结果是立即得到的，所以假设 $r^a \in S_m^a$。那么运用 $S^a \in S_{m+1}^a$ 和推论 A.1，得到 $r^a \in S_{m+1}^a$。 $\square$

为了证明命题 5.2，我们需要两个引理。

引理 A.3 如果 $q^a \in \mathrm{su}(r^a)$ 和 $r^a \in \mathrm{su}(s^a)$，那么 $q^a \in \mathrm{su}(s^a)$。

证明：结果能立即得到。 $\square$

引理 A.4 设定 $s^a \in S^a$ 和 $\varphi^a \in \mathcal{M}(S^a)$，对于所有 $s^b \in S^b$，有 $\pi^b(s^b, \varphi^a) = \pi^b(s^b, s^a)$。同时设定 $X \subseteq S^a$，有 $\mathrm{Supp}\,\varphi^a \subseteq X$，且某个 $Y \subseteq S^b$。那么 s^b 相对 $X \times Y$ 是可允许的，充要条件是其相对 $(X \cup \{s^a\}) \times Y$ 是可允许的。

证明：我们显然可以假设 $s^a \notin X$。现在，如果 s^b 相对 $X \times Y$ 是可允许的，存在一个 $\mu^a \in \mathcal{M}(S^a)$，有 $\mathrm{Supp}\,\mu^a = X$，使得在 μ^a 下给定 Y，s^b 是最优的。通过以下定义 $\nu^a \in \mathcal{M}(S^a)$

$$\nu^a(r^a) = \begin{cases} \varepsilon, & \text{当 } r^a = s^a \\ \mu^a(r^a) - \varepsilon\varphi^a(r^a), & \text{其他情况} \end{cases}$$

其中 $\varepsilon > 0$ 是被选得足够小，使得每个 $\mu^a(r^a) - \varepsilon\varphi^a(r^a) > 0$（这是可能的，因为 $\varphi^a(r^a) > 0$ 蕴涵 $\mu^a(r^a) > 0$）。那么 $\mathrm{Supp}\,\nu^a = X \cup \{s^a\}$，且对于所有的 $r^b \in S^b$，$\pi^b(r^b, \nu^a) = \pi^b(r^b, \mu^a)$。因此，$s^b$ 相对 $(X \cup \{s^a\}) \times Y$ 是可允许的。

反之，如果 s^b 相对 $(X \cup \{s^a\}) \times Y$ 是可允许的，存在一个 $\mu^a \in \mathcal{M}(S^a)$，有 $\mathrm{Supp}\,\mu^a = X \cup \{s^a\}$，使得在 μ^a 下给定 Y，s^b 为最优。对于 $r^a \in X$，通过 $\nu^a(r^a) = \mu^a(r^a) + \mu^a(s^a)\varphi(r^a)$ 来定义 $\nu^a \in \mathcal{M}(S^a)$。那么 $\mathrm{Supp}\,\nu^a = X$，且对于所有 $r^b \in S^b$，$\pi^b(r^b, \nu^a) = \pi^b(r^b, \mu^a)$。因此，$s^b$ 相对 $X \times Y$ 是可允许的。 $\square$

命题 5.2 的证明：由(a)部分开始。能立即得到每个 $s^a \in \bar{Q}^a \setminus \{q^a\}$ 满足

一个 SAS 的条件(i)—(iii)。所以我们将转向 Bob。

因为每个 $s^b \in \bar{Q}^b$ 相对 $(S^a \bigcup \{q^a\}) \times S^b$ (一个运用到 $\bar{G}$ 的 SAS 的条件 (i))是可允许的,引理 A.4 蕴涵着每个 $s^b \in \bar{Q}^b$ 相对 $S^a \times S^b$ 是可允许的。接下来,注意到 $s^b \in \bar{Q}^b$ 相对于 $\bar{Q}^a \times S^b$ 是可允许的(一个运用到 G 的 SAS 的条件(ii))。我们只需要考虑当 $q^a \in \bar{Q}^a$ 的情况,那么 $\text{Supp}\, \varphi^a \subseteq \bar{Q}^a$ (一个运用到 $\bar{G}$ 的 SAS 的条件(iii))。由此,从引理 A.4 得到 s^b 相对 $(\bar{Q}^a \backslash \{q^a\}) \times S^b$ 是可允许的,建立了对于 Bob 的一个 SAS 的条件(ii)。

对于一个 SAS 的条件(iii),假设 r^b 支持 $s^b \in \bar{Q}^b$,经由在博弈 G 中的 $\rho^b \in \mathcal{M}(S^b)$。我们需要显示 $r^b \in \bar{Q}^b$。这将来自运用于 $\bar{G}$ 上的条件(iii),前提是 $\pi^b(\rho^b, q^a) = \pi^b(s^b, q^a)$。 注意到

$$
\begin{aligned}
\pi^b(\rho^b, q^a) &= \sum_{u^b \in S^b} \pi^b(u^b, q^a) \rho^b(u^b) \\
&= \sum_{u^b \in S^b} \sum_{s^a \in S^a} \pi^b(u^b, s^a) \varphi^a(s^a) \rho^b(u^b) \\
&= \sum_{s^a \in S^a} \sum_{u^b \in S^b} \pi^b(u^b, s^a) \rho^b(u^b) \varphi^a(s^a) \\
&= \sum_{s^a \in S^a} \pi^b(s^b, s^a) \varphi^a(s^a) = \pi^b(s^b, q^a)
\end{aligned}
$$

正如所需。

对于命题的(b)部分,首先假设 q^a 不支持在 Q^a 中的任何策略。在 S^a 的策略中任何 $s^a \in Q^a$ 相对 $S^a \times S^b$ (对于 $S^a \times Q^b$ 也是相类似的)是可允许的。由引理 A.1 得到每个 $s^a \in Q^a$ 也是相对 $(S^a \bigcup \{q^a\}) \times S^b$ (对于 $(S^a \bigcup \{q^a\}) \times Q^b$ 也是相类似的)可允许的。这便建立了对于 $s^a \in Q^a$ 的定义 3.4 中条件 (i)和(ii)。对于这个情况,条件(iii)是立即得到的。接着,因为每个 $s^b \in Q^b$ 相对 $S^a \times S^b$ 是可允许的,根据引理 A.4 它相对 $(S^a \bigcup \{q^a\}) \times S^b$ 也是可允许的。条件(ii)是立即得到的。最后,注意到如果 r^b 在 $\bar{G}$ 中支持 s^b,那么自然它也在 G 中支持,所以得到条件(iii)。

接着,假设 q^a 支持某个 $s^a \in Q^a$,且用 $\bar{Q}^a = Q^a \bigcup \{q^a\}$ 表示。立即得到每个 $r^a \in Q^a$,满足定义 3.4 的条件(i)和(ii)。引理 A.1 蕴涵了 q^a 也满足条件(i)和(ii),因为 s^a 满足。对于任意 $r^a \in Q^a$,因为 $q^a \in \bar{Q}^a$,条件(iii)显然是满足的。对于 q^a 条件(iii)也是满足的。为了显示这点,运用引理 A.3 来得到如果 u^a 支持 q^a,那么 u^a 也支持 s^a(因为 q^a 支持 s^a)。运用条件(iii)至 G,那么蕴涵了 $u^a \in Q^a$。

接着,考虑某个 $s^b \in Q^b$。 条件(i)和(ii)如上所述(即为如下情况:q^a 不

支持任何在 Q^a 中的策略)。转到条件(ii)。运用条件(iii)已为 q^a 建立了
Supp $\phi^a \setminus \{q^a\} \subseteq Q^a$。所以,根据引理 A.4,任意 $s^b \in Q^b$ 是相对 $\bar{Q}^a \times S^b$ 可允许的。 □

IA 集合是一个 SAS(命题 5.1)。我们刚刚证明了 SAS 相对博弈的完全简化策略形式是不变的,因而我们设两个具有相同完全简化策略形式的矩阵,且设 $S_M^a \times S_M^b$ 为对于这些矩阵其中一个的 IA 集合。然后,$S_M^a \times S_M^b$ 促使一个第二矩阵的 SAS。但是它会促使其他矩阵的 IA 集合吗?也就是说,IA集合本身是不变的吗?答案是肯定的,在以下(限制性的)范围内。

设 $\bar{S}_m^i$ 为在博弈 $\bar{G}$ 中参与者 i(其中 $i = a, b$)的 m—可允许策略集合。

命题 A.1 对于所有的 m,

(a) 如果 Supp $\varphi^a \subseteq S_m^a$,那么 $\bar{S}_m^a \times \bar{S}_m^b = (S_m^a \bigcup \{q^a\}) \times S_m^b$,

(b) 否则 $\bar{S}_m^a \times \bar{S}_m^b = S_m^a \times S_m^b$。

证明:证明通过在 m 上进行归纳。对于 $m = 0$,结果是立即得到的。假设其对 m 成立。我们显示它将对 $m+1$ 成立。如果 $\bar{S}_m^a = S_m^a$,由归纳假设这是立即得到的。所以,我们将假设 $\bar{S}_m^a = S_m^a \bigcup \{q^a\}$。

我们首先证明如果 Supp $\varphi^a \subseteq S_{m+1}^a$,那么 $\bar{S}_{m+1}^a = S_{m+1}^a \bigcup \{q^a\}$;且其他情况为 $\bar{S}_{m+1}^a = S_{m+1}^a$。当然,如果 $s^a \in \bar{S}_{m+1}^a$ 且 $s^a \neq q^a$,那么给定 $S_m^a \times \bar{S}_m^b$,s^a 是可允许的。所以,根据归纳假设,$\bar{S}_{m+1}^a \subseteq S_{m+:}^a \bigcup \{q^a\}$。设定 $s^a \in S_m^a$ 是给定 $S_m^a \times S_m^b$ 时可允许的。根据引理 A.1,给定 $(S_m^a \bigcup \{q^a\}) \times S_m^b$,$s^a$ 也是可允许的。再次运用引理 A.1,Supp $\varphi^a \subseteq S_{m+1}^a$ 的充要条件是 $q^a \in S_{m+1}^a$。由归纳假设以上宣称成立。

接着,我们显示 $\bar{S}_{m+1}^b = S_{m+1}^b$。因为 $\bar{S}_m^a = s_m^a \bigcup \{q^a\}$,Supp $\varphi^a \subseteq S_m^a \subseteq \bar{S}_m^a$(这便是该归纳假设)。现在将由引理 A.4 得到结果。 □

引理 7.1 的证明:设定一个可允许的 s^a 以及某个 $\varphi^a \in \mathcal{M}(S^a)$,对于所有 $s^b \in S^b$,有 $\pi^a(\varphi^a, s^b) = \pi^a(s^a, s^b)$。在不失一般性的情况下,设 $s^a \in$ Supp φ^a。假设反面假设,对于某个 $r^b \in S^b$,存在 $r^a, q^a \in$ Supp ϕ^a 有 $\pi^a(r^a, r^b) > \pi^a(q^a, r^b)$。设 h_1 为终端节点 $\zeta(r^a, r^b)$ 和 $\zeta(q^a, r^b)$ 的最后一个公共前任,且注意到 Ann 在 h_1 行动。当然,对于组合 (r^a, r^b) 和 (q^a, r^b),可能有很多选择。若的确如此,选择组合使得(严格地)在 h_1 后的另一个有最后公共前任的组合不存在。

我们将首先论证存在某个 q^b 其在 h_1 之后,有 $\pi^a(q^a, q^b) > \pi^a(r^a, q^b)$。如果不成立,对于所有允许 h_1 的 s^b,那么 $\pi^a(r^a, s^b) \geqslant \pi^a(q^a, s^b)$,对

于某个允许 h_1 的 s^b 有严格不等关系。注意到我们可以构建一个策略其允许 h_1，在节点 h_1 和之前与 r^a 一致，但是，不然的话，它便与 q^a 一致。因此，q^a 必须为非可允许的。但这将蕴涵着 s^a 是非可允许的（推论 A.1），因而产生矛盾。

对于余下的证明，我们将设 $\pi^a(r^a, r^b) \neq \pi^a(r^a, q^b)$。 如果不是该情况，那么 $\pi^a(q^a, q^b) > \pi^a(r^a, q^b) = \pi^a(r^a, r^b) > \pi^a(q^a, r^b)$，且可有一个相关组合对 (q^a, q^b) 和 (q^a, r^b) 的相应论据。

设 h_2 为 $\zeta(r^a, r^b)$ 和 $\zeta(r^a, q^b)$ 的最后公共前任，且 Bob 在 h_2 行动。参考图 A.1 且注意到，因为 Ann 在 h_1 行动，Bob 在 h_2 行动，这些节点是不同的。此外，因为 (r^a, r^b) 贯穿于这些节点，它们必须被（严格地）排序。特别是，h_2 必须严格地在 h_1 之后，因为 q^b 允许 h_1。

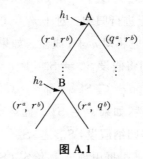

图 A.1

现在选择策略 $\hat{r}^b$ 和 $\hat{q}^b$，其每个都允许 h_2。 这两个策略其他反面均相一致，但有一点不同：在 h_2 上和 h_2 之后，策略 $\hat{r}^b$ 与 r^b 一致，且策略 $\hat{q}^b$ 与 q^b 一致。

设定一个允许 h_2 的策略 $u^a \in \text{Supp}\, \varphi^a$。 那么，对于每个允许 h_2 的策略 s^b，我们有 $\pi^a(u^a, s^b) = \pi^a(r^a, s^b)$（如果不是，我们与对 (r^a, r^b) 和 (q^a, r^b) 的选择相矛盾）。基于此，我们可写下

$$\pi^a(s^a, \hat{r}^b) = \phi^a(S^a(h_2))\pi^a(r^a, \hat{r}^b) + c$$
$$\pi^a(s^a, \hat{q}^b) = \phi^a(S^a(h_2))\pi^a(r^a, \hat{q}^b) + c$$

其中

$$c = \sum_{w^a \notin S^a(h_2)} \varphi^a(w^a)\pi^a(w^a, \hat{r}^b) = \sum_{w^a \notin S^a(h_2)} \varphi^a(w^a)\pi^a(w^a, \hat{q}^b)$$

（这个等式运用了构造 $\zeta(w^a, \hat{r}^b) = \zeta(w^a, \hat{q}^b$，每当 w^a 不允许 $S^a(h_2)$。）

因为 $\phi^a(S^a(h_2)) > 0$，我们有 $\pi^a(s^a, \hat{r}^b) \neq \pi^a(s^a, \hat{q}^b)$。通过对 $\hat{r}^b$ 和 $\hat{q}^b$ 的选择，由此得到 s^a 允许 h_2。所以，给定我们选择了 $s^a \in \mathrm{Supp}\, \varphi^a$（再次运用 8.7 节建立的事实），我们有 $\pi^a(s^a, \hat{r}^b) = \pi^a(r^a, \hat{r}^b)$ 和 $\pi^a(s^a, \hat{q}^b) = \pi^a(r^a, \hat{q}^b)$。这蕴涵了

$$(1 - \varphi^a(S^a(h_2)))\pi^a(s^a, \hat{r}^b) = c = (1 - \varphi^a(S^a(h_2)))\pi^a(s^a, \hat{q}^b)$$

因为 $\pi^a(s^a, \hat{r}^b) \neq \pi^a(s^a, \hat{q}^b)$，这仅当 $\varphi^a(S^a(h_2)) = 1$ 时发生。但是，q^a 不允许 h_2（参考图 A.1）且 $q^a \in \mathrm{Supp}\, \varphi^a$。所以，$\varphi^a(S^a(h_2)) < 1$，产生矛盾。□

最后，我们证明，在一个满足 SPC 的 PI 树中，存在一个可允许的 BI 策略组合。这点在命题 7.2 的证明中运用过。

设定一个 PI 树 Γ 且设 N^a（对于 N^b 也相类似）为 a（对于 b 也相类似）在其上行动的节点集合。它将有利于设定以下为 PI 树特定的术语。

定义 A.1 称 r^a 相对 s^a 在节点 $n \in N^a$ 为弱占优，如果 s^a, r^a 允许 n，且：

(i) 对于每个 s^b 其允许 n，$\pi^a(r^a, s^b) \geqslant \pi^a(s^a, s^b)$；

(ii) 对于某个 s^b 其允许 n，$\pi^a(r^a, s^b) > \pi^a(s^a, s^b)$。

如果存在一个 r^a 其在 n 相对 s^a 弱占优，称 s^a 是在 n 为弱类似的。如果它在 n 上不是被弱占优，称 s^a 在 n 是可允许的。

请注意，如果 s^a 排除了 n，那么 s^a 在 n 是可允许的。以下引理可以由 S^a 的有限性立即得到。

引理 A.5 如果 s^a 在 n 是不可允许的，那么存在一个可允许的策略 r^a 相对 s^a 其在 n 为弱占优。

引理 A.6 设定一棵 PI 树。一个策略 s^a 是可允许的充要条件是，它在每个 $n \in N^a$ 是可允许的。

证明：假设 s^a 是可允许的。那么，运用在 Brandenburger 和 Friedenberg（2003）里的命题 3.1，s^a 在每个 $n \in N^a$ 是可允许的。对于反向，假设 s^a 在每个 $n \in N^a$ 是可允许的。那么，运用在 Battigalli（1997）里的引理 4 和在 Brandenburger 和 Friedenberg（2003）里的命题 3.1，我们得到 s^a 是可允许的。□

命题 A.2 设定一个满足 SPC 的 PI 树。存在一个可允许的 BI 策略组合。

证明：设定一个 BI 组合 (s^a, s^b)。我们将构建一个新的 BI 组合，即

(r^a, s^b)，使得 r^a 是可允许的。一旦我们这么做，我们可以运用相同的论据来构建一个新的 BI 组合，即 (r^a, r^b)，使得 r^b 也是可允许的。这将完成证明。

如果 s^a 是可允许的，我们就完成了证明。所以假设 s^a 是非可允许的。那么，根据引理 A.6，存在一个节点 $n \in N^a$，在其 s^a 上是弱劣势的。设 $n_1, \cdots, n_K$ 为所有（对于 a 的）节点一个列表，其中：(i) s^a 在每个 n_k 上是弱劣势的；且(ii) s^a 在每个 n_k 之前的节点 n 是可允许的（注意，节点 $n_1, \cdots, n_K$ 不能被排序。同时，每个 $n_k \in N^a$）。我们将用这些节点归纳地构建对于 a 的策略 $f(s^a, n_k)$，$k = 1, \cdots, K$。

由节点 n_1 开始。根据引理 A.6 和引理 A.5，存在一个可允许策略 q^a 其在 n_1 相对 s^a 为弱占优。构建一个策略 $f^a(s^a, n_1)$ 如下：设 $f^a(s^a, n_1)$ 与 q^a 在 n_1 重合且在每个 n_1 之后的节点上重合，前提是 q^a 允许该节点。否则，设 $f^a(s^a, n_1)$ 与 s^a 重合。现在假设 $f^a(s^a, n_k)$ 是定义的。考虑节点 n_{k+1} 和一个可允许的策略 q^a（当然其可能与之前的 q^a 不同），其相对 s^a 在 n_{k+1} 为弱占优（再一次，我们用引理 A.6 和引理 A.5）。相类似地构造 $f^a(s^a, n_{k+1})$：设 $f^a(s^a, n_{k+1})$ 与 q^a 在 n_{k+1} 重合且在 n_{k+1} 之后的每个节点上重合，前提是 q^a 允许该节点。否则，设 $f^a(s^a, n_{k+1})$ 与 $f^a(s^a, n_k)$ 重合。用 r^a 表示所产生的策略 $f^a(s^a, n_K)$。

注意到 r^a 是可允许的。的确，根据以上的构建以及引理 A.6，r^a 是在每个节点 $n \in N^a$ 可允许的。现在运用引理 A.6 来得到该结果。接着，我们转而来显示 (r^a, s^b) 是一个 BI 组合。该观点如下。首先我们显示，对于每个节点 n，a 和 b 对于任何 (r_n^a, s_n^b) 和 (s_n^a, s_n^b) 都是无差异的，其中我们用 r_n^a（对于 s_n^a 或 s_n^b 也是相类似的）来表示一个策略其允许 n 以及之后与 r^a 一致（对于 s^a 或 s^b 也是相类似的）。由此我们将断定 (r^a, s^b) 是一个 BI 组合。

第 I 步：对于每个节点 n，$\pi^a(r_n^a, s_n^b) = \pi^a(s_n^a, s_n^b)$ 且 $\pi^b(s_n^b, r_n^a) = \pi^b(s_n^b, s_n^a)$。为了显示这点，需要考虑一个节点 n 在其上 a 行动。如果 r^a 与 s^a 在 n 上以及 n 之后的每个节点上重合，当然 $\pi^a(r_n^a, s_n^b) = \pi^a(s_n^a, s_n^b)$。如果不是，那么 r^a 必须相对 s^a 在某个 n（弱）之前的节点为弱占优。由此，$\pi^a(r_n^a, s_n^b) \geqslant \pi^a(s_n^a, s_n^b)$。所以，$\pi^a(r_n^a, s_n^b) = \pi^a(s_n^a, s_n^b)$。现在，注意到 a 在 $\zeta(r_n^a, s_n^b)$ 和 $\zeta(s_n^a, s_n^b)$ 的最后公共前任行动。所以，根据 SPC，$\pi^b(s_n^b, r_n^a) = \pi^b(s_n^b, s_n^a)$ 正如所需。

第 II 步：对于每个节点 $n \in N^a$（对于 $n \in N^b$ 也是相类似的），r_n^a（对于 s_n^b 也是相类似的）在所有允许 n 的策略中最大化 $\pi^a(\cdot, s^b)$（对于 $\pi^b(s_n^b, \cdot)$ 也是相类似的）。注意，这个陈述由第 I 步以及 (s^a, s^b) 是一个 BI 组合的事实立即得到，前提是 n 是一个倒数第二节点（即为在博弈树里的"最后一步"）。那么，假设陈述对于所有 n 之后的节点成立，结果再次由第 I 步以及 (s^a, s^b) 是一个 BI 组合的事实得到。

由第 II 步可立即得到 (r^a, s^b) 是一个 BI 组合。　　　　　□

注　释

① 关于这个示例，我们要感谢一个审稿人。这与 Asheim 和 Dufwenberg（2003）中的例子相类似。

② Elmes-Reny 转换与 Dalkey-Thompson 不同之处在于前者自始至终保留完美记忆（perfect recall）。

③ 我们感谢一位审稿人提出了这一点。

④ 在私下讨论时，David Pearce 告诉我们他已意识到最大限度条件，但是给定这个特性，便没有将其包含在他的定义里。事实上，如果 BRS 的定义是由认知学导出的，根据图 1.1，最大限度将被自动纳入其中。

⑤ 我们考虑简化的策略形式的博弈。这将足以支持命题 5.2。

⑥ 一样的证明也可以运用到纳什均衡。如果 (σ^a, σ^b) 是一个蜈蚣博弈的均衡，那么 σ^a 设定概率 1 至 Ann 在第一个节点选择不继续。只需运用我们的论据至 Supp $\sigma^a \times$ Supp σ^b。

⑦ 其他文献——尽管有不同的认知——运用向前论据。关于蜈蚣博弈，参见 Aumann（1998）。关于 FRPD，参见 Stuart（1997）。

⑧ 根据命题 5.2，我们可以（也通常）将策略与行为计划合并。不会产生任何疑惑。

⑨ 对于这个示例，我们要感谢一位审稿人。

⑩ 这后者是在策略形式上的条件。接下来的证明，我们需要运用扩展形式的特性——也就是我们对于 SPC 的运用。

⑪ Drew Fudenberg 好心地提供了这个示例。

⑫ 需要注意的是，我们在这里的方法和在命题 6.2 证明中的方法略微不同。

⑬ 我们要感谢一个审稿人与我们在这个问题上卓有成效的交流。

⑭ 这只是一个半公式化的讨论。更精确地说，我们还将需要包含类型。

⑮ 修改过的一致对概念（Ewerhart[1998]）有解决包含—排除问题的倾向。我们不知道这个概念的认知基础。

⑯ 这里，一个 BRS 的定义包括了一个最大限度条件；请参见 Battigalli 和 Friedenberg(2009)。同时参见注释④。

参考文献

Asheim，G (2001). Proper rationalizability in lexicographic beliefs. *International Journal of Game Theory*，30，453—478.

Asheim，G and M Dufwenberg(2003). Admissibility and common belief. *Games and Economic Behavior*，42，208—234.

Asheim，G and A Perea(2005). Sequential and quasi-perfect rationalizability in extensive games. *Games and Economic Behavior*，53，15—42.

Aumann，R (1998). On the Centipede game. *Games and Economic Behavior*，23，97—105.

Battigalli，P (1997). On rationalizability in extensive games. *Journal of Economic Theory*，74，40—61.

Battigalli，P and A Friedenberg(2009). Context-dependent forward-induction reasoning. Available at http://www.public.asu.edu/~afrieden.

Battigalli，P and M Siniscalchi(2002). Strong belief and forward-induction reasoning. *Journal of Economic Theory*，106，356—391.

Ben Porath，E (1997). Rationality, Nash equilibrium and backwards induction in perfect-information games. *Review of Economic Studies*，64，23—46.

Bernheim，D (1984). Rationalizable strategic behavior. *Econometrica*，52，1007—1028.

Blume，L，A Brandenburger，and E Dekel(1991). Lexicographic probabilities and choice under uncertainty. *Econometrica*，59，61—79.

Börgers，T (1994). Weak dominance and approximate common knowledge. *Journal of Economic Theory*，64，265—276.

Börgers，T and L Samuelson(1992). Cautious utility maximization and iterated weak dominance. *International Journal of Game Theory*，21，13—25.

Brandenburger，A (1992). Lexicographic probabilities and iterated admissibility. In Dasgupta，P，D Gale，O Hart，and E Maskin (Eds.)，*Economic Analysis of Markets and Games*，282—290. Cambridge，MA：MIT Press.

Brandenburger，A and A Friedenberg(2003). The relationship between rationality on the matrix and the tree. Available at http://www.stern.nyu.edu/~abranden.

Brandenburger，A and A Friedenberg(2009). Are admissibility and backward induction consistent? Available at http://www.stern.nyu.edu/~abranden.

Brandenburger, A, A Friedenberg, and HJ Keisler(2006). Notes on the relationship between strong belief and assumption. Available at http://www.stern.nyu.edu/~abranden.

Brandenburger, A, A Friedenberg, and HJ Keisler (2008). Admissibility in games. *Econometrica* 76, 307—352.

Brandenburger, A, A Friedenberg, and HJ Keisler(2008). Supplement to "Admissibility in games." *Econometrica*, 76, Available at http://econometricsociety.org/ecta/Supmat/5602_extensions.pdf.

Dalkey, N (1953). Equivalence of information patterns and essentially determinate games. In Kuhn, H and A Tucker(Eds.), *Contributions to the Theory of Games*, *Vol.2*, 217—244, Princeton, NJ: Princeton University Press.

Dekel, E and D Fudenberg (1990). Rational behavior with payoff uncertainty. *Journal of Economic Theory*, 52, 243—267.

Elmes, S and P Reny (1994). On the strategic equivalence of extensive form games. *Journal of Economic Theory*, 62, 1—23.

Ewerhart, C (1998). Rationality and the definition of consistent pairs. *International Journal of Game Theory*, 27, 49—59.

Kohlberg, E and J-F Mertens (1986). On the strategic stability of equilibria. *Econometrica*, 54, 1003—1038.

Kuhn, H (1950). Extensive games. *Proceedings of the National Academy of Sciences*, 36, 570—576.

Kuhn, H (1953). Extensive games and the problem of information. In Kuhn, H and A Tucker (Eds.), *Contributions to the Theory of Games*, *Vol.2*, 193—216, Princeton, NJ: Princeton University Press.

Marx, L and J Swinkels (1997). Order independence for iterated weak dominance. *Games and Economic Behavior*, 18, 219—245.

Mertens, J-F(1989). Stable equilibria—A reformulation. *Mathematics of Operations Research*, 14, 575—625.

Pearce, D (1984). Rationalizable strategic behavior and the problem of perfection. *Econometrica* 52, 1029—1050.

Rosenthal, R (1981). Games of perfect-information, predatory pricing, and the chain-store paradox. *Journal of Economic Theory*, 25, 92—100.

Samuelson, L (1992). Dominated strategies and common knowledge. *Games and Economic Behavior*, 4, 284—313.

Selten R (1978). The chain store paradox. *Theory and Decision*, 9, 127—159.

Shimoji, M and J Watson (1998). Conditional dominance, rationalizability, and game forms. *Journal of Economic Theory*, 83, 161—195.

Stuart, H (1997). Common belief of rationality in the finitely repeated prisoners' dilemma. *Games and Economic Behavior*, 19, 133—143.

Thompson, F (1952). Equivalence of games in extensive form. Research Memorandum RM-759. Santa Monica: The RAND Corporation.

术语对照表

a. s. (almost surely) 几乎必然

accessibility relation 可通达关系

ad infinitum 无穷延伸

admissibility 可允许性

admissibility requirement 可允许性条件

admissible procedures 可允许过程

affine function 仿射函数

affine hull 仿射包

affine transformation 仿射变换

approximate product measure 近似积测度

Archimedean property 阿基米德性质

assertion 断言

atomic formula 原子公式

attribute 定性

backward induction 逆向归纳

base step(induction) 起始步

Bayes procedures 贝叶斯过程

Bayesian decision theory 贝叶斯决策理论

being informed that 被告知算子

belief revision 信念修正

Best response set 最优回应集

bimeasurable 双可测的

Borel field 博雷尔域

canonical model 典范模型

Cantor space 康托尔空间

Cartesian product 笛卡尔积

choice under uncertainty 不确定性条件下的选择

CI(conditional independce) 条件性独立

closed 封闭的

closed interval 闭区间

closed subspace 闭合子空间

closure 闭包

coherent 一致的

common cause correlation 常见原由相关性

common knowledge 公共知识

commonly known 被公共知道

compact 紧

compact metrizable 可紧度量化的

compact subset 紧致集

compactness in logic 逻辑中的紧致性

complete belief model 完全信念模型

complete information 完全信息

component-by-component union 逐个单元的并集

composite maps 复合映射

concordant 协同

conditional independence 条件独立性

conditional probability system 条件性概率系统

conherency 一致性

conjunction 合取

consistency 一贯性

consistent pair 一致对

势

justifiable 可判定

justification 确证

Kolmogorov's Existence Theorem 柯尔莫哥洛夫存在性定理

LCPS(lexicographic conditional probability system) 字典式条件概率系统

lemma 引理

LPS(lexicographic probability system) 字典式概率系统

liar paradox 说谎者悖论

likelihood 似然性

likelihood order 似然性排序

line segment 线段

linearity 线性度

local(page 125) 局部的

lotteries 彩票

marginal 边缘

marginal probability 边际概率

matching pennies 硬币配对

matrix 矩阵

mediator 中间人

metric space 度量空间

minimax theorem 最小最大定理

mixed strategy 混合策略

modal operators 模态算子

monotonicity 单调性

mutual absolute continuity 相互绝对的连续性

mutual knowledge 相互知识

mutually known 被相互知道

mutually singular 相互奇异

negative(contrasting with "positive") 负面

neighborhood 领域

non-triviality 非简单性

normal-form information set 普通—形式信息集

no-ties condition 无关系条件

nowhere dense 无处稠密

null 空值

numerical representation 数字表达式

only if 充分条件

onto 满射

open basis 开基底

open set 开集

order axiom 排序公理

order-dense 排序紧致

outcome equivalent 结果等同

partition 划分

payoff function 收益函数

perfect information game 完美信息博弈

perfect recall 完美记忆

player-independent type structure 参与者独立类型结构

player-specific type structure 参与者特定类型结构

polish space 波兰空间

positive language 正面语言

positive weight 正重量

posterior equilibrium 后验均衡

preference 偏好

preference basis 偏好基础

pre-image(inverse image) 原像

prior probability measure 先验概率测度

private communication 私密交流

product measures 乘积测度

product space 积空间

Prohorov metric 普洛霍洛夫度量

proper(in conditional probability) 真则的

proper face 真面

propositional tautology 永真命题公式

pure strategy 纯策略

rational function 有理函数

RCSBR(rationality and common strong belief of rationality) 理性和理性的公

共强信念

rationalizability 可理性化

rationalizable 理性化

RCAR（rationality and common assumption of rationality） 理性和理性的共同假设

RCBR（rationality and common belief in rationality） 理性和理性的共同信念

real-valued representation 实值表达

redundancy 冗余

regular（in conditional probability） 正则的

RmAR（rationality and mth-order assumption of rationality） 理性及第 m 阶理性假设

Russell's Paradox 罗素悖论

SAS（self-admissible set） 自我允许集合

satisfiable 可满足的

satisfies sufficiency 满足充分性

self-enforcing 自我强制

self-reference 自我指涉

semi complete 半完全

separating hyperplane arguments 分离超平面论据

sequential equilibrium 序贯均衡

serial proper subsets 连续真子集

set inclusion 集合包含

SEU（subjective expected utility） 主观预期效用

simultaneous maximal deletion 同步最大删除

simultaneous-move games 同步行动博弈

single entity 单个实体

singleton 单例

solution concepts 解概念

SPC（the single payoff condition） 单一收益条件

state 状态

stochastic independence 随机独立性

strategy profile 策略组合

stream of beliefs 信念流

strict best-response property 严格最优回应特性

strict determination 严格判断

strict preference relation 严格偏好关系

strongly dominated actions 强劣势策略

subfamily 子系列

subjective expected utility 主观预期效用

SUFF（sufficiency） 充分性

support 支持

sure thing principle 确定事件原则

terminal models 终止模型

terminal nodes 终端节点

tetrahedron 四面体

the Baire space 拜尔空间

the best reply set 最优回应集

the component measure 元件测度

the discrete metric 离散度量

the Euclidean metric 欧几里德度量

the geometry of polytopes 多面体几何

the Kolmogorov extension theorem（also known as Kolmogorov existence theorem or Kolmogorov consistency theorem） 柯尔莫哥洛夫相容性定理

the maximality condition 最大限度条件

the theory of stochastic processes 随机过程理论

tightness（of the results） 紧密度

transitive 传递的

trembles 颤抖

trivial 简单的

tuple 元组

ultrafilter 超滤

unary 一元

unary relation 一元关系

unity　统一性

universal model　普遍模型

universal models　全称模型

universal operator　全称算子

universal quantifier　全称量词

universe set　宇宙集

valid　有效的

variable　变量

vector　向量

Vietoris topology　菲托里斯拓扑

vocabulary　词汇

WBRS(weak best-response set)　弱最优集合

weak convergence　弱收敛

weak dominance　弱优势

weak preference relation　弱偏好关系

weakly complet　弱完全

weakly dominates　弱占优

well defined(set)　良定义(集合)

working paper　研究手稿

译后记

博弈论发展至今已成为一个不可或缺的领域,其应用也横跨众多学科。

其中纳什均衡成为经典概念,它精准地显示了当预期收益不会提高的前提下,任何人都无意偏离当前的最优选择。纳什因此概念获得 1994 年诺贝尔经济学奖。纳什均衡也被应用到经济学、政治学、心理学等各个领域。近来还被运用到人工智能里著名的生成对抗网络(GAN)模型。

然而,纳什均衡的基本假设极具限制性,其摒除了关于策略背后的不确定性。而现实中的众多难题都具有不确定性。因此纳什均衡的运用有一定局限性。

亚当·布兰登勃格的研究主要在认知博弈论及其应用领域。认知博弈论将博弈研究带回冯·诺伊曼对博弈的最初设置,即在有不确定性情况下进行选择。布兰登勃格的著作积累了其及几位合作者 8 年的研究成果。本书为认知博弈提供了严谨的数理基础,其中包括丰富的定义、模型及定理。这些已然成为博弈论学者的一门新语言。其中的一些成果已被运用到神经科学、心理学,以及量子物理学。

目前关于认知博弈论的中文书籍屈指可数。译者有幸将本书带给中文读者。希望在各个领域的研究者能运用最新的认知博弈,摆脱纳什均衡的局限性,得到更多前沿研究成果。

书中的信念模型基于逻辑学,因此中文术语参照了清华大学刘奋荣教授主编的《逻辑、认知论和方法论》。同时本译文保持了原书论文集的形式。

此外,感谢布兰登勃格教授本人、刘奋荣教授、世界科技出版社以及格致出版社给予的大力支持!最后,限于译者自身的水平及经验,难免有错漏和不足。望读者能批评指正。

最后希望做了 40 多年翻译的父亲能在天堂辗然一笑。

薛韫琦
2018 年 12 月

图书在版编目(CIP)数据

博弈论的语言:将认知论引入博弈中的数学/(美)
亚当·布兰登勃格编著;薛韫琦译.—上海:格致出
版社:上海人民出版社,2019.5(2022.9重印)
(当代经济学系列丛书/陈昕主编.当代经济学译
库)
ISBN 978-7-5432-2979-2

Ⅰ.①博… Ⅱ.①亚… ②薛… Ⅲ.①博弈论-文集
Ⅳ.①0225-53

中国版本图书馆 CIP 数据核字(2019)第 030017 号

责任编辑 唐彬源
装帧设计 王晓阳

博弈论的语言
——将认知论引入博弈中的数学
[美]亚当·布兰登勃格 编著
薛韫琦 译

出	版	格致出版社

出　　版　格致出版社
　　　　　上海三联书店
　　　　　上海人民出版社
　　　　　(201101　上海市闵行区号景路159弄C座)
发　　行　上海人民出版社发行中心
印　　刷　上海商务联西印刷有限公司
开　　本　710×1000　1/16
印　　张　17.75
插　　页　3
字　　数　285,000
版　　次　2019年5月第1版
印　　次　2022年9月第2次印刷
ISBN 978-7-5432-2979-2/F·1209
定　　价　69.00元

本书根据 World Scientific Publishing 2014 年英文版译出
2019 年中文版专有出版权属格致出版社
本书授权只限在中国大陆地区发行
版权所有　翻版必究

上海市版权局著作权合同登记号：图字 09-2017-097 号

当代经济学译库

博弈论的语言——将认知论引入博弈中的数学/亚当·布兰登勃格编著
暴力与社会秩序/道格拉斯·C.诺思等著
宏观经济学和金融学中的信息选择/劳拉·L.费尔德坎普著
偏好的经济分析/加里·S.贝克尔著
资本主义的本质：制度、演化和未来/杰弗里·霍奇森著
拍卖理论(第二版)/维佳·克里思纳著
货币和金融机构理论(第1卷)/马丁·舒贝克著
货币和金融机构理论(第2卷)/马丁·舒贝克著
货币和金融机构理论(第3卷)/马丁·舒贝克著
经济增长理论简述/琼·罗宾逊著
有限理性与产业组织/兰·斯比克勒著
社会选择与个人价值(第三版)/肯尼思·J.阿罗著
芝加哥学派百年回顾：JPE 125周年纪念特辑/约翰·李斯特、哈拉尔德·乌利希编
不平等测度(第三版)/弗兰克·A.考威尔著
农民经济学——农民家庭农业和农业发展(第二版)/弗兰克·艾利思著
私有化的局限/魏伯乐等著
金融理论中的货币/约翰·G.格利著
社会主义经济增长理论导论/米哈尔·卡莱斯基著
税制分析/乔尔·斯莱姆罗德等著
社会动力学——从个体互动到社会演化/布赖恩·斯科姆斯著
创新力微观经济理论/威廉·鲍莫尔著
冲突与合作——制度与行为经济学/阿兰·斯密德著
产业组织/乔治·J.施蒂格勒著
个人策略与社会结构：制度的演化理论/H.培顿·扬著
科斯经济学——法与经济学和新制度经济学/斯蒂文·G.米德玛编
经济学家和说教者/乔治·J.施蒂格勒著
管制与市场/丹尼尔·F.史普博著
比较财政分析/理查德·A.马斯格雷夫著
议价与市场行为——实验经济学论文集/弗农·L.史密斯著
内部流动性与外部流动性/本特·霍姆斯特罗姆 让·梯若尔著
产权的经济分析(第二版)/约拉姆·巴泽尔著
企业制度与市场组织——交易费用经济学文选/陈郁编
企业、合同与财务结构/奥利弗·哈特著
不完全合同、产权和企业理论/奥利弗·哈特等编著
理性决策/肯·宾默尔著
复杂经济系统中的行为理性与异质性预期/卡尔斯·霍姆斯著
劳动分工经济学说史/孙广振著
经济增长理论：一种解说(第二版)/罗伯特·M.索洛著
人类行为的经济分析/加里·S.贝克尔著
演化博弈论/乔根·W.威布尔著

工业化和经济增长的比较研究/钱纳里等著

发展中国家的贸易与就业/安妮·克鲁格著

企业的经济性质/兰德尔·克罗茨纳等著

经济发展中的金融深化/爱德华·肖著

不完全竞争与非市场出清的宏观经济学/让帕斯卡·贝纳西著

企业、市场与法律/罗纳德·H.科斯著

发展经济学的革命/詹姆斯·A.道等著

经济市场化的次序(第二版)/罗纳德·I.麦金农著

论经济学和经济学家/罗纳德·H.科斯著

集体行动的逻辑/曼瑟尔·奥尔森著

企业理论/丹尼尔·F.史普博著

经济机制设计/利奥尼德·赫维茨著

管理困境:科层的政治经济学/盖瑞·J.米勒著

制度、制度变迁与经济绩效/道格拉斯·C.诺思著

财产权利与制度变迁/罗纳德·H.科斯等著

市场结构和对外贸易/埃尔赫南·赫尔普曼 保罗·克鲁格曼著

贸易政策和市场结构/埃尔赫南·赫尔普曼 保罗·克鲁格曼著

社会选择理论基础/沃尔夫·盖特纳著

时间:均衡模型讲义/彼得·戴蒙德著

托克维尔的政治经济学/理查德·斯威德伯格著

资源基础理论:创建永续的竞争优势/杰伊·B.巴尼著

投资者与市场——组合选择、资产定价及投资建议/威廉·夏普著

自由社会中的市场和选择/罗伯特·J.巴罗著

从马克思到市场:社会主义对经济体制的求索/W.布鲁斯等著

基于实践的微观经济学/赫伯特·西蒙著

企业成长理论/伊迪丝·彭罗斯著

所有权、控制权与激励——代理经济学文选/陈郁编

财产、权力和公共选择/A.爱伦·斯密德著

经济利益与经济制度——公共政策的理论基础/丹尼尔·W.布罗姆利著

宏观经济学:非瓦尔拉斯分析方法导论/让帕斯卡·贝纳西著

一般均衡的策略基础:动态匹配与讨价还价博弈/道格拉斯·盖尔著

资产组合选择与资本市场的均值——方差分析/哈利·M.马科维兹著

金融理论中的货币/约翰·G.格利著

家族企业:组织、行为与中国经济/李新春等主编

资本结构理论研究译文集/卢俊编译

环境与自然资源管理的政策工具/托马斯·思德纳著

环境保护的公共政策/保罗·R.伯特尼等著

生物技术经济学/D.盖斯福德著